向财务自由出发

郭恩才 ⊙ 著

中国财政经济出版社

图书在版编目（CIP）数据

向财务自由出发/郭恩才著．—北京：中国财政经济出版社，2013.7
ISBN 978－7－5095－4536－2

Ⅰ.①向… Ⅱ.①郭… Ⅲ.①家庭管理－财务管理－通俗读物
Ⅳ.①TS976.15－49

中国版本图书馆CIP数据核字（2013）第110149号

责任编辑：樊清玉　　责任校对：徐艳丽
版面设计：耕　者　　版式设计：康普宝蓝

中国财政经济出版社出版
URL：http：//ckfz.cfeph.cn
E－mail：ckfz@cfeph.cn

社址：北京市海淀区阜成路甲28号　邮政编码：100142
发行处电话：88190406　财经书店电话：64033436
北京富生印刷厂印刷　各地新华书店经销
787×960毫米　16开　19.5印张　290 000字
2013年7月第1版　2013年7月北京第1次印刷
定价：49.00元
ISBN 978－7－5095－4536－2/F·3676
（图书出现印装问题，本社负责调换）
本社质量投诉电话：010－88190744
反盗版举报热线：88190492、88190446

富民梦

——从胡耀邦到习近平

你能为别人做的最了不起的事情，不是与他们分享你的财富，而是为他们指出获取财富的路径。

——英国前首相本杰明·迪斯拉里

❶

打开一本油墨飘香的新书，读者往往会产生一连串的疑问：这是一本什么书？作者为什么要写这本书？这本书与同类著述有哪些不同？这本书适合哪些读者阅读？——本书的“序言”部分就试图回答这些问题。

笔者是怀着些许沉重、些许激愤的复杂心情来写作这本书的。

我心目中最凶残、最丑恶的“敌人”，就是越来越悬殊、越来越夸张、越来越离谱的贫富差距。在这个荒诞而又无奈的世界上，“人人生而平等”实际是一个华而不实的梦呓。富人挥金如土、纸醉金迷；穷人贫困潦倒、衣食无着。1200多年前，我国唐代诗人杜甫留下了“朱门酒肉臭，路有冻死骨”这样的名句；1200多年过去了，这种局面不仅没有改变，贫富差距反而进一步扩大了。这使人类文明失去了光彩。

记得改革开放初期读过的一篇报道，一位省部级领导带领一干官员到我国中部的某个村庄体恤民情。他们走进了一个农户家里，却发现全家人都蹲在地上不肯站起来——其中还有一个年轻的姑娘。随首长到访的一位官员极不满意，呵斥这里的农民不懂礼貌。一位当地的基层干部凑近首长耳边道出了事情的缘由：这一家人太穷了，全家人没有一条囫囵的裤子，他（她）们不好意思站起来。首长听了，长叹一声，眼里噙满激动的泪花。——当然，这种情况在当今中国已经不多见了，但边远山区居民贫困的状况仍然令我们怵目惊心。

据《人民日报》2012 年 12 月 30 日报道，12 月 29 日下午，习近平总书记冒着零下十几摄氏度的严寒，驱车 300 多公里来到地处太行山深处的阜平县。阜平是革命老区，是当年晋察冀边区政府所在地，也是全国重点贫困县。习近平对老区干部群众十分挂念，元旦前特地来到这里看望。

30 日一大早，习近平在河北省委书记张庆黎陪同下，踏着皑皑残雪，来到地处深山的龙泉关镇骆驼湾村。这个村是特困村，村里 608 口人有 428 人为贫困人口。村民人均年收入 900 多元（约合 144 美元），每天平均收入只有 2.46 元（约合 0.39 美元），这只相当于世界银行年人均消费支出 456 美元的“赤贫”标准的 31.5%。总书记对当地干部说：窥一斑知全豹，到这里就是要了解我国的真实贫困状态，如能看到真贫，从北京 3 个半小时的路程就值了！（目前我国贫困线标准为农民人均年纯收入低于 2300 元，全国共有 592 个贫困县，现有贫困人口 1.28 亿。）①

悬殊的贫富差距是这个世界上最丑恶的现象——没有之一，是全世界各肤色人种的“公敌”。如果有哪一个国家的政府不以“缩小贫富差距”为自己的政治纲领，这个政府就不是一个负责任的政府；如果有哪一个政治家不以“缩小贫富差距”为己任，他就是一个冒牌的政治家；如果有哪一个公民不想消灭过于悬殊的贫富差距，他就不是一个合格的公民。本书写作的宗旨之一，就是为缩小人类的贫富差距尽——哪怕是一点点——绵薄之力。

2012 年年底到 2013 年年初，中国党政要员大换班，普通老百姓对新班子充满期待。期待什么呢？期待惩治腐败；期待政治清明；期待社会公平正义；期待摆脱贫困；期待过上更舒适的生活——用中央电视台的 2012 年的关键词儿说——期待幸福。有人注意到，党的十八大政治报告只有一

---

① 习近平：“把群众安危冷暖放在心上　把党和政府温暖送到千家万户”，《人民日报》，2012 年 12 月 31 日；马鼎盛：“习近平看到老区真贫，人民渴望分享胜利果实”，2013 年 1 月 5 日，凤凰网博客 http：//blog. ifeng. com/article/22275619. html。

个数量指标：2020 年实现国内生产总值和城乡居民人均收入比 2010 年翻一番，实现全面建成小康社会宏伟目标。这让全国人民看到了希望。

新班子上任以来，反腐败，倡清廉，重民生，深得民心。新班子作风朴实，语言风趣儿幽默接地气，深受老百姓喜爱。2013 年 4 月 9 日下午，习近平总书记在海南亚龙湾兰德玫瑰风情产业园考察时说的一句话——小康不小康，关键看老乡——令在场的不少人怦然心动。这句朴实的话，说明习总书记心里装着全国的老百姓。其实不仅是习总书记，中国共产党成立 92 年了，之所以还能擎天立地得到全中国人民的拥护，还是因为党为全中国人民谋利益。

2013 年 4 月 15 日，是胡耀邦逝世 24 周年纪念日，许多人发表文章、谈话纪念这位伟人。原国务院副总理田纪云说过的一句话："胡耀邦是共产党人的良心"，引起中国普通百姓的共鸣。为什么？因为胡耀邦的心里就装着全国的老百姓。为了百姓的幸福，共和国 2000 多个县中 1500 多个有他风尘仆仆的足迹；官至总书记，他没有给家乡人批过一张条子，没有给过家乡人一点特殊；他的亲友，一不干政，二不要官，三不经商，四不出国，一直过着普通人的生活。2010 年 4 月 17 日的《羊城晚报》副刊曾刊登过一则有关胡耀邦的轶事：胡耀邦去世后，他在老家农村种地的亲哥哥赶往北京奔丧，没有买到坐票蹲在车厢接口处，想起亲弟弟不禁抽泣，列车员经过问何故，他大哭道："我弟弟胡耀邦死了。"列车长大惊，赶忙安排卧铺。一个前任总书记的亲哥哥竟然买不到一张坐票——你听说过这样的故事吗？

怎么治国？在胡耀邦眼里这个道理十分简单，人民为革命流血牺牲，不就是要换来一个越来越富足、美好、幸福的生活吗？胡耀邦坚信"富民为始"的道理，他反问：如果背离这一方向，那么革命的目的又何在呢？胡耀邦在回答"改革的目的"问题时毫不含糊：改革的目的就是"藏富于民，让人民富起来"。

耀邦同志曾经满怀深情地说："我们共产党员要时时刻刻为人民着想，使人民尽快富裕起来。只要人民富裕起来，我们就有办法了。决不能把人民的利益同国家的利益对立起来，国家的利益离开了人民的利益，就是抽象的，没有意义的。试想，离开了人民，还有什么国家？”[①] 耀邦同志的身体力行会不会使某些人脸红心跳呢？

2

摆在读者面前、取名为《向财务自由出发》的这本书，是一本向普通民众传播“能赚擅投”知识和技能的书籍，而不是一本传统的理财类书籍。什么是理财？用国家理财规划师专业委员会的理财专家刘彦斌先生的话说，理财是一个人或一个家庭为了实现自己的生活目标而管理自身财务资源的过程。[②]“管理自身财务资源”的前提是拥有财务资源，不拥有财务资源何谈管理？可见，传统的理财学是“有产者”或富人的学问，而非穷人的学问。

美国著名理财专家大卫·金恩认为，富人与穷人在理财上有着两个巨大的不同点，而这会对人们能否致富有着深远的影响。首先，是如何管理金钱。富人对金钱的管理是看重于有效性。富人在理财上有着明显的共同点，即消费不能超过收入，而积攒下来的钱要用于投资。如果一个人能够有效地管理自己的钱财，合理地节省并有效地投资，他的财富就会一点点增多，而善于管理钱财的人最后自然会比不善于管理钱财的人富有。第二，穷人赚钱主要用于消费，而富人赚钱大多用来投资。富人会将金钱作为资本，投资于能增值的项目，如房地产、黄金或其他有价值的资产。穷人则视金钱为消费的手段，他们往往将钱花在贬值的物品上，如汽车、电视上。[③]

金恩的观点不能说没有道理，能否实现财务自由取决于是否善于投资

---

① 胡德平：“胡耀邦：中国为什么要改革”，《博客天下》，2011 年第 6 期（总第 59 期）。

② 理财师刘彦斌：“各国平民理财之道年底大盘点”，2009 年 12 月 2 日，北京电视台。

③ 佚名：“美国富翁的致富秘诀”，《经理日报》，2011 年 5 月 7 日；佚名：“从穷鬼到富豪——揭秘美国人理财十大秘诀”，2011 年 6 月 29 日，中国证券网 http：//money. jrj. com. cn/2011/06/29141510325099. shtml。

和理财，但前提是有“资”可投，有“财”可理。除了不善于理财之外，穷人最大的问题是收入太少，除了必要的生活开支外几乎没有储蓄，由此“是否善于投资和理财”对他们而言就毫无意义了。

在大学课堂上，老师讲投资技术和技巧津津有味儿，学生却一个个无精打采、无动于衷，老师问：“为什么?”学生反问：“我们没有钱怎么投资呢?”对于普通民众而言也是这样一个逻辑。所以，实现财务自由不单纯是一个如何投资理财的问题，更重要的是如何进行原始资本积累，即要首先解决“能赚”的问题，然后再解决“擅投”的问题。

2012 年 8 月，教育部在网站上公布了《普通本科学校创业教育教学基本要求（试行)》。依照教育部的要求，各高校应创造条件，面向全体学生单独开设“创业基础”必修课。教育部提出，各高校要把创业教育教学纳入学校改革发展规划，制订专门计划，提供有力教学保障。各高校应创造条件，面向全体学生单独开设“创业基础”必修课；明确职能部门，负责研究制定创业教育教学工作的规划和相关制度，统筹协调和组织学校创业教育教学工作；根据专任为主、专兼结合的原则，按照学生人数以及实际教学任务，合理核定专任教师编制，配备足够数量和较高质量的创业教育专任教师。《基本要求》中明确，把创业教育教学效果作为学校本科教学评估的重要内容，作为本科人才培养质量的重要指标，并体现在学校本科教学质量年度报告中。

教育部的这一部署有何深意呢？这意味着大学生除了掌握科学知识以外，还应该学会生存的基本技能——创造收入养活自己。创业的直接动因就是赚钱，从社会效果看还可以缓解毕业生就业的矛盾，长远考虑是为了培养创新性人才，增强国民的国际竞争能力。万丈高楼平地起，不能赚钱何谈理财；既不能赚，又不擅投，实现财务自由就只能是一句空话。

近几年来，市面上理财类书籍可谓汗牛充栋，但不少书籍脱离我国实际，食洋不化，自弹自唱似的吟诵金融投资的“圣经”，言必称巴菲特、索罗斯、林奇、罗杰斯，害人不浅，面目可憎。这样的作者不是无知，就是无德。

❸

与同类型书籍相比，摆在你面前的这本《向财务自由出发》将突出以下特点：

其一，将“能赚”与“擅投”摆在同等重要的位置，甚至更基础的位置。

如前所述，“擅投”或理财的前提是“能赚”，没有可以支配的财务资源，再精湛的理财技术也只能是水中月、镜中花。对冀望财务自由的普通民众而言，增加收入可能是比投资理财更重要、更紧迫、更直接的需求。

其二，重视致富、投资理财理念或观念的传播。

贫富差距的根源是什么？这个问题极其复杂，需要用专门的章节展开讨论。表面上的原因五花八门，而且都有一定的理论依据。但笔者认为，其根本的原因只有一条：贫富不均的原因是“知识不均”。人的行为是受观念支配的——先天性痴呆和精神病患者除外，思想认识上不去，行动就跟不上。

举例来说吧，笔者的两个同学智商不相上下，家庭条件相近，同时参加工作，收入上起步相当，但 30 年后，一个已经腰缠万贯，另一个还是过着紧巴巴的日子，何也？观念不同，行为方式不同，结果就截然不同。富同学利用自己的一技之长开了个电机修理部，还作了些有色金属方面的生意，穷同学一心捕食地挣那几个死工资；富同学的小孩大学毕业后没有出国，找了一份稳定的工作，几年后月薪已达到二三万元，穷同学的小孩大学毕业后送到国外深造，花了五六十万元，回国后每月工资 5000 元左右；富同学 2005 年在上海给小孩买了一套房花了不到 80 万元，现在已经增值到约 400 万元，穷同学送小孩到国外学习花光了全部积蓄还欠了一屁股债，现在还为儿子买房的问题发愁呢；富同学敢于按揭贷款买房，有钱就借给同学收 10% 的利息；穷同学不敢借钱给别人，也不敢向别人借钱。结果就富的富、穷的穷了。

笔者以为，缺乏正确的致富、理财观念是横亘在实现财务自由路上的一支“拦路虎”，只有打跑了这只“拦路虎”，人们才能轻松上阵，进而实现财务自由的梦想。有鉴于此，笔者将用相当的篇幅试图首先解决读者的观念问题。

其三，紧密结合我国实际传播致富、理财技术和方法。

致富和理财都是高度依赖社会环境的行为，离开了特定的社会环境，多高超的技艺也没有了用武之地。航空母舰适宜在海洋中驰骋，放在湖泊里就是一堆废铁。到什么山上唱什么歌，不能到什么山上都唱“同一首歌”。美国的金融市场比我国的金融市场发达得多，完善得多；在美国，股票市场可能是普通民众投资的首选，在中国就不一定是首选；巴菲特在美国如鱼得水，在中国有可能寸步难行；美国的创业文化“宽容失败”，在中国失败一次可能会“永世不得翻身”；美国“投资者保护”的法律法规健全有效，中国资本市场上最缺乏的就是保护投资者的意识；……许多理财类书籍言必称巴菲特、索罗斯、林奇、罗杰斯等投资大师，向大师学习没有错，问题是大师的方法不一定适合你。这些大师都有“晕轮效应”，而你没有。比如，巴菲特买进一只股票，经媒体报道后，众多仰慕者会跟进，跟进的结果可能就会造成这支股票现实的上涨，从而使巴菲特和跟进者获利，而你无论如何不会有这种“魔力”。

在中国，创业环境、创收途径、致富门路、投资渠道都不尽如人意，这种情况正在改变，但需要一个漫长的过程。坐等环境、条件的改善是没有出路的，而必须要像习近平总书记说的，要“逢山开路，遇河搭桥”，在荆棘丛生中找到适合自己的致富门路，在强手如林里形成自己的投资套路。致富和理财都是很“私人”的行为，几乎不存在“放之四海而皆准”的定律，但笔者愿意花大气力、紧密结合我国实际与读者共同讨论这一问题，以求大幅度提高我们创收、投资理财的能力。

4

一本书，不可能适合所有的读者。所以，作者有责任预先告知，究竟哪些人不适合读这本书，以免浪费他们的时间和金钱。这本书的名字叫

《向财务自由出发》，顾名思义，其适合的读者是：尚未实现财务自由但渴望实现财务自由的人们。与此相对应，有三种人不适宜成为本书的读者：

第一种是已经实现了财务自由的人。

第二种是没有实现财务自由也没有实现财务自由愿望的人。

第三种是干啥啥不成、智商归零、不可救药的人。

第二种人可以说是安于现状、没有上进心。这第三种人不缺少上进心，也不安于现状，但就是啥都干不成，他们可能会永远处于社会的底层。

记得读过一个幽默墓志铭：“初从文，三年不中；后习武，校场发一矢，中鼓吏，逐之出；遂学医，有所成。自撰一良方，服之，卒。”这是说，坟里这个人呐，一开始想考状元，连考 3 年也没有考中。后来就去练武，射一箭不但没中靶，反倒把击鼓发令的教练给射死了，于是被武馆给开除了。后来去学医，好像还小有成就。他自己配了个药方，自己把药喝了，喝完就死了。——你瞧瞧这种人，不是白痴是什么？之所以我不赞成这种人读这本书，是担心书让这样的人给糟蹋了，届时我是跳进黄河也洗不清了。

此外，还有一种人我也不希望他们读这本书。他们视“金钱如粪土”，张口闭口“有理想，有抱负，有追求”，认为谈钱就不高尚，就庸俗，仿佛不食人间烟火。这种人一般都不是《红楼梦》中的焦大和刘姥姥，很可能是脑满肠肥、家财万贯的贾政、王熙凤之流，他们只愿意自己奢侈而不愿意别人奢侈。他们读了这本书就有可能跳出来纠缠我“庸俗”，而我特讨厌被别人纠缠。

站在巨人的肩膀上，特幸福。所以要感谢本书所有参考文献的作者，也感谢所有支持我写作并给予我帮助的人——当然，本书的谬误和错漏由我本人负责，并请允许我向本书的编辑及读者表示我诚挚的敬意。

作者谨识

2013 年 5 月于大连亿达国际新城

目　录

在苏黎世，一位来自中国的公职人员拟将 500 万美元存入银行。他战战兢兢，唯恐此行被同胞发现。银行保安走过来对他说：先生，您不必惊慌。在瑞士，没有人鄙视穷人。

——黑色幽默一则

很多事情做起来都会有利可图，但是，你必须坚持只做那些自己能力范围内的事情，我们没有任何办法击倒泰森。

——美国金融投资家、“股神”沃伦·巴菲特

一天，小毛毛虫跟妈妈来到一条波涛汹涌的大河边上，河对岸有一眼望不到边的草地和鲜花——那里有毛毛虫们喜爱的食物。小毛毛虫问妈妈：我们能过到对岸去吗？妈妈说：能。小毛毛虫又问：我们怎么才能过去呢？妈妈回答：把自己变成蝴蝶。

——寓言故事

你们的时间都有限，所以不要按照别人的意愿去活，这是浪费时间。不要囿于成见，那是在按照别人设想的结果而活。不要让别人观点的聒噪声淹没自己的心声。最主要的是，要有勇气跟着自己感觉和直觉走。

——苹果公司创始人史蒂夫·乔布斯（Steve Jobs）
2005 年 6 月 12 日在斯坦福大学毕业典礼上的演讲

我相信，机会既来自于直觉，也要靠对某个产业或事业狂热追逐的精神。戴尔公司的经验证明，人可以发掘并抓住大家原本以为不存

第1章

财务自由——掀起你的“盖头”来

人类生活的一切不幸的根源，就是贫穷。这是明白的。因为贫穷，所以才有嫉妒、怨恨、残暴；因为贫穷，所以才有贪欲，才有一切穷人共同的对生活的恐怖和相互的疑惧。

——俄国文学泰斗高尔基《没用人的一生》

“财务自由”（Financial freedom）是从西方“舶来”的一个概念。关于财务自由的含义有多种解释。

有人将其诠释为“有足够多的时间和足够多的金钱做自己想做的事情”；也有人认为财务自由指的是“你现在的积蓄对你有生之年的保障”；还有人认为，财务自由是指在不工作的情况下，每年靠投资收益就能维持理想的生活方式的一种状态。归纳起来，财务自由有三个基本特征：一是钱够花（强调钱的数量）；二是对有生之年的保障（强调钱对退休以后生活的保障）；三是在失去工作、不愿意工作或丧失劳动能力后生活水平也不至于下降（强调财务自由不取决于是否工作）。其最本质的特征是拥有足够数量的财富，用赵本山的话说就是“不差钱”。

改革开放之前中国人穷怕了、苦怕了，提到那个时候的生活，20 世纪五六十年代之前的人都不寒而栗。改革开放 35 年后的今天，尽管人民生活水平迅速提高，但由于中国人口多、底子薄，贫困现象还是一只在人们面前的一只张牙舞爪的怪兽。

2011 年 11 月 29 日，中央扶贫开发工作会议在北京召开。时任国务院总理温家宝在会上宣布，中央决定将农民人均纯收入 2300 元作为新的国家扶贫标准。该标准比此前 1196 元提高了 92%，专家估计，按照这一新标准，至少有 1.28 亿低收入人口将享受到国家的扶贫优惠政策，有助加快实现全面小康社会。[1] 2300 元是一个什么概念？大约合每人每天 1 美元（6.3 元人民币），但比世界银行制定的每天人均消费 1.25 美元的贫困线标准还低 0.25 美元（1.57 元人民币）。如果考虑到我国的贫困线采取的是收入标准，而世界银行采取的是支出标准，两者之间的差距应该更大一些。

在 2013 年 4 月 6 日晚举行的 2013 年博鳌亚洲论坛年会“对话比尔·盖茨：为穷人投资”对话会上，比尔·盖茨表示，在短短 30 年中，中国在民生领域、减少贫困方面取得了巨大的成功，期间中国帮助 6 亿人口摆脱了贫困，这是人类历史上最伟大的，实际上为贫困人口减半的目标

① 谢来：“外媒关注中国贫困线新标准”，《国际先驱导报》，2011 年 12 月 12 日。

作出了巨大贡献。成绩巨大也衬托出差距巨大。比尔·盖茨没有说明他心目中贫困的标准，但傻子都会算这笔账：中国有13亿多人口，6亿人口摆脱了贫困，就意味着还有7亿多人口没有摆脱贫困。近几年，我国的物价可没有政府公布的CPI（居民消费价格指数）那么“温柔”，所以老百姓才说“生不起（生孩子）、娶不起（娶媳妇）、病不起（有病住院）、死不起（殡葬）”。于多数中国人而言，摆在我们面前的第一道难题依然是生存。

有人把实现财务自由仅仅看成是个人“多赚点儿钱”、让生活更“舒适一点儿”，这种看法过于狭隘。习近平主席在第十二届人大一次会议上的讲话中意味深长地指出，生活在我们伟大祖国和伟大时代的中国人民，共同享有人生出彩的机会，共同享有梦想成真的机会，共同享有同祖国和时代一起成长与进步的机会。有梦想，有机会，有奋斗，一切美好的东西都能够创造出来。“中国梦”的核心是民族复兴，其显著标志就是民富国强，没有多数老百姓的共同富裕，“中国梦”就是一个不切实际的空想。

笔者特别欣赏习主席关于“人生出彩的机会”和“梦想成真的机会”这种表述方式。什么是普通百姓“人生出彩的机会”和“梦想成真的机会”？让你写成一部世界名著？你写不出来。让你攻克艾滋病？你攻克不了。让你有重大发明或发现？你没这个本事。让你再造一个苹果、微软或谷歌？你造不出来。你怎么出彩？实现财务自由是你唯一出彩的机会。如果多数中国人都实现了财务自由，中国就强大了，“中国梦”就梦想成真了，所以，你的财务自由连着“中国梦”。

财务自由是个财务概念。既然是财务概念，就离不开数量。因此，财务自由的数量界限就成为了人们议论的热点。

2009年9月，美国佐治亚大学商学院托马斯·斯坦利（Thomas J. Stanley）教授出版了一本书名为Stop Acting Rich：……And Start Living Like A Real Millionaire（《停止扮富：像真正的百万富翁一样生活》）的著作。①

① 托马斯·斯坦利著、王正林译：《邻家的百万富翁：美国富翁的惊人秘密》（The Millionaire Next Door – The Surprising Secrets of America's Wealthy），中信出版社2011年版。

书中对于富人的定义是：拥有超过 100 万美元资产净值的人，且不包括不动产。这个结论，也常被人引用为美国人对财务自由标准的界定。

在这段表述里，有两个概念需要解释一下：一个是资产净值；一个是不动产。

无论是国家、企业、机构还是家庭，要从事经济活动，都需要占用和支配一定的经济资源——经济术语称为资产（asset），这些资产价值形态的总和称为总资产（gross asset）。总资产一般有两个来源：一部分是你拥有所有权的那部分资产，称为净资产（net asset）或资产净值；另一部分是你借用别人的钱或资产，这一部分是你的负债（liability）。所以，净资产或资产净值也等于总资产减去负债。

负债与总资产的比率称为资产负债率。资产负债率在 0 和 1（或 100%）之间变动，越接近于 0，净资产越多，负债越少；越接近于 1（或 100%），净资产越少，负债越多。企业的资产负债率一般在 30% ~70% 之间，这与企业所处的行业有关，与企业的财务政策有关，也与企业经营的状况有关。判断一个经济体的财务状况，人们更关注其净资产在总资产中所占的比例，比例越高（此时资产负债率较低），风险越小。换句话说，净资产比总资产靠谱（欠债是要偿还的），因此，财务自由与否要考察你的净资产（或者说资产净值），而不是总资产。

不动产（immovable property）是指依自然属性或法律规定不可移动的土地、土地定着物（如建筑物、桥梁、道路、码头）、与土地尚未脱离的土地生成物（如土地上生长的植物）、因自然或者人力添附于土地并且不能分离的其他物体。不动产之所以不在财务自由理论的视野之内，一是由于其价值在时间和空间上的不确定性，比如一套房子在北京三环以内，价值 300 万元人民币，而在偏远的县城只值 3 万元；三亚一套 50 平方米的海景房，2009 年价值 180 万元，而两年后的 2011 年只值 80 万元了。二是由于其变现能力弱或曰流动性差（不能在合理的价位上迅速转换成现金或被别人所接受），主要由其单位价值高、不可移动、易受限制等因素造成的。

在斯坦利教授看来，在美国，有 100 万美元以上（除不动产外）的净资产的人就实现财务自由了。但也有人不以为然，他们认为这个标准太低了。2012 年 6 月 21 日《广州日报》的一篇报道称："百万富翁"概念贬值，500 万英镑才算富裕。报道说，英国一项调查显示，随着通货膨胀加剧，30% 的英国民众认为，100 万英镑（约合 157 万美元）在当下根本不能算是一笔巨款（英国的消费水平与美国相差无几）。约 15% 的调查对象认为 500 万英镑（786 万美元）才能让自己真正过上富人生活。

在中国，许多人认为，财务自由的底线应该是个人净资产达到人民币 1000 万元（约合 158 万美元）。① 但以编撰《胡润百富榜》而名声大噪的英国人胡润认为，在中国（以青岛为例）大约拥有 1 亿元人民币的财富就能实现财务自由了，再多的钱就不属于自己了，或者说花不完了。他说，"要想在青岛活得舒服，有一套别墅外加在市中心有一套公寓就可以了，这大约要花费 3000 万元，这两套房子的装修和收藏品大约为 1000 万元；高尔夫会员年费和两部豪车大约需花费 1000 万元，妻子的名表和首饰大约需花费 1000 万元，然后再有 3000 万元到 4000 万元的银行存款。因此，在青岛拥有 1 亿元财富就能活得很舒服了。"② 有评论认为，胡润的这个数字或许有些夸张，但对于富裕阶层来说，自己的退休金加上医疗、旅游、子女教育基金，要实现所谓的"财务自由"，至少也得存个上千万元才够。

2011 年 8 月份，我国的一家研究院发布的一份调查报告显示：中国大陆企业家拥有 1.1 亿元可以达到"财富自由"。报告称，在过去的一年中，这家研究院对目前中国大陆 96 万个千万富豪（资产过千万）进行了调查，其中包括 6 万个亿万富豪（资产过亿），以及 4000 个资产达到 10 亿级别的富豪。结果显示，中国大陆企业家拥有 1.1 亿元才可以达到"财富自由"。这 1.1 亿元主要包括 5500 万元的房产、4000 万元的可投资资产（现金、

---

① 2007 年 12 月 17 日，白领门户 MSN 中文网（cn.msn.com）与艾瑞市场咨询共同发布了《中国白领网民工作形态研究报告》。该报告结果显示，多数男性白领首选 1000 万元以上才能够达到财富自由，而多数女性白领网民的财富自由观也达到 500 万元。总体来看，全体白领网民当中半数的白领网民认为拥有 500～1000 万元才能够达到财富自由。

② 肖良华："胡润：在青岛实现财富自由需要 1 亿元"，《半岛都市报》，2011 年 3 月 29 日。

股票等）和 1500 万元的收藏（车、手表、艺术品和红酒等）。

报告提供了一份上海的一位已经达到“财富自由”的企业家样本，他的财产大致是这样分配的：在上海黄浦区买了一套公寓，目前价值 1000 万元；后来又在徐汇区买了一栋别墅，现在价值 4000 万元；最近他又在三亚买了一套度假房，价值 500 万元。在他的房子中，还收藏着一些艺术品作为装饰；最近他对红酒也表现出很大的兴趣，收藏了一些；此外，他还收藏了 4 辆车、5 块手表。这些收藏总共价值 1500 万元。另外，他手上持有包括现金在内的可投资资产，共 4000 万元。①

经过比较研究，人们发现了一个问题：不同的人群对财务自由标准的理解存在严重分歧。这是为什么呢？是因为每个人对“理想生活”的定义非常不同。由于居住地不同、家庭构成不同、生活品味不同、生活成本不同，所需要的金钱数量就会有很大的差异，由此延伸开来，人们对财务自由标准的理解就会有很大的差别。

2012 年 10 月，一份内容为“月薪多少会让你在相应的城市生活不惶恐”的调查引发网友关注。数据显示，上海、北京等一线城市需 9000 元左右，而成都、大连等二线城市则在 5000 元上下浮动。《工人日报》发表署名文章，炮轰“月薪 9 千元才不惶恐”的人“矫情”、“是向社会撒娇”。②但平心而论，在北京、上海等一线城市，如果你用按揭方式买房、买车，或者有小孩儿需要抚养，或者有老人需要赡养，月薪 9000 元并不显得有多富裕，说惶恐真的不是“矫情”或“是向社会撒娇”。笔者有一个研究生在北京一家私企工作，收入水平令人羡慕，但他和我闲聊时却担心起自己将来的养老问题。我的另一个研究生在上海工作，收入水平也不低，但他却产生过“打道回府”的想法（他的家乡在山东威海），原因是买不起房子结不起婚。可见，“惶恐”还是有理由的。但以他们的收入水

---

① 褚睿雅：“‘财富自由’需多少钱？大陆企业家需有 1.1 亿”，《今日早报》，2011 年 8 月 25 日。

② 朱永华：“月薪 9 千元才不惶恐是向社会撒娇”，《工人日报》，2012 年 10 月 27 日。

平到“大城市”——铁岭——去工作，必成“高富帅”无疑。

考虑到不同城市生活水平的差异，也有人提出了财务自由的“地区差”。2008年9月15日《投资者报》刊登的一篇题为《达到财务自由的路径》的文章，就详细地列出了不同发达程度城市个人财务自由的标准。文章说，考虑到人民币的购买力，在中国，一线城市里净资产达到300万元、二三线城市达到200万元、小城镇达到100万元，就可以列入“高净资产投资者”的行列。如果你的目标定在20年后，考虑到通胀的因素，这一定量标准应该是：一线城市446万元；二三线城市297万元；小城镇149万元。[①]但由于每个人、每个家庭的消费水平、消费结构、消费习惯不同，即使是生活在同一层级的地区，财务自由的标准可能也会有很大的差异，毕竟，财务自由与否是很“私人”的事情。

也许，财务自由与否压根就没有，也不可能给出一个各方均能接受的统一定量标准。

既然财务自由的门槛因人而异，笔者认为可以依据人们的收入水平并参考其对财富占有的情况，对人群作如下分类研究：

1. 绝对贫困人群：收入在最低标准及以下，最基本的生活消费也无法保证，购买力水平最低，最低档生活必需品的消费主体。

衡量绝对贫困人群的生活状况有一个标准，那就是民政部的社会救济标准。据民政部网站披露，2012年三季度，城市居民最低生活保障人数为2134.0万人，城市居民最低生活保障平均标准为318.3元/人、月，城市最低生活保障月人均支出水平为234.0元/人、月；农村最低生活保障人数为5251.4万人，农村最低生活保障平均标准为164.8元/人、月，农村最低生活保障月人均支出水平为105.0元/人、月；农村五保人数为543.9万人，农村五保月人均支出水平为207.6元/人、月。三项合计总人数为

① 蓝狮子：“需要1亿才能实现财务自由?”2012年7月11日，腾讯财经 http://finance.qq.com/a/20120711/007633.htm。

7920.3万人，月人均支出为146.9元/人、月，每人每天消费支出不足5元。[①]但民政部的社会救济标准显然偏低。

我国在2008年前有两个扶贫标准，第一个是1986年制定的206元的绝对贫困标准，该标准以每人每日2100大卡热量的最低营养需求为基准，再根据最低收入人群的消费结构来进行测定。后来此标准随物价调整，到2007年时为785元。第二个是2000年制定的865元的低收入标准，到2007年年底，调整为1067元。2008年，绝对贫困标准和低收入标准合一，统一使用1067元作为扶贫标准。此后，随着消费价格指数等相关因素的变化，2009年和2010年标准进一步上调至1196元和1274元。2011年11月底召开的中央扶贫开发工作会议宣布，根据到2020年全面建设小康社会目标的要求，适应我国扶贫开发转入新阶段的形势，中央决定将农民人均纯收入2300元（2010年不变价）作为新的国家扶贫标准，这个标准比2009年1196元的标准提高了92%，对应的扶贫对象规模到2011年年底约为1.28亿人，占农村户籍人口比例约为13.4%。

考虑到统计上的便利性和数据可得性，笔者认为，可将人均年收入2300元作为“绝对贫困”的临界值，即人均年收入低于2300元即为“绝对贫困人群”。

按照中国政府新的扶贫标准，贫困发生率为13.4%，而美国政府人口普查局公布的美国贫困发生率是15.1%，有人因此质疑中国还是不是一个发展中国家。国务院扶贫办主任范小建解释说，美国的贫困标准是4口之家年收入低于2.2万美元（约合13.86万元人民币），大约每人每天收入15美元（约合94.5元人民币），是中国贫困标准的15倍。中国新的扶贫标准与美国标准不能简单相比，中国的人均GDP也还不到美国的1/10，排全球90多位。[②]

① 中华人民共和国民政部官网，2012年三季度社会服务业统计季报 http://files2.mca.gov.cn/cws/201211/20121107093818219.htm。

② 顾仲阳：“政策解读：我国国家扶贫标准上调至2300元”，2011年11月30日《人民日报》。

2. 相对贫困人群：收入水平可以保证“温饱”，最基本的生活消费可以保证，购买力水平较低，低档生活消费品的消费主体，恩格尔系数[①]在 50% 以上，偶尔可以改善一下生活。

相对贫困人群的日子应该比绝对贫困人群的日子好过一些，从收入的角度来看，后者的上限应该是前者的下限，前者的上限应该定在月人均收入 3500 元人民币的水平上（即年收入 42000 元左右）。为什么定在月收入 3500 元人民币，这是因为 3500 元是我国 2011 年新修订的个人所得税法的起征点（原方案起征点为月收入 2000 元），月收入低于 3500 元说明其收入处于较低水平。

2011 年 6 月 30 日，财政部税政司副司长王建凡在个人所得税法修改案说明会上表示，工薪收入者的纳税面经过调整，纳税人数由约 8400 万人减至约 2400 万人。这就意味着有约 6000 万人不需要缴纳个人所得税，只剩下约 2400 万人继续缴税。[②] 按照这一说法推论，在我国月收入高于 3500 元的大约只有 0.24 亿人，介于 2000 元到 3500 元之间的有 0.60 亿，其余人月收入低于 2000 元。按照第六次全国人口普查（以 2010 年 11 月 1 日零时为标准时点）的人口总数 13.39 亿人计算，我国纳税（指所得税）人口所占比重仅为 1.8%，月工薪收入水平在 2000～3500 元之间的人口占比为 4.5%，其余人口的收入水平低于每月 2000 元，换一句话说，我国大约有 11.87（13.39 − 0.24 − 1.28）亿人口处于相对贫困状态，占我国人口总数的 88.6%。

上述推论并非完全合理。原因是：纳税的依据主要是薪资收入，对财

① 恩格尔系数（Engel's Coefficient）是食品支出总额占个人消费支出总额的比重。19 世纪德国统计学家恩格尔根据统计资料，对消费结构的变化得出一个规律：一个家庭收入越少，家庭收入中（或总支出中）用来购买食物的支出所占的比例就越大，随着家庭收入的增加，家庭收入中（或总支出中）用来购买食物的支出比例则会下降。推而广之，一个国家越穷，每个国民的平均收入中（或平均支出中）用于购买食物的支出所占比例就越大，随着国家的富裕，这个比例呈下降趋势。

② 财政部：“个税法修改后约 6000 万人不再缴纳个税”，2011 年 6 月 30 日，来源：中国新闻网 http://www.chinanews.com/gn/2011/06-30/3148836.shtml。

富占有情况考虑不够，“财产性收入”存在纳税盲点。此外，畸高收入者虽然人数不多，但由于其收入水平超高，其家庭成员的月平均收入可能远远超过2300元，但真实的数据却不易取得。粗略估计，我国绝对贫困人口（1.24亿人）约占总人口（13.39亿人）的比重为10%，相对贫困人口约占总人口的70%（约9亿人），这80%的人口是“向财务自由出发”的主力阵容。

下面的这个个案，比较形象的描绘了一个相对贫困家庭的生活状况：

这是一个3口之家。户主原是知青。据他讲，他的腰椎在插队时受过伤，落下残疾。原在一个企业工作，现在病退在家，行走有困难，已经丧失了劳动能力。他的妻子有轻度呆傻，原在一家街道企业做工，现在也病退在家，退休金微薄，但街道和原来的企业对她很关照。他们有一个活泼可爱的女儿，现在上初中。他们的住房只有10来平方米，陈设很简陋。这家没有冰箱。当问起为什么不买冰箱时，女孩说，家中没有什么要冷藏的，家里几乎从不吃鱼肉，平时吃的主要是青菜、豆腐，而且是当天买，当天吃。买冰箱要钱，还要用电，没有冰箱，可以节省电费。

3. 低度财务自由人群：收入水平中等偏下，越过了“温饱”线，初步达到“小康”水平。省吃俭用，稍有积蓄，以低档生活消费品消费为主，中档生活消费品占一定的比重。一般与奢侈品无缘。

这一部分人群是纳税人（月工资收入在3500元人民币及以上），但是是纳税人中的中低收入者，家庭年收入的高限在20万元（月收入为16000元）左右。之所以把年收入20万元列为低度财务自由的高限，因为在普通老百姓的心目中，年收入20万元已属高薪阶层。但实质上，一个典型的家庭构成——三口之家——人均月收入5000元左右并不显得有多富裕。

4. 中度财务自由人群：收入居中等水平，衣食无忧，精神与文化消费开始进入家庭，开始讲求营养和品味，标准的“小康”殷实之家。不再省吃俭用，但也自觉抵制奢侈浪费，有一定的积累和储蓄，开始重视投资和理财，但可供投资的资产有限，对投资风险具有本能的反感。以中档生活消费品消费为主，高档生活消费品占一定的比重，偶尔涉足奢侈品消费。

中度财务自由应该属于财务自由的典型形态，家庭年收入在 20 万元到 100 万元之间，开始追求生活品位，中度财务自由对应的是中产阶层的生活状态，他（她）们开足马力、加班加点地向富人行列迈进。

有人描述过美国中产阶层的生活状态：住在郊区，有一幢（分期付款）2 间至 4 间卧室的房子，2 ~3 个孩子，一只狗，两部汽车（一部日本的、一部美国的，分期付款）。门前是修剪整齐的草坪。丈夫每天辛勤工作，妻子在家带孩子做家务，拿薪水后马上开出 15 张以上的支票付账（房子、车、水费、电费、煤气费、电话费、有线电视费、分期付款的大件商品、5 件信用卡的账单、孩子牙医的账单、医疗和人寿保险，或许还有看心理分析医生的账单，等等）。平时看电视脱口秀，周末借两盘录像带，边看边喝可口可乐、吃爆米花，每年圣诞节扎圣诞树，妻子和丈夫都在发胖，……①

在中国，也有人提出过中产阶级的“10 大标志”：（1）年收入 20 万元以上；（2）持有已经上市的股票或者期权，至少有希望于近期内上市；（3）有度假小屋或别墅以及一辆看上去不错的车（跟人合买的也算）；（4）有丰富的夜生活，不一定是去夜总会或者打麻将，通常是商务谈判或者听音乐会；（5）有外国身份或者至少在外国呆过三年以上；（6）对一些时髦的文化均不感兴趣，但对于古老文化非常感兴趣，对各个国家的古文明有一定知识，特别是有古玩方面的知识；（7）知道各种礼仪，风格是美式的，但心里崇拜欧洲；（8）知道最新上演的歌剧和芭蕾舞剧；（9）谈话中经常夹杂外语单词，听众不懂再用中文解释；（10）着装随便，但不是普通的随便，而是一种非常刻意的随便。②

听上去有点“小布尔乔亚”（法语 bourgeoisie，资产阶级）或曰“小

---

① 苏新、辛华：“中产阶层调查报告”，《招商周刊》，2004 年第 1 期。

② 佚名：“中国中产阶层十大标准”，2010 年 6 月 11 日，世界经理人网站 http：//money. jrj. com. cn/2010/06/1107567616447. shtml。

资”的味道，这正是这一社会阶层追求的感觉。

5. 高度财务自由人群：属高收入阶层，可用“富有”概括。日常生活消费不超过收入的1/3，生活讲究质量、档次和品味。有较多的财富积累，偏好冒险，是财务或金融投资的主力阵容，“财产性收入”占全部收入的比重高于薪酬等劳动报酬。以高档生活消费品消费为主，也是奢侈品的主顾，“高富帅”、“白富美”是这一阶层的典型代表。

高度财务自由人群，家庭年收入在100万至1000万元之间，是典型的“炫富”阶层。

据报道，我国已实现财务自由的企业家的年家庭消费在300万元左右。某研究报告描述了一名已实现财务自由的企业家的家庭消费状况：先生年龄45岁，正在修读全球CEO课程，去高尔夫俱乐部打球是他平时最主要的休闲活动，三亚和澳门是他和朋友经常去的国内旅游地，法国和意大利是他最青睐的国际旅游地。太太年龄42岁，懂得宠爱自己和享受生活。拥有顶级SPA会所的年卡，雇佣私人瑜伽教练，香港是她最青睐的国内旅游目的地。他们的孩子正在上初中，目前正考虑将其送到英国顶尖的寄宿制中学留学。[①]

2013年3月28日，《福布斯》杂志中文版联合宜信财富发布《中国大众富裕阶层财富白皮书》，按照国际惯例，“白皮书”将个人可投资资产在10万~100万美元之间的富有人群称为“大众富裕阶层”（大致与本书作者界定的高度财务自由人群相对应）。制作上述白皮书的《福布斯》中文版调研总监史国伟披露，在中国符合这个阶层定义的人群正在迅速壮大，2010年这一人群人数为794万人，2012年已经超过1000万人，而到2013年年底，这一数字将达到1202万人。另据史国伟披露，大众富裕阶层人群掌握的私人财富占中国私人财富总额的比例也在逐渐走高，2010~2012年分别为15.5%、16.1%及16.4%，2012年大众富裕阶层人均可投资资产

① 褚睿雅：“‘财富自由’需多少钱？大陆企业家需有1.1亿”，《今日早报》，2011年8月25日。

高达 133 万元人民币。[①]

6. 顶尖级富裕人群：主要收入来源为投资收益，是各类“富豪榜”的常客，也是媒体历久不衰的话题，“慈善”、“捐赠”常常与他们的名字连接在一起。一般的奢侈品对他们而言是“小菜一碟”，私人飞机、豪华游艇、私人岛屿、基金会成为他们独有的私人名片。

顶尖级富裕人群的可投资净资产或已投资净资产至少在 1000 万元以上。

以上分类谈不上严谨，所以须作如下说明：

其一，上述分类可以作为本书的分析框架。笔者将财务自由区分为“低度”、“中度”和“高度”，说明财务自由是有层次的，而不是铁板一块。这样，既限定了我们徜徉的目标区域，还说明了财务自由不同层次的递进关系，指明了读者努力的方向——如前所述，“顶尖级富裕人群”被笔者视为“超人类”，不作为我们效仿的对象，不在本书的研究范围之内。

其二，上述分类中有关各阶层收入、消费、行为特征的概括可能有失偏颇，特别是分类的标志极难把握。但我们分析的是群体特征而非个体差异，恳请喜欢吹毛求疵的朋友不要以偏概全。比如说，巴菲特一件衬衣穿了 15 年，海蒂·格林为一张掉落的几分钱的邮票找了 2 个小时，赵本山喜欢吃大葱沾大酱，小餐馆里有时会看到潘石屹身影这样的趣闻只能是“个案”，不代表“顶尖级富裕人群”的群体消费特征。

其三，上述分类不甚精确，特别是缺少“一以贯之”的数量界限。比如，各阶层收入、消费、占有财富的数量界限，各国各阶层人群的统计分布等等，如能详细列出是“极好的”。但这个问题过于复杂，非笔者所能胜任。

总结一下，准确把握财务自由的内涵有如下四个要点：

---

① 胡欣欣：报告称，我国 1000 万人迈入富裕阶层，四成至少有三套房，《21 世纪经济报道》，2013 年 3 月 29 日。

第一，财务自由并不是一个纯粹的财务概念，而是带有某些社会心理学的特征。财务自由以占有一定的财富为基础，但“必需”的财富数量却因人而异。有钱人的一餐饭可能花费数万元，而平头百姓花几十元就可以“撮”一顿儿——两者还都觉着挺幸福的。我的一个同学每年向交管部门缴纳的汽车违章罚款就高达2万元，这大概是一个三线城市普通工人一年的收入。所以，财务自由在一定程度上表现为一种心理状态，与占有财富数量的多少并无必然联系。

第二，实现了财务自由，就可以被称为富人或被定义为富有了，但绝不是富翁或超富裕人群。借用一个社会学概念，他们应该属于中产阶层（Middle Class）——被称为富人只是为了区别于穷人。国际著名财富研究公司 Wealth－X 公布的2013年度报告显示，2012年全球超富裕人士（资产在3000万美元以上，约合1.89亿元人民币）达到18.74万人。这些人只是“一小撮”，私人飞机、豪华游艇是他们的名片，与他们相比，实现了财务自由不过是达到了“小康”水平。

第三，财务自由也是一个动态的概念。今天你实现了财务自由，不意味着10年以后你的“财务”依然自由。比如说你现在拥有100万元净资产握在手里，物价以每年10%的速度递增，5年后你的100万元只相当于现在的62万元，10年后你的100万元只相当于现在的38万元，而20年后你的100万元只相当于现在的15万元了。所以，财务自由背后隐藏的逻辑是：必须确保你的财富保值增值。

第四，财务自由，是指你所积累的财富可以满足正常生活支出需要——不包括挥金如土、“胡吃海造”，否则会“坐吃山空”。

泰森是拳击史上最凶悍、最具表演性和观赏性的拳击手。他创造的商业价值、票房纪录以及收入纪录无人可及。在1985年到2005年的20年中，泰森赚了至少3亿多美元。人们都认为泰森是个很有钱的人了——拥有3亿美元的财富，这辈子已经能够过很幸福的生活了。但出人意料的是2003年年底时，泰森口袋里总共只剩下5553美元，竟因无力偿还2003多万美元的债务，而不得不走进纽约破产法院，要求根据联邦第11号破产法申请保护。可见，高收入也未必能成为财务自由的“常青树”。

党的十八大报告中提出，到 2020 年，我国要实现城乡居民人均收入比 2010 年翻一番。专家学者在接受采访时均表示，“实现国内生产总值和城乡居民收入翻番”是十八大报告中唯一的量化指标，也是我国第一次明确提出居民收入倍增的目标。这是新一届政府所描绘的“中国梦”的组成部分之一。专家们指出，实现居民人均收入翻番，意味着到 2020 年将有 7 亿中国人步入中等收入阶层，人均年收入最高可达 2.3 万美元（按 2012 年汇率估算约合人民币 14.5 万元），这是一个鼓舞人心的宏伟计划，同时也吹响了亿万民众向财务自由出发的号角。

这 7 亿人里会不会有你的身影呢？

第 2 章

追求财务自由不丢人

生活在我们伟大祖国和伟大时代的中国人民，共同享有人生出彩的机会，共同享有梦想成真的机会，共同享有同祖国和时代一起成长与进步的机会。有梦想，有机会，有奋斗，一切美好的东西都能够创造出来。

——习近平在第十二届人大一次会议上的讲话

追求财务自由，就是追逐财富。追逐财富丢不丢人？这个问题看似简单，实际并不简单——其背后是两种价值观的博弈。

2009年8月份，有着“幸福教父”美誉的徐景安教授在天津滨海大讲堂开讲。讲座的题目是：“反思与选择：财富最大化还是幸福最大化”。徐教授在现场给听众出了三个选择题：要财富最大化；要幸福最大化；要财富和幸福都最大化。结果选“财富最大化”的人不多，而“幸福最大化”和“财富和幸福都最大化”则几乎满票。徐教授于是称赞滨海新区的青年朋友们有“悟性”。——我猜，是夸滨海新区的青年朋友们知道徐教授想要那个答案。

徐教授既然是“幸福教父”，就当然要痛陈财富最大化的弊端，弘扬幸福最大化的精妙，并认为财富和幸福之间的选择问题“是每一个人、每一个家庭、每一个企业、每一个单位、每一个城市、每一个国家，以至于全人类都要思考和选择的头号大问题。”[①]其主要观点是：整个世界——当然也包括中国——都错了，当今世界的弊端和问题都源于追求财富最大化，而要消除这些弊端和问题，就必须再高高举起幸福最大化的大旗。

笔者不认为徐教授提出幸福最大化有什么不对，而是觉着用幸福最大化 PK 财富最大化是一个伪命题——两者相辅相成，而不是对立的。

幸福是一种主观感受，通常是因时、因地、因事有感而发。

万科创始人王石有一段话很有意思，他说：“人是很矛盾的动物，人的需求一旦得到满足之后，幸福指数会迅速下降。我热爱大自然，喜欢探险，甚至不惜冒着生命危险去探索大自然。但是当我从大自然中回到城市，我会更珍惜在大城市的生活。洗个热水澡、在马桶上解决问题也让我感觉很幸福。但是当你天天坐在马桶上，你并不会因此感到幸福。所以说，在逆境中，你能克服困难、变得好一些，就会让你感到很幸福。”[②] 按

① 徐景安：“反思与选择：财富最大化还是幸福最大化”，在天津滨海大讲堂演讲稿，2009年8月20日，http：//blog. sina. com. cn/s/blog_ 4aaf6ed30100egdl. html。

② 王石：“幸福 = 快感 + 实现感 + 期望”，2012年10月19日，中国企业家网—人物频道 http：//www. iceo. com. cn/renwu/35/2012/1019/258876. shtml。

照王石的逻辑推论，许多人感觉不幸福是“身在福中不知福”，或者说是在不断地追求新的幸福。

不断地改善自己的财务状况也是幸福最大化的过程，怎么能够把幸福最大化同财富最大化对立起来呢？而且，更重要的是，幸福最大化是建立在财富最大化基础之上的，没有财富基础何谈幸福？你不能总是让老百姓吃“精神大餐”，让老百姓光着腚却“知足常乐”吧！也就是说不能让老百姓都成为鲁迅笔下的阿Q，“愚民”是中国几千年封建文化糟粕中的糟粕。我们应该理直气壮地告诉老百姓：幸福、快乐、自由都离不开财富，财务自由是一切幸福、快乐、自由的根基和源泉之一。

金钱究竟是好东西还是坏东西？不管你持何种看法，有一点不容置疑：在商品经济条件下，没有钱寸步难行——即使你视金钱如粪土，但你每天必须与“粪土”为伴；即使你认为金钱是万恶之源，但你还得与“万恶”的“魔头”保持亲密关系。我们必须警惕一些人对金钱的鄙视或憎恶是在做秀：一边假装讨厌它诅咒它，一边却不择手段地攫取它。追逐财富或追求财务自由并不是一件丢人的事儿，相反，这是一件光明正大、彪炳千秋的“正事儿”，它符合人类生存的主旨，寄托了人类对美好生活的向往。

意大利著名航海家哥伦布生活在15世纪后半叶，他有一句名言：“金钱是一个美妙的东西，谁有了它，谁就成为他想要的一切东西的主人；有了金钱，甚至可以使灵魂升入天堂。”19世纪英国著名剧作家奥斯卡·维尔德（Oscar Wilde）说过的一句话更绝：“在我年轻的时候，曾以为金钱是世界上最重要的东西。现在我老了，才知道的确如此。”过去，我们曾经迷信“金钱可以买来食物，却买不来食欲；金钱可以买来婚姻，却买不来爱情；金钱可以买来药品，却买不来健康”之类的鬼话，现在我们的观念变了。色香味俱佳、营养搭配合理的食物是可以唤起食欲的；爱情是可以后天培育的（数一遍女明星的配偶你就什么都明白了）；高级药物是可以延续生命甚至起死回生的。

难道不是吗？我认识的一个小朋友因肾病已经换过3次肾了，每次换肾的费用大约在 30 万元左右，她家里条件好，钱不是问题。但她如果是一个普通人家的女儿，恐怕早就“零落成泥碾作尘”了，怎么还能健康、快乐地活着呢？相反，又有多少穷人因为付不起昂贵的医药费而夭折或英年早逝？只要不是刻意地“装灯”，我想，心智健全的人都会赞同哥伦布的论断。2012 年的清明节，笔者在给先人扫墓时，真真切切地看到了墓园中偏僻角落里矮趴趴、呈“紧急集合”状的一大片“经济适用墓”，看了让人心酸。这些普普通通的百姓，活着的时候住“经济适用房”，死了睡“经济适用墓”，为啥？就是财务“不自由”闹的。

在这个世界上有没有高尚？有的，这个世界从来就不缺少高尚。有的科学家、发明家穷困潦倒，却为自己的发明或发现而奔波忙碌；有的人食不果腹、衣不蔽体，却创造出伟大的文学作品；有的乞丐将自己的积蓄捐给“希望工程”；有的拾荒者用变卖废品的钱救助孤儿；有的人——像比尔·盖茨和巴菲特——捐出大笔财富回馈社会……，他们无疑是高尚的人，而他们无疑也是极少数人——笔者称他们为“超人类”，用“超人类”的德行去约束普通人，显然是不合适、不合理的。

有很多很高尚的人，他们也希望帮助穷人，回馈社会，但是他们没有这个财力。全球最大的慈善基金——盖茨基金截至 2011 年年底已经达到 600 亿美元的规模，每年捐助 30 亿美元用于癌症、艾滋病、肺病的防治和科学研究，大家都羡慕比尔·盖茨，赞赏盖茨的善举，但没有盖茨的财力能做到这一点吗？

2013 年 1 月 4 日早上 8 点半，河南兰考“弃婴收容所”——袁厉害家发生火灾，酿成残疾儿童 7 死 1 伤的惨剧，事后当地政府试图把责任推给袁厉害，引起社会舆论的强烈不满。新华社发表文章的题目就是：地方政府没资格对袁厉害说三道四。这个事件归根到底也是“财务不自由”闹的：袁厉害如果“财务自由”了，她完全可以改善收容所的条件，避免惨剧的发生；如果地方政府“财务自由”了，可以多建几所官办弃婴收容所，改善弃婴救助条件，也可能避免惨剧的发生。据《新京报》2013 年 1 月 6 日报道，截至 2010 年年底，全国共有失去父母、查找不到生父母的孤儿有65.5万人，而福利院收养的孩子估计只有10万左右。但如果始终是“如果”的话，保不准这类惨剧还会发生。

其实，人的追求是与其所处的社会地位、经济状况密切相关的。美国著名心理和行为学家亚伯拉罕·马斯洛（Abrahan Maslow）于1943年发表了《人类动机的理论》（A Theory of Human Motivation Psychological Review）一书，书中首次提出了人类需要层次理论。马斯洛将人类的需要按重要性和发生的先后次序分成以下5个层次：第一层，生理需要；第二层，安全需要；第三层，社会需要；第四层，尊重需要；第五层，自我实现需要。马斯洛认为，人们一般按照这个层次来追求各项需要的满足，以此来解释人们行为的动机。

各层次需要的基本含义如下：

（1）生理上的需要。这是人类维持自身生存的最基本要求，包括衣、食、住、行、性、娱乐等方面的要求。如果这些需要得不到满足，人类的生存就成了问题。在这个意义上说，生理需要是推动人们行动的最强大的动力。马斯洛认为，只有这些最基本的需要满足后，其他的需要才能成为新的激励因素，而到了此时，这些已相对满足的需要也就不再成为激励因素了。

（2）安全上的需要。这是人类要求保障自身生命安全、避免疾病侵袭、摆脱失业困扰、保全自有财产、拒绝严酷的监督等方面的需要。马斯洛认为，整个有机体是一个追求安全的机制，人的感受器官、效应器官、智能和其他能量主要是寻求安全的工具，甚至可以把科学和人生观都看成是满足安全需要的一部分。当然，当这种需要一旦相对满足后，也就不再成为激励因素了。

（3）社会的需要。这一层次的需要包括两个方面的内容：一是友爱的需要，即人人都需要长幼之间、夫妻之间、邻里之间、同事之间、朋友之间的关系融洽或保持友谊和忠诚，人人都希望得到别人的关爱；二是归属的需要，即人都有一种归属于一个群体的感情，希望成为群体中的一员，并相互关心和照顾。组织就是社会交往需要的产物。感情上的需要比生理上的需要更细腻，它和一个人的生理特性、经历、教育、宗教信仰都有关系。

（4）尊重的需要。人人都希望自己有一定的社会地位，要求个人的能力和成就得到社会的承认。尊重的需要又可分为内部尊重和外部尊重。内部尊重是指一个人希望在各种不同情境中有实力、能胜任、充满信心、能独立自主，内部尊重就是人的自尊。外部尊重是指一个人希望有地位、有威信，受到别人的尊重、信赖和高度评价。马斯洛认为，尊重需要得到满足，能使人对自己充满信心，对社会满腔热情，体验到自己生活的美妙和价值。

（5）自我实现的需要。这是最高层次的需要，它是指实现个人理想、抱负，发挥个人的能力到最大程度，实现个人的人生价值。人必须干称职的工作，这样才会使他们感到最大的快乐。马斯洛提出，为满足自我实现需要所采取的途径是因人而异的。自我实现的需要是要充分挖掘自身的潜力，使自己越来越成为自己所期望的人物。

马斯洛需求层次理论的基本观点可以概括为：

其一，五种需要像阶梯一样从低到高，按生理需要→安全需要→社会需要→尊重需要→自我实现需要的顺序逐级递升。一般来说，低一层次的需要相对满足了，就会向高一层次发展，追求更高一层次的需要就成为驱使行为的动力。

但这样情形不是完全固定的，可以有变化，也有种种例外情况。比如，登上 2011 年春晚舞台的“西单女孩”任月丽就是一个典型的代表。任月丽出生在河北涿州偏僻的农村，由于父母多病，自小由奶奶带大。为了减轻家庭负担，年仅 16 岁的她孤身一人来到北京。开始在一小餐馆打工，满 1 个月后老板没给工资。流浪街头时看到有地下歌手在卖唱，从小就喜欢唱歌的她萌生了也要唱歌的想法，遂与一流浪歌手学习吉他，一月后在地铁地下通道自弹自唱。四年的磨砺使她迅速窜红，并一举登上万人瞩目的春晚舞台，创造了另一个“草根”神话。类似任月丽“越级、跨界”的个案还可以举出不少，但你需要记住：这毕竟是特例。

其二，同一时期，一个人可能同时有若干种需要，高层次的需要发展后，低层次的需要仍然存在，但总有一种需要占支配地位，对行为起决定作用。任何一种需要都不会因为更高层次需要的发展而消失，只是对行为影响的程度大大减小。比如说比尔·盖茨和巴菲特，他们的需要居支配地位的是“自我实现需要”，但是，其他低层次的需要如生理需要、安全需要、社会需要、尊重需要一样也不能少，只不过不占支配地位罢了。

其三，五种需要可以分为高、低两级，其中生理上的需要、安全上的需要和感情上的需要都属于低一级的需要，这些需要通过外部条件就可以满足；而尊重的需要和自我实现的需要是高级需要，它们是通过内部因素才能满足的，而且一个人对尊重和自我实现的需要是无止境的。一般而言，在低级需要没有得到满足之前，人们不会产生高级需要。换一句话来说，远大的理想、抱负和追求，必定产生于低级需要满足之后。在温饱问题还没有解决的时候，你让他“胸怀祖国，放眼世界”是不合常理的。

对于马斯洛的人类需要层次理论，也有一些不同声音。如有人认为，马斯洛是离开社会条件、离开人的历史发展以及人的社会实践来考察人的需要及其结构的，其理论基础是存在主义的人本主义学说，即人的本质是超越社会历史的，抽象的“自然人”，由此得出的一些观点就难以适合处于贫穷落后阶段的其他国家的情况；人的需要动机不完全是行为的原因，从心理角度来说人们行为除了受人的现实需求、愿望、欲望的影响外，还受人们的信念及其信心的影响；对于需求的归类存在交叉和重叠；需要满足的标准和程度比较模糊，等等。但笔者认为，即便马斯洛的理论有若干不完善之处，但瑕不掩瑜。马斯洛的需要层次理论，为我们了解和研究人类的需要提供了一个较完整、较合理的框架。何况，对马氏理论的指责也不乏偏颇之处。

有没有抽象的“自然人”，有没有超越国家、民族、性别、年龄、肤色的人类共性，我认为是有的。在现代社会，有没有哪一个国家的老百姓不喜欢钱？不愿意有属于自己的住房？不愿意自己的住房宽绰一点儿、漂亮一点儿？有没有哪一个国家的老百姓讨厌幸福、快乐、富足的生活？如果你对这一点依旧茫然的话，你看一看奥运会吧，体育健儿们锱铢必较，赢了欣喜若狂，输了垂头丧气，这说明人类的共性多于个性，“自然人”是存在的，将人类作为一个整体来研究是有意义的。说人的行为不完全决定于需求，可能也有一点道理，但最主要的还是决定于需求动机，没有动机的行为几乎是不存在的，那是一个没有灵魂的躯壳，连毛毛虫的级别都达不到。

马斯洛的需要层次理论至少给我们以下启迪：

第一，人类的需求是有层次的，这个层次又是递进的——由较低层次向较高层次递进。不论是在中国还是在美国，还是在其他任何一个国家，实现了财务自由的富人（比如比尔·盖茨和巴菲特）毕竟是少数人，绝大多数人还挣扎在温饱线上，部分人已经实现“小康”，但距离财务自由还有不小的差距。在这样的历史条件下，你要求人们有“博大的胸怀”、“伟大的志向”，不能一切“向钱看”，要“视金钱如粪土”……，你自己不觉得这样的说法无聊吗？

第二，既然人类的行为是需求导向，我们就找到了经济与社会生活中的激励因素和机制。经济活动中的“奖金”、“物质刺激”，对于调动普通劳动者的积极性是不二法门。对于处于不同需求层次的员工，应该采用不同方式的激励手段。笔者在一家大型餐饮企业作调研时，对全体员工做了一次问卷调查，其中有一个题目是“你对公司最迫切的希望是什么”，绝大多数普通员工的回答是“按时发工资”，中层管理人员的回答是“有学习交流的机会”，高管的回答是“实现股权激励”。这给我们以很大的启发，激励必须考虑被激励者的需求，否则这种激励可能是无效的。

第三，满足高层次需求主要是内部因素（个人的努力）起决定性作用，满足低层次的需求在内部因素起决定性作用之外，外部因素有重要的影响。这就意味着政府在此领域大有用武之地。比如发展生产消除贫困，比如就业保障，比如设计合理的税收制度向低收入人群倾斜，比如贫困救济制度，比如给普通老百姓设计顺畅的投资渠道，等等。政府的使命就是让全体老百姓“过上好日子”，怎么做，做什么，人类需求层次理论提供了一个很好的分析框架。

有一个特简单又特不简单的问题？人究竟为什么活着？这个问题曾经是个“雷区”，稍有不慎，你就会被扣上“资产阶级生活方式”的帽子。但是现在，我们可以理直气壮地回答了：人活着就是为了享受生活的幸福和美好——创造的终极目的也是为了享受。

人类社会大约有5000年的文明史。5000年来，人类发明了农作物、手工制品、药物、企业组织、工业制成品（包括电器、机车甚至航天器），创造了文字、书籍、货币、银行、电影、电视甚至互联网，沉淀了巨量的物质财富和精神财富，人类为什么要始终不渝地做这些事情，答案其实很简单——为了增进人类的福祉。

人类的历史究竟有多长？据史学家考证，不超过300万年。人类会不会永远存在？答案是：No（不会）。据新浪科技2012年7月26日引述英国《每日邮报》的报道称，中国理论物理学家预言，总有一天，神秘的暗能量将把宇宙撕成碎片。

在世界末日来临前2个月，地球将被太阳撕裂；在此前5天，月球将被地球撕裂。在末日降临前28分钟，地球毁灭前16分钟，太阳将会被摧毁。这意味着，167亿年后，人类将终结与世界的“美丽”邂逅。除了人们想像中的上帝，没有人能够“创造”人类，人类的出现纯属偶然，而人类的消亡则系必然。朗朗乾坤，浩瀚宇宙，斗转星移，日月穿梭，人类创造的巨量财富和灿烂文化，以及感天动地的伟大理想，将随着人类的毁灭化作一缕青烟，随风飘散，——是谁策划了这场“宇宙”玩笑，想来令人嘘唏。

人类从起源到消亡不过是一个过程，对宇宙而言只是一个短暂的瞬间。相对于人类的整体而言，人类个体的生命更加短暂。在这样短暂的时间里，如果你不能充分享受物质与精神的欢乐，你的生命有意义吗？如果你残忍地剥夺了别人的快乐，你会心安理得吗？如果有许多人饥寒交迫、贫困潦倒度过一生，你会觉得这个世界幸福和谐吗？提到钱，有些所谓的社会精英就会跳出来讥讽我们“庸俗”、“缺乏远大理想和抱负”，而他们却享用着所有人类创造的最美好的东西，他们只要自己的财务自由，而不允许别人追求财务自由，既可笑又可憎。这些人如果是天生智障尚可谅解；如果是一个口是心非的假“道学家”，亟需享受“全民共讨之”待遇。

一个国家的权力机构——政府——到底是做什么的？笔者以为，政府的使命只有一个：使国家越来越繁荣富强，使人民越来越幸福快乐。政府有没有做到这一点？区分好政府和坏政府、民主政府和独裁政府的标准大抵如此。

中国共产党唤起亿万农民推翻旧体制，建立崭新国家，一个颇具诱惑力的口号就是“打土豪，分田地”，耕者有其田。但解放后 30 年，我们偏离了这个方向，搞大跃进，人民公社，老百姓的切身利益不见了，原有的承诺不见了，生产的积极性随之不见了，生产力遭到了严重破坏——50～60年代以前的人都会对那一段苦日子刻骨铭心。

1978 年党的十一届三中全会以后，随着真理标准问题的大讨论，时任中宣部部长的胡耀邦同志发动了社会主义生产目的的大讨论。这场讨论从 1979 年 10 月开始，延续了一年半时间，对政府转变执政理念产生了重要的影响。

在胡耀邦同志主持下，经过反复讨论，《理论动态》第 160 期（1979 年 9 月 30 日）发表了经济学家吴振坤撰写的《要真正弄清社会主义生产的目的》一文。这篇文章阐明，任何一个社会，生产总有一定的目的，都不是为生产而生产。在社会主义制度下，生产是为了满足广大劳动者的需要，从而也是为了满足整个社会经常增长的物质和文化的需要。文章指出，从我国多年经济建设的实践来看，为生产而生产的倾向是相当严重的。文章说，偏离社会主义生产的目的，为生产而生产，为重工业而重工业，是我们经济工作中许多问题长期不得解决的症结所在。目前，农业技术基础薄弱，轻纺工业上不去，基本建设战线减不下来，消费品供不应求，有支付能力的购买力大大超过商品可供量，等等，都与为生产而生产的思想有很大关系。文章列举了为生产而生产的各种具体表现，并总结了经验教训。1979 年 10 月 20 日，《人民日报》将此文作为本报特约评论员文章在头版头条位置发表。[①] 社会主义生产目的的讨论，解决了政府工作重心的大是大非的问题，为此后的改革开放解决了方向和路线问题。从某种意义上说，没有这场讨论，就没有我国改革开放30多年的伟大成就。

改革开放以来，我国历届国家领导人始终把民生问题作为政府工作的重中之重。

1992年年初，邓小平在视察南方时，针对一段时期以来，中国共产党内和国内不少人在改革开放问题上迈不开步子，不敢闯，以及理论界对改革开放性质的争论，指出："要害是姓'资'还是姓'社'的问题。判断的标准，应该主要看是否有利于发展社会主义社会的生产力，是否有利于增强社会主义国家的综合国力，是否有利于提高人民的生活水平。"从此，三个"有利于"成为人们衡量一切工作是非得失的判断标准。

江泽民同志2000年2月25日在广东省考察工作时，从全面总结党的历史经验和如何适应新形势新任务的要求出发，首次对"三个代表"重要思想进行了比较全面的阐述。提出："总结我们党70多年的历史，可以得出一个重要的结论，这就是：我们党所以赢得人民的拥护，是因为我们党在革命、建设、改革的各个历史时期，总是代表着中国先进生产力的发展要求，代表着中国先进文化的前进方向，代表着中国最广大人民的根本利益，并通过制定正确的路线方针政策，为实现国家和人民的根本利益而不懈奋斗。"2001年7月1日，江泽民同志在庆祝中国共产党成立80周年大会上的讲话中系统地阐述了"三个代表"的重要思想，并指出："我们党要始终代表中国最广大人民的根本利益，就是党的理论、路线、纲领、方针、政策和各项工作，必须坚持把人民的根本利益作为出发点和归宿，充分发挥人民群众的积极性、主动性、创造性，在社会不断发展进步的基础上，使人民群众不断获得切实的经济、政治、文化利益。"

2002年12月5日，在就任中共中央总书记仅20天后，胡锦涛就冒雪

---

① 沈宝祥："1979年开展的社会主义生产目的的讨论——拨乱反正回忆之七"，《学习时报》，2008年6月20日。

来到河北省西柏坡进行调研。在这里，胡锦涛参观了纪念馆，探访了几户村民，自己付钱吃工作餐，组织当地干部村民进行了一次座谈。就在这次不设主席台的座谈会上，胡锦涛重温了西柏坡精神，重申了毛泽东当年提出的“两个务必”①。在经中央媒体报道后，此举引发了广泛而持续的关注。12 月 6 日胡锦涛在西柏坡学习考察时的讲话中指出：各级领导干部要坚持深入基层、深入群众，倾听群众呼声，关心群众疾苦，时刻把人民群众的安危冷暖挂在心上，做到权为民所用，情为民所系，利为民所谋。

党的十七大强调，科学发展观是对党的三代中央领导集体关于发展的重要思想的继承和发展，是马克思主义关于发展的世界观和方法论的集中体现，是同马克思列宁主义、毛泽东思想、邓小平理论和“三个代表”重要思想既一脉相承又与时俱进的科学理论，是我国经济社会发展的重要指导方针，是发展中国特色社会主义必须坚持和贯彻的重大战略思想。科学发展观的核心就是“以人为本”。胡锦涛在 2010 年 10 月 18 日党的十七届五中全会第二次全体会议上的讲话中指出：在坚定不移推动发展的过程中，我们要不断深化对发展中国特色社会主义的规律性认识，必须更加注重以人为本，坚持从最广大人民根本利益出发谋发展、促发展，加快推进以改善民生为重点的社会建设，不断满足人民日益增长的物质文化需要，走共同富裕道路，促进人的全面发展，做到发展为了人民、发展依靠人民、发展成果由人民共享。

2012 年 7 月 23 日，省部级主要领导干部专题研讨班在北京举行。中共中央总书记、国家主席、中央军委主席胡锦涛发表重要讲话。在谈到改善民生和加强社会建设时，胡锦涛指出，在经济发展基础上逐步提高人民物质文化生活水平，是改革开放和社会主义现代化建设的根本目的。改革开放以来特别是近些年来，我们在改善民生方面作出了极大努力，取得了明显成效。同时，我们也要看到，人民群众对过上更好生活的要求也在增

① “务必使同志们继续地保持谦虚、谨慎、不骄、不躁的作风；务必使同志们继续地保持艰苦奋斗的作风。”——摘自 1949 年 3 月毛泽东在西柏坡的讲话。

强，对加快解决民生领域突出问题的期盼也在提高。我们必须继续加强工作，多谋民生之利，多解民生之忧，解决好人民最关心、最直接、最现实的利益问题，在学有所教、劳有所得、病有所医、老有所养、住有所居上持续取得新进展，使改革发展成果更多、更公平惠及全体人民，保证人民过上更好生活。

改革开放30多年来，中国普通百姓的生活发生了翻天覆地的变化。尽管物价也在涨，但生活水平提高的速度比物价不知高多少倍。这一点，老百姓心里有杆秤。改革开放初期，人们对“万元户”刮目相看，今天如果说谁是“万元户”那是骂人。不管嘴上说什么，老百姓真心实意拥护改革开放，中国这么大的国家，还有起义的“传统”，保持30多年的稳定发展，与中央正确的方针、政策、路线密不可分。否定改革开放，想走回头路，14亿中国人民是不会答应的。

2012年11月8日至14日召开的中共“十八大”，是一次弘扬正气、振奋人心的大会。大会将民生问题提到前所未有的高度。

胡锦涛同志所作的政治报告中，唯一的一个数量指标是到2020年“实现国内生产总值和城乡居民人均收入比2010年翻一番”。在谈到“人民生活水平全面提高”目标时，胡锦涛指出：到2020年要实现“基本公共服务均等化总体实现，全民受教育程度和创新人才培养水平明显提高，进入人才强国和人力资源强国行列，教育现代化基本实现。就业更加充分。收入分配差距缩小，中等收入群体持续扩大，扶贫对象大幅减少。社会保障全民覆盖，人人享有基本医疗卫生服务，住房保障体系基本形成，社会和谐稳定。”

在报告的第七部分“在改善民生和创新社会管理中加强社会建设”中，胡锦涛指出，“加强社会建设，必须以保障和改善民生为重点。提高人民物质文化生活水平，是改革开放和社会主义现代化建设的根本目的。要多谋民生之利，多解民生之忧，解决好人民最关心最直接最现实的利益问题，在学有所教、劳有所得、病有所医、老有所养、住有所居上持续取得新进展，努力让人民过上更好生活”。①

2012 年 11 月 15 日，新任中共中央总书记习近平同志在新一届中央政治局常委同中外记者见面时语重心长地说：“我们的人民热爱生活，期盼有更好的教育、更稳定的工作、更满意的收入、更可靠的社会保障、更高水平的医疗卫生服务、更舒适的居住条件、更优美的环境，期盼着孩子们能成长得更好、工作得更好、生活得更好。人民对美好生活的向往，就是我们的奋斗目标。”②

其实，不仅是在中国，世界上任何一个国家“负责任”的政府的宗旨都是“让老百姓过上好日子”。2008 年美国金融危机，许多人表现出对“美国梦”的不屑。小布什上任之初，他就描画出了一幅新的“美国梦”的图景：一对夫妻，有着稳定的工作，在环境优美的城市，拥有一栋美丽的房子，孩子在房间里弹着钢琴……，而其中的要义之一是要让美国人“居者有其屋”。有人认为小布什篡改了“美国梦”的真正内涵，笔者却对小布什总统的概括持欣赏态度。“梦”就应该具体一点，现实一点，执政者要切实帮助自己的百姓实现梦想，做实事远比空谈来得实际。布什总统让美国人“居者有其屋”有错吗？我甚至羡慕美国有“房利美”（Fannie Mae）、“房地美”（Freddie Mae）这样帮助美国普通百姓实现住房梦的政策性金融机构，至于美国爆发金融危机其实是另有原因。③ 你自己住着豪宅且“狡兔”若干“窟”，却规劝别人“自有和租住是一样的”，你不觉得自己太虚伪了一点儿吗？你知道有多少年轻人因为没房准丈母娘不让结婚而欲哭无泪吗？

2012 年召开的中共“十八大”，是令普通百姓温馨、令炎黄子孙振奋、令正直善良者信心满满、令贪官污吏惶恐不安的一次大会。这次大会把民

① 佚名：“新华社发布胡锦涛十八大讲话”，2012 年 11 月 8 日，财新网 http：//china. caixin. com/2012 - 11 - 08/100457853. html。

② 佚名：“新一届中央政治局常委同中外记者见面　习近平发表重要讲话”，2012 年 11 月 15 日，新华网 http：//www. cqnews. net/html/2012 - 11/15/content_ 21493676_ 4. htm。

③ 郭恩才：“解码金融——金融危机及‘美国梦’”，中国金融出版社 2009 年版。

生问题和反腐败提到了前所未有的高度，全国人民看到了曙光。

2012 年年末岁尾的 11 月 29 日，中共中央总书记、中央军委主席习近平和中央政治局常委李克强、张德江、俞正声、刘云山、王岐山、张高丽等来到国家博物馆，参观《复兴之路》基本陈列，习近平总书记满怀深情地谈起了“中国梦”：现在，大家都在讨论中国梦，我以为，实现中华民族伟大复兴，就是中华民族近代以来最伟大的梦想。

习近平同志指出：实现中华民族伟大复兴是一项光荣而艰巨的事业，需要一代又一代中国人共同为之努力。十八大报告说得好：只要我们胸怀理想、坚定信念，不动摇、不懈怠、不折腾，顽强奋斗、艰苦奋斗、不懈奋斗，就一定能在中国共产党成立一百年时全面建成小康社会，就一定能在新中国成立一百年时建成富强民主文明和谐的社会主义现代化国家。全党要坚定这样的道路自信、理论自信、制度自信！

“沉舟侧畔千帆过，病树前头万木春。”在党中央带领全国人民奔向“中国梦”这个“激情燃烧的岁月”，认为追求财务自由“丢人”，是多么地不合时宜！

第3章 贫富差距为何越来越大

贫富差距过大是人类社会最丑恶的现象。如果这种差距是由国家的制度造成的，那么这个国家就是邪恶的国家。

——作者题记

在我们生活的这个地球上，存不存在贫富差距？这个问题恐怕连傻子也知道答案。但如果问贫富差距究竟有多大？一般傻子恐怕就回答不上来了，这需要花一点功夫研究。

据英国《每日邮报》2012年10月22日报道，印度南部两名女子在过去40多年中从事清洁厕所工作，每人总共只获得了64英镑（约合人民币640元）工资，被称为世界低薪之“最”。这两名女子分别叫阿库和莉拉·谢利加，2012年都已经59岁了。1971年，只有18岁的她们就开始做厕所清洁工，每月工资只有15卢比（约合人民币1.8元）。此后的几十年中，她们没有旷过一天工，但是工资从未涨过。而在最近11年间，她们甚至因为与雇主发生纠纷没有领到任何薪水。阿库和莉拉对自己受到的待遇感到愤怒，她们还向吉尼斯世界纪录委员会提出申请，希望被认证为世界上薪水最低的人。

同样是“打工仔”，美国苹果公司CEO蒂姆·库克（Tim Cook）是2011年美国薪酬最高的CEO，总薪酬达3.78亿美元（按1美元兑换6.3元人民币计算合23.81亿元人民币）。① 这个数字是阿库和莉拉40多年工资640元人民币的3720937.5倍。

2008年的时候，网上曾流传一个调侃民生问题的顺口溜：“生不起，剖腹一刀五千儿；读不起，选个学校三万起；住不起，一万多元一平米；娶不起，没房没车谁跟你；病不起，药费让人脱层皮；死不起，火化下葬一万儿。”这是普通百姓因物价飙升而烦恼的真实写照。但对有钱人来讲，这些是“小钱儿”，连“毛毛雨”都算不上。

据2012年10月22日《深圳都市报》报道，江苏南京有一座狗墓，狗墓建在了紫金山下一个寸土寸金的高档小区——紫金山麓板仓街3号新世界花园小区内，占地约200平方米。狗墓地基用大理石铺成，上面立有一座高约40cm的宠物狗雕塑，雕塑底座写有墓志铭。一个经过精心设计的

---

① 维金：“苹果CEO去年薪酬接近4亿美元　位列全美第一”，2012年4月9日 新浪网 新浪科技 http：//tech. sina. com. cn/it/2012 -04 -09/07596927436. shtml。

卷纸型建筑覆盖在宠物狗雕塑之上，为其“遮风挡雨”。据称这座狗墓的建造价格超过500万人民币，堪称“史上最贵狗墓”。①

无独有偶。据英国《太阳报》网站2012年7月14日报道，不久前在美国纽约的朱美拉·埃塞克斯酒店举办了一场奢华婚礼，花费高达25万美元。在这场婚礼中，幸福的新娘是一只名叫芭比·霍普的白色棉花面纱犬，其主人是一位名叫温迪的动物爱心人士，新郎是来自弗吉尼亚州的贵宾犬希伊·帕斯特纳克。本月12日晚，两只幸福的小狗喜结连理，有250名宾客前来为它们送上祝福。婚礼当天两只小狗身穿专门定制的服装，光是新娘芭比的结婚礼服就价值6000美元，而新郎希伊的燕尾服也非常华丽。除了昂贵的礼服外，婚礼场地的布置也尽显奢华，仅酒店租用费就高达5.6万美元。此外，还有2.9万美元的鲜花点缀全场，1.5万美元的交响乐队伴奏，甚至给宾客准备的自助餐也要每份5000美元。

悬殊的贫富差距不是一个村庄、一座城市、一个国家、一个地区，而是全球普遍的景象。联合国大学2006年进行的全球首次家庭财富分配状况调查发现，全球超过一半的家庭财富由2%的人拥有，全球贫穷的一半人只拥有全世界家庭财富的1%。这种不平均还反映在地域分布上：全球家庭财富大约1/3分布在北美，1/3在欧洲，日本、澳大利亚等富裕亚太国家占24%，中国只占3%，印度和整个非洲各占1%。②

美国是全球自由市场经济的优等生，我们以美国为标本研究一下贫富差距问题应当是很有趣的。

在2011年9月17日以后，120多个城市成千上万的美国人走上街头，呼喊着“我们代表99%”、“华尔街需为一切危机负责”、“将金钱踢出选举”、“要工作，不要战争”、“现在就革命”、“重塑美国”等口号，目标直指华尔街毫无节制的贪婪、美国政府不负责任的放纵，以及民生维艰的

---

① 佚名：“南京宠物墓价超500万元　雕塑底座写有墓志铭”，《深圳都市报》，2012年10月22日。

② 佚名：“联合国研究报告：全球一半财富由2%的人拥有”，2006年12月5日，联合国官方网站 http：//www. un. org/chinese/News/fullstorynews. asp newsID = 6902。

萧条现状。示威者将不满的怒火喷向深陷贫富悬殊、金权交易、党派恶斗、战争泥淖的美国政治经济制度和社会体系。这就是震撼全世界的“占领华尔街运动”。

“占领华尔街运动”的背景是，美国金融危机以后，经济陷入低谷，失业率居高不下，美国普通民众的生活水平急剧下降。

2010 年 9 月 28 日，美联社援引美国人口普查局的统计结果报道，总收入中，49.4% 流入 20% 的最富裕阶层，14.5% 的贫困人口只得到 3.4%。富裕阶层年收入超过 10 万美元，贫困者年收入低于 2.1954 万美元。美国 2009 年的基尼系数[①]为 0.468，创人口普查局 1967 年开始统计家庭收入以来最高。

美国人口普查局 2011 年 9 月 13 日发表的题为《美国 2010 年的收入、贫困与医疗保险情况》的报告指出，美国家庭在 2010 年的收入中间值为 4.94 万美元，比 2009 年下降 2.3%。与此同时，贫困人口数及贫困率则继续上升。其中，贫困率连续 4 年上升，2010 年达 15.1%，为 1993 年来最高的一年；贫困人口 4620 万，是人口普查局发布这一数据 52 年来最高。[②]

美国加州伯克利大学教授伊曼纽尔·赛斯（Emmanuel Saez）的研究表明，美国最富有 10% 群体的收入占美国个人总收入的比例在 20 世纪 70 年代以后开始陡升，虽然在亚洲金融危机和次贷危机期间有所回落，但次贷危机后的 2011 年的比例已接近 1927 年大萧条前的水平，这意味着目前美国 10% 的最富裕阶层掌握了约一半的国民收入。更令人吃惊的是，在 2009—2010 年的复苏期，美国新增财富中的 93% 被 1% 的最富有人收入囊中。[③]

对此，专栏作者托马斯·舒尔茨在 2011 年 10 月 24 日德国《明镜》周

---

① 基尼系数是反应收入分配公平情况的指标，其取值从 0 至 1，系数越高，收入分配越不公平。国际上公认的财富分配差距“警戒值”为 0.4，超过 0.4 即为“收入分配严重不公平”。

② 王丰丰、杜静：“美国贫困人口数创新高”，2011 年 9 月 14 日，新华网 http://news.xinhuanet.com/2011-09/14/c_122028497.htm。

③ 金旼旼：“美国贫富差距为何越来越大”，《中国证券报》，2012 年 3 月 24 日。

刊上撰文（题“1%大国”）指出：纽约“占领华尔街运动”的抗议者们在曼哈顿大街上进军时，他们一再大声强调：“我们是占总人口99%的那部分人”。令人吃惊的是，这句话恰恰点出了问题的核心，而且他们用这句话描述出了许多专家学者试图通过长篇大论分析出的美国几十年来日益严峻的一种发展变化。近100年来，美国的贫富差距还从未像现在这样严重：一边是占总人口1%的幸福的超级富翁，另一边是占总人口99%的那些人。有关真实贫富差距的统计证据是那么确凿：目前，400个最富的美国人占有的财富超过1.5亿底层美国人占有的财富总和。就连美国中央情报局也在其向世界各国公布的国家报告中得出结论：美国的分化比突尼斯或埃及更为严重。

其实，在美国，贫富差距的扩大并非始于2008年金融危机，早在20世纪第二次世界大战之后就已经开始了这一进程。美国耶鲁大学教授雅各布·哈克（Jacob S. Hacker）和加州大学伯克利分校教授保罗·皮尔森（Paul Pierson），2010年9月在美国出版一本题为《赢者通吃——美国政府是如何让富者越富，而不顾中产阶级的?》（Winner-Take-All Politics：How Washington Made the Rich Richer-And Turned Its Back on the Middle Class?）的著作，完整地描绘了这一图景。

该书以美国国会预算办公室（CBO）的数据描绘了从1979年到2006年的图景。在这27年间，美国家庭中最贫穷20%的平均收入从1.49万美元上升到1.65万美元，增长了10%；中间20%（即介于底层40%与上层40%之间）的家庭根据通胀调整的平均收入从4.29万美元上升到5.21万美元，增长了21%；而最富有1%家庭的平均税后收入，从1979年的33.71万美元上升到2006年的120万美元以上，增长了将近260%。最顶层的0.01%更“酷”，在1979年和2005年间，其家庭的平均税后收入由略高于400万美元上升到近2430万美元，在略多于1/4个世纪的时间里增长了4倍有余。

作者的结论是：美国已经从“均富之国”转变成为“富豪之国”，从一个国民收入大部分流向90%底层家庭的国家（这是20世纪60年代经济扩张的方式），转变为一个超过半数以上收入流向上层1%的国家（这是2002—2007年最近一次经济扩张的方式）。这种深刻的社会变革为2011年的“占领华尔街运动”埋下了伏笔。

在经济发达国家中，美国是不是贫富差距悬殊的特例？答案是否定的。我们可以看一看发达市场经济的另一个优等生、欧盟第一经济大国——德国的情况。

据德国《每日镜报》2009年5月19日报道，德国各地区的贫富状况差距很大。据最近推出的首份德国国内地区贫富差距的图表显示，德国最穷的地方是东部地区，而最富有的是南部地区，西部和西北部联邦州属于中等阶层，另外，各州内部的贫富地区差异也很明显。根据这个图表，东部民众中有大约1/5的人（19.5%）生活受到贫困的威胁；在西部，这一数字为12.9%；柏林与勃兰登堡州水平大致相当，贫困人口有17.5%，位于全国平均水平以下。

德国联邦劳动局2009年5月发布的报告称，5月份德国失业人数达345.8万人，同比增加17.5万人，失业率为8.2%。高失业率导致的直接后果就是流浪乞讨者大量增加。给中国网记者黄刚留下最深印象的是，在柏林最繁华的“裤裆大街”上，他曾在不到500米的路段上遇见5个流浪乞讨者。①

经合组织（OECD）2011年12月5日公布的一份报告显示，2011年经合组织成员的社会收入差距呈明显拉大的趋势，欧元区第一经济大国德国也在其中。报告显示，德国收入水平最高的10%的就业人口的平均年收入约为57300欧元（约合76642美元），而收入水平最低的10%就业人口的年平均收入仅为7400欧元（约合9898美元），差距比例达8∶1左右，而20世纪90年代德国的最大收入差距为6∶1。②

---

① 黄刚：“德国贫富差距还在拉大　每8人中藏1个穷人”，2009年6月11日，中国网 http：//www.china.com.cn/international/txt/2009－06/11/content_17928102.htm。

② 和信：“德国贫富差距加大”，《深圳特区报》，2011年12月7日。

另据中国之声《全球华语广播网》报道，2012 年年初以来，德国人要求涨工资的呼声不断。据统计，德国有 1/7 的人生活在贫困线边缘，在周围的欧盟邻国中排名倒数。

最近几年德国个人收入之间的差距越来越大，高收入阶层的纯收入在不断地大幅增加。比如说企业家或者是银行高管，动辄就是几十万上百万甚至上千万欧元的年薪，并且可以享受到分红，以及通过各种合法途径获得的税务上的优惠。中等收入阶层如私人业者，也就是我们以前说的个体户，平均每年的收入在 5 万 3 千欧元左右，而中等偏下的收入阶层纯收入却停滞不前，甚至是减少。比如普通的公共服务业雇员和公司职员，平均每年的纯收入通常不超过 3 万欧元。

德国的收入情况根据地区和工作的不同而差异巨大。就工作而言，智慧型劳动的报酬远高于普通劳动的报酬。一方面很多公司高薪聘不到所需的拔尖人才，面临一将难求，不得不通过发放绿卡从外国技术移民的窘境，比如说研发工程师。而另一方面很多普通劳动者低薪且找不到工作。就地区而言，德国南部以及西部要比北部和东部经济发达，工资水平也相对高很多。因此最近这段时间，德国要求提高工资的罢工浪潮不断，简单地说就是富的越富，穷的越穷，德国贫富之间的鸿沟在不断地加深和扩大。①

在中国，贫富差距悬殊的问题较发达国家有过之而无不及。2012 年 3 月中旬，中国科学院发布的《2012 中国可持续发展战略报告》指出，中国发展中的人口压力依然巨大，按 2010 年标准贫困人口仍有 2688 万，而按 2011 年提高后的贫困标准（农村居民家庭人均纯收入 2300 元人民币/年），中国还有 1.28 亿的贫困人口，接近总人口数的 10%，扶贫脱困的任务十分艰巨。②

---

① 薛成俊：“德国贫富差距悬殊　七分之一人口生活在贫困边缘”，2012 年 3 月 30 日，中国广播网 http://world.people.com.cn/GB/17545278.html。

② 孙自法：“中科院报告：中国还有 1.28 亿贫困人口”，2012 年 3 月 12 日，中国新闻网 http://www.chinanews.com/gn/2012/03-12/3737442.shtml。

来自国家统计局的数据显示，1978 年我国基尼系数为 0.317，但从 2000 年开始基尼系数已越过 0.4 的警戒线并逐年上升，2006 年已升至 0.496。2006 年之后，我国未再发布基尼系数统计数据，据估计已经接近或超过 0.5，这一情况表明，我国的贫富差距正在不断恶化，这不能不引起我们足够的警惕。①

据中共中央党校吴忠民教授披露，根据联合国开发计划署的统计数字，2005 年，中国占总人口 20% 的最贫困人口占收入或消费的份额只有 4.7%，而占总人口 20% 的最富裕人口占收入或消费的份额高达 50%。②这突出表现在：收入份额差距和城乡居民收入差距进一步拉大、东中西部地区居民收入差距过大、高低收入群体差距悬殊等方面。以 2006 年为例，城镇居民中 20% 最高收入组（25410.8 元）是 20% 最低收入组（4567.1 元）的 5.6 倍；农村居民中 20% 最高收入组（8474.8 元）是 20% 最低收入组（1182.5 元）的 7.2 倍；城镇居民中 20% 最高收入组是农村居民中 20% 最高收入组的近 3 倍，是农村居民中 20% 最低收入组的 21.5 倍。③

2007 年 5 月，美国波士顿咨询公司发布的《2006 全球财富报告》指出，在中国，0.4% 的家庭占有 70% 的国民财富；而在日本、澳大利亚等成熟市场，一般是 5% 的家庭控制国家 50% ~60% 的财富。这一数据还在政协十一届常委会上被蔡继明委员引用。④

2009 年 6 月政协第十一届常委会第六次会议期间，赖明常委代表九三学社中央作了《调整国民收入分配格局，促进经济社会健康发展》的发言。赖明常委指出，近年来，我国国民收入分配格局失衡，致使收入分配结构不合理，收入分配差距不断扩大。收入分配差距主要表现在贫富悬

---

① 王仁贵："数据显示中国社会贫富差距已突破合理限度"，《瞭望》新闻周刊，2009 年 5 月 18 日。

② 佚名："中国贫富差距突破合理限度　对高收入者缺乏限高"，《华夏时报》，2005 年 8 月 11 日。

③ 同①。

④ 韩洪刚："中国财富加速向少数人集中"，《时代周报》（广州），2009 年 6 月 25 日。

殊、城乡差距、区域差距、行业差距不断扩大。赖明作大会发言时指出，现在贫富悬殊的距离由改革开放初期的 4.5∶1 扩大到 12.66∶1。城乡居民收入从 1998 年的 2.52∶1 扩大到 2008 年的 3.31∶1。中西部收入差距也不断扩大。电力、石油、金融等行业收入远远高于全国平均水平，差距高达 10 倍。①

2010 年 6 月 8 日出版的《财经国家周刊》上，发表了一篇北京大学夏业良教授撰写的题为《中国的财富集中度超过美国》的文章。文章称，根据世界银行的最新报告，美国 5% 的人口掌握了 60% 的财富。而中国则是 1% 的家庭掌握了全国 41.4% 的财富，财富集中度远远超过了美国，成为全球两极分化最严重的国家之一。文章发表后，舆论哗然。不久，《南方周末》记者调查发现这个数据是错误的。国内唯一做过独立的居民收入数据调查的学者、北京师范大学收入分配与贫困研究中心主任李实对记者说："世界银行用的是我的数据，但是国内现在引用的数据搞错了，不是 1% 的人口占有 41.4% 的财富，而是 10% 的人口占有了 41.4% 的财富。"② 这是学术界很经典的一个笑话。

2012 年 9 月 14 日，北京国际城市发展研究院联合中国社科文献出版社发布了首部《社会管理蓝皮书——中国社会管理创新报告》。报告指出，我国改革开放丰硕成果背后正隐藏着种种复杂多变的不稳定风险：贫富差距正在进一步扩大，逼近社会容忍线；官民冲突、警民冲突现象加剧。

蓝皮书指出，20 世纪 80 年代初，我国基尼系数为 0.275，而 2010 年已达到 0.438。20 世纪 90 年代以来，基尼系数在以每年 0.1 个百分点的速度提高，并且有进一步扩大的可能。蓝皮书援引的调查数据显示，当前我国城乡居民收入比达到 3.3 倍，而国际上最高在 2 倍左右。依照这份蓝皮书提供的数据，我国行业之间职工工资最高与最低相差 15 倍左右；上市国

① 常红："我国贫富悬殊不断加大 收入差距 12.66∶1"，2009 年 6 月 18 日，人民网 http：//news.sohu.com/20090618/n264599419.shtml。

② 胡贲、寇爱哲："中国式贫富分化的数据之困"，《南方周末》，2010 年 6 月 16 日。

企高管与一线职工收入差距在18倍左右；国有企业高管与社会平均工资相差128倍。收入最高的10%人群与收入最低的10%人群的收入差距，已从1988年的7.3倍上升为2007年的23倍。[①]

2012年9月20日，《华尔街日报》（中文版）发表汤姆·欧里克（Tom Orlik）撰写的题为《中国贫富差距到底有多大》的文章。文章披露，由于家庭收入状况不明，测量中国贫富差距的难度较大。按国家统计局的数据计算，最上层10%的家庭控制了大约32%的财富。但中国统计人员承认，由于获取富人收入数据存在困难，官方数据不太可靠。而中国西南财经大学课题组2011年对中国各地8000多户家庭所作的调查显示收入差距要大得多，最上层10%的家庭掌握了56%的财富。调查牵头人甘犁说，这使中国的收入分配不平等状况差于美国，甚至比非洲国家还要差。

由于资料的限制，使得中国贫富差距的现状扑朔迷离。但各种迹象表明，我国的贫富差距已经达到了相当严重的程度。为配合2012年“两会”召开，2012年年初，人民网和《人民日报》政治文化部联合推出的“2012年你最关注的十大热点问题调查”，“收入分配”在20个候选项中位列第二，共有137347人参与此项调查。调查结果显示，参与分项调查的网友当中，81.1%认为当前收入差距大，贫富分化严重；36%希望个税调整速度与人均收入增速保持一致，进一步提高个税起征点；76%的人认为现行最低工资线普遍过低。由此可见，贫富差距过大已经形成我国民意共识。[②]

关于贫富差距过大有何危害的问题，笔者不想详细加以讨论——我认为结论显而易见。贫富收入差距过大是社会不稳定的深层次原因，中国历朝历代的农民起义，朝代的更迭变迁，几乎无一例外都源于民不聊生、贫富差距扩大。美国贫富差距悬殊也是“占领华尔街运动”爆发的直接原因。从经济的角度看，过分悬殊的贫富差距会使经济发展的机制失调。比

---

① 郭少峰：“报告称我国贫富差距正扩大逼近社会容忍线”，《新京报》，2012年9月15日。

② 李叶：“‘两会调查’：八成网友认为贫富差距大”，2012年2月21日，人民网 http://www.ce.cn/xwzx/gnsz/gdxw/201202/21/t20120221_23092238.shtml。

如，在经济紧缩时期，政府期望通过降低银行利息手段促进消费，拉动内需增加，促进经济复苏，但在我国效果极其不理想。这是因为，绝大多数的银行储蓄为少数富人握在手里，他们没有增加消费的欲望。普通民众有巨大的消费需求，但由于社会保障体系不健全，他们也不会因为降价、降息就挥霍"保命钱"，这就使以降息为主要手段的货币政策效果大打折扣。从而贫富分化成为国民经济增长机制的破坏因素。

经济合作与发展组织（OECD）注意到了贫富悬殊对儿童和青少年教育的影响。据台湾"中央社"2012 年 9 月 12 日报道，经济合作与发展组织（OECD）近日公布年度教育调查指出，尽管大多数成员国家教育开支有所增加，但学生接受高等教育的机会仍然不平等。OECD 强调，年轻人受教育机会有着明显差异，尤其是来自贫困或父母教育程度低的家庭，继续高等教育研究的机会相对减少。在意大利、葡萄牙、土耳其和美国，超过 40% 年轻人来自受教育程度低的环境，不能完成中学教育，只有不到 20% 的毕业生获得更高文凭。①

《中国证券报》记者樊宇则注意到了贫穷与富有的代际传承问题。樊宇援引的美国皮尤慈善基金会的一份报告显示，84% 的美国人收入超过父辈，但社会阶层间却有着难以跨越的鸿沟。出生富贵的人成为"最顶层"一族的可能性越大，而出生贫苦的人向上流靠拢的机会越小，贫富阶层正逐渐固化。

报告指出，如果把美国的经济阶层分为 5 个等级，43% 的出身美国最底层的人依旧像他们的父辈一样在底层挣扎，这群人中的 70% 目前仍未达到中产水平；而 40% 的出身最高阶层的人依旧像他们的父辈一样享受着精英般的生活，他们中的 63% 生活水平处于中产阶层以上。研究发现，只有区区 4% 的出身底层的人成功跻身最高阶层，而只有 8% 出身最高阶层的人

① 李宗泽："OECD 调查显示穷人孩子高等教育机会相对较少"，《环球时报》，2012 年 9 月 12 日。

最终滑落到社会底层。而这种现象是一个社会僵化、缺乏活力和没落的表象。①

贫富差距为何越来越大？这是民生领域讨论最热烈的话题之一。每个国家都有不同的国情，因此，专家和学者归纳的原因也有所不同。即使在一个国家内部，由于人们的立场、方法、观察角度不同，也会得出截然不同的结论。比如在我国，关于垄断是否是贫富差距扩大的主要原因的问题上，就产生了截然对立的两种观点。著名经济学家、燕京华侨大学校长华生的观点是“垄断是贫富差距扩大的首要原因”，② 而西南财经大学中国家庭金融调查与研究中心的观点是“垄断行业并非贫富差距大主因”。③

中央党校社会学教授吴忠民是国内较早研究“贫富差距扩大原因”的学者之一，他在 2001 年第 4 期《科学社会主义》上发表了“中国现阶段贫富差距扩大问题分析”一文，将贫富差距扩大的原因区分为“历史原因”和“非正常的因素”两个方面。

就前者而言，一是“经济的发展使得一些新的经济板块迅速成长”，导致差距扩大，比如城乡、地区间差距的扩大；二是在市场化的不同阶段会形成与之对应的相对富裕的某个或某些社会群体，从而与其他社会群体拉大了贫富差距。

从后者来看，一是经济运行缺乏统一的规则，从而为一些人用不恰当的手段为自己谋取利益留下了许多“空档”，并进而使“灰色富有阶层”、“黑色富有阶层”迅速形成；二是初次分配过程中存在着不平等竞争。最突出的是一些部门、行业甚至是一些个别的社会成员，能够通过垄断经营，获得垄断利益或高额利润，而其他的社会群体和社会成员却不能，因此，最终形成了非常不合理的收入差距；三是税收制度不健全，如没有遗

---

① 樊宇：“贫富差距和美国梦”，《中国证券报》，2012 年 7 月 14 日。

② 华生： “垄断是贫富差距扩大的首要原因”，2011 年 3 月 1 日，财经网 http：//www. caijing. com. cn/2011 -03 -01/110653680. html。

③ 李秀中：“西南财经大学报告：垄断行业并非贫富差距大主因”，《第一财经日报》，2012 年 12 月 11 日。

产税税种，而且，已有的税收制度也得不到有效的执行，这就加重了贫富差距问题。吴忠民披露，根据学者的研究，近年来全国平均每年流失的各类税收为 5700 亿～6800 亿元，占国民生产总值 7.6%～9.1%。其中，平均每年少征收的关税在 1500 亿～2000 亿元，少征收的增值税在 1500 亿～2000 亿元之间，少征收的营业税为 1000 亿元左右，少征收的资源税（如土地、能源、资源等紧缺资源税收）在 1000 亿元左右。另外，中国的地下经济十分严重，地下经济偷漏税流失额在 700 亿～800 亿元之间。①

吴忠民教授所界定的“贫富差距扩大原因”，可区分为非人为因素和人为因素两个方面，前者是经济发展不平衡的副产品，后者是政策与规则不公造成的。吴教授的成果虽然发表较早，但经得起历史的检验，他的许多观点迄今无人超越。

以国家发改委宏观经济研究院常修泽教授为代表的一些学者，则强调“资源要素分配不公，加剧了社会财富的分配不公”。他们认为，这与我国矿产资源产权制度缺失有很大关系，突出表现在资源价格成本构成不完全，资源税额低、开采成本低、不承担环境恢复责任……这是“煤老板”超常致富的“秘诀”，也是分配手段调节失灵、贫富差距拉大的“症结”。

有关专家认为，近年来，随着我国经济高速发展，土地、资源、资本——这 3 种生产要素发挥了巨大的财富调整力量。房地产、矿产、证券等成为“最赚钱”的暴利行业，少部分人借此一夜间站到社会财富的顶端。据 2009 年福布斯中国财富排行榜统计，前 400 名富豪中，房地产商占 154 名；在前 40 名巨富中，房地产商占 19 名；在前 10 名超级富豪中，房地产商占 5 名。房地产行业已经成为中国财富的主要集中地。

许多专家还认为，近年来，资本市场的“火热”表现，尤其是投机性投资行为的盛行，也进一步强化了资本财富的累积效应，拉大了资本收益与劳动收益、实业收益的差距，造成了“有钱的越来越有钱，没钱的越来越没钱”的局面。而且，资本与土地、资源三者之间互相拉升，加剧了贫

① 吴忠民：“中国现阶段贫富差距扩大问题分析”，《科学社会主义》，2001 年第 4 期。

富差距。[①]

此外，也有部分学者认为，贫富差距扩大是官员与公务人员腐败造成的。我国著名经济学家吴敬琏教授被称为“中国经济学家的良心”，一位大陆记者形容吴敬琏：他嘴对着领袖的耳朵，但他的脚站在人民的中间。吴敬琏教授在接受记者采访时直言：我认为贫富差距，在大陆就两个原因：第一，因为腐败，第二，垄断。这两项事实上都和政府权力有关。我们的垄断，不是经济自由竞争的结果，而是行政权力造成的。举一个例子，原来的中国石油化工，去年（指 2009 年——作者注）盈利第一名，他原本的执行长（CEO）陈同海，因受贿被捕，之后查出来，他平均每天花公司人民币 4 万元用在个人享受上。也有人揭露，他公司大厅装一个灯，就花几千万元。[②]

有关“贫富差距扩大原因”，笔者看到的一篇有分量的文章是华生教授撰写的“垄断是贫富差距扩大的首要原因”一文，该篇文章洋洋万言，数据翔实，逻辑缜密，相当有说服力。华文中所指的垄断，不是一般意义上所说的“国企垄断”，而是指“在收入分配问题研究中往往被人们忽略的行政垄断的歧视、权力垄断的自利、资源垄断的暴发和市场垄断的马太效应”，这些“是造成财富加速从多数人向少数人手中转移的第一推动力”。有鉴于此，华生教授献言：真要推进收入分配改革，我们既不能像目前流行的那样，离开居民本身的贫富分化而在似是而非的外围问题上兜圈子，也不能企图去拉平人们在市场竞争中必然会出现的收入和财产差距，而是要正面揭示那些真正不公允地拉大贫富分化的主要垄断因素，通过变革和机制设计，改造不公平和不公正的制度安排。[③]

---

① 新华社调研小分队：“我国贫富差距正在逼近社会容忍‘红线’”，《经济参考报》，2010 年 5 月 10 日。

② 佚名：“吴敬琏疾呼：中国贫富差距 腐败垄断害的”，2010 年 9 月 13 日，财识网 http：//www. 21fd. cn/a/huandeng/zhouyi/2010/0913/5496. html。

③ 华生：“垄断是贫富差距扩大的首要原因”，2011 年 3 月 1 日，财经网 http：//www. caijing. com. cn/2011 – 03 – 01/110653680. html。

如果说上述观点有助于解释我国贫富差距扩大原因的话，那么，这些观点却无助于解释在全球其他经济体内贫富差距扩大的原因。退一步讲，即使别国也存在宏观政策偏误、官员腐败等问题，但在程度上与我国有明显区别，按上述观点显然解释能力偏弱。看来，作为全球性问题的贫富差距扩大问题，应该有其更加深刻的原因。

华人著名经济学家、耶鲁大学终身教授陈志武先生断言：财富差距、收入差距的扩大并不是因为现代资本家比以前“道德沦丧”，不是因为现代企业家更加贪婪，而是现代技术和规模化商业模式所致。

陈志武先生是实证分析的高手，他举例论证自己的观点：以腾讯公司为例，虽然这个互联网公司成立于 1998 年，但 13 年后的 2011 年，收入已达 280 亿元，利润接近 120 亿元。按照 1 万名员工计算，腾讯人均创收 280 万元，人均利润 120 万元。相比之下，2011 年中国农业总产值在 4 万亿元左右，按 3 亿农民计算，人均创收 1. 3 万元，不到腾讯的 1/200。那么，为什么腾讯的创收能力超越农业这么多？是否跟收入分配制度、跟贪婪有关，即腾讯的员工比农民更贪婪呢？其实不然。关键是农业跟腾讯的经济特征完全不同，两者的产出函数不一样。

农业的产出与投入之间有极强的线性关系，这限制了农民创收空间。如果种一亩地需要花 100 小时劳动、200 元种子和肥料成本，最终产出 100 公斤粮食，那么，要生产 1000 公斤粮食，就需要种 10 亩地，投入 1000 小时劳动、2000 元种子和肥料钱；为了生产 1 万公斤，就需要种 100 亩地、花 1 万小时……不能因为这亩地种好了，下一亩地就可以少花劳动时间或肥料成本，每亩地所需要的劳动和成本投入是相互独立的，这就使农业生产难有规模效应。每人每天只有 24 小时，即使不睡觉不休息，农民的收入也难以逃脱产出跟投入间线性关系的约束，收入不可能太高，此即几千年来没有农民靠种田种出亿万富翁的原因。

而腾讯的产出和投入之间的关系不仅是非线性的，甚至没有太大关系。在腾讯 QQ 空间里，一顶虚拟帽子的设计可能要几个设计师与程序员花几天时间，而一旦设计好了，虚拟帽子卖一顶 1 块钱，卖 100 万顶创收

100万元。由于虚拟帽子销售是电子记账收费，每卖1顶并不需要重新制造，所以，腾讯卖1亿顶虚拟帽子跟卖1万顶在成本上几乎没有差别，但收入却天壤之别。腾讯的虚拟衣服、虚拟装饰、虚拟家具等，都是如此。这就造成了其收入和成本投入之间的关系非常弱，赚钱能力空前的高。

微软的商业模式也有类似特点，一旦微软把系统软件开发好（这当然需要成本投入），它卖1万份还是卖10亿份，总体成本差别很小，因为每一份的边际成本（包括制造成本）几乎为零。但是，比起零制造成本的腾讯QQ虚拟衣服、虚拟帽子，微软还是要为每一份软件付出硬盘、刻盘、包装、邮寄成本等。

金融服务业的产出与投入关系跟腾讯的也很类似。比如，华尔街投资银行高盛帮客户张三公司融资1000万美元，为了尽职，可能需要一个10人团队花10天时间；而另一家客户李四公司需要融资10亿美元，为了尽职，高盛可能也会派一个10人团队花10几天时间，成本基本不变，但收益却高100倍。正因为这种规模效应的差别，高盛可能不会做1000万美元甚至几千万美元的单子，金额太小对他们不合算。这也说明投资银行的收益跟成本之间是非线性关系，甚至两者间是没太多关系的。

基金管理行业也是如此，像对冲基金或者私人股权基金，可能整个公司只有15到20人，这个团队可以管理2亿美元，也可以管理20亿美元。因为一旦他们决定投一个公司的股票，投10万和投1000万美元对他们来说需要做的工作、花的时间完全一样，管理2亿和管理20亿的运营成本类似，但利润可能相差10倍。

由此我们可以看到，华尔街的公司赚得很多，年收入几百万美元甚至上亿美元，远远高于传统农业甚至手工业，在相当程度上是由金融交易特别的规模效应和金融行业的性质所决定的。金融交易的本质是其价值创造不完全取决于劳动时间，也不完全取决于成本的投入，而是取决于金融从业者的人力资本，包括他们所受的教育、积累的经验、组织能力、个人情商、个人诚信和人脉关系网络等。[①]

此外，自由市场经济本身也有“制造”贫富差距的机制。

自由市场经济是全球各经济体采取的最基本的经济制度。这种经济制度排斥政府干预，主张以市场的力量配置资源，从而通过竞争优胜劣汰，实现资源的优化配置。从整体上讲，市场经济符合人类的发展规律，是推动人类进步的经济制度。中国改革开放之后，实行社会主义市场经济体制，极大地解放了社会生产力，使中国经济保持了 30 多年的高速增长，一跃成为仅次于美国的全球第二经济大国。中国奇迹得益于市场经济体制，这是任何人也无法否定的现实。

但是，市场经济是不是白璧无瑕、十全十美呢？答案是否定的——即使是在资本主义经济学者眼中，也仍然存在着市场失效（market failure）的问题——在充分尊重市场机制作用的前提下，市场仍然无法有效配置资源和正常发挥作用的现象。其最明显的例证就是：市场机制的结果不是缩小贫富差距，而是使这种差距越来越大。

在市场机制的作用下，经济生活中的“马太效应”（Matthew Effect，强者恒强，弱者恒弱，赢家通吃）普遍存在。创造财富需要占有一定的经济资源，而越是占有经济资源多的人才有可能获得更多的经济资源。银行是最典型的“嫌贫爱富”的经济动物，你越有钱它越愿意把钱借给你，你越没钱它越不愿意把钱借给你，你一无所有它会坚决拒绝把钱借给你。一般而言，创办实业可以赚钱，但前提是你有钱，如果你没有钱，别人就会拒绝同你合作。对冲基金、私募股权基金、高端理财产品、衍生品交易等都是高端的高收益金融产品，但都需要大把银子作铺垫——具有较高的准入门槛，普通投资者无缘问津。在市场经济条件下，这些金融机构都是理性的“经济人”，它们这样做并不是“道德沦丧”，相反不这样做可能就是“智力有缺陷”。因此，市场经济机制的结果必然导致贫富差距的进一步扩大，这一点，古今中外概莫能外。

---

① 陈志武：“贫富差距恶化的根本原因”，《经济观察报》，2012 年 7 月 13 日。

说了这么多“贫富差距扩大原因”，既有主观原因又有客观原因，既有内部原因又有外部原因，既有可控原因又有不可控原因，是不是人类就对贫富悬殊的丑恶现象束手无策了呢？答案是否定的。对贫富不均的校正与修复，正是政府的职能或曰作用的范畴。

政府如何在缩小贫富差距问题上发挥作用呢？我国著名经济学家茅于轼的表述是：用政府的力量加上民间的力量，将富人的钱转移一部分给低收入的人。市场对财富进行初次分配，然后政府和非政府组织再做二次分配。其中政府的二次分配是强制性的，即累进式的个人所得税、财产税、遗产税等；非政府组织的二次分配则是自愿的，即慈善性捐款。如果中国未来能够进入这种理想状态，由市场做初次分配，由政府和非政府组织做二次分配，我们将避免贫困，又有一个可接受的公平状态。[①]

① 姚忆江等：“盛世与阴影：关于中国财富差距的对话”，《南方周末》，2009 年 11 月 26 日。

第4章

贪婪是好的还是坏的

我们也会有恐惧和贪婪，只不过在别人贪婪的时候我们恐惧，在别人恐惧的时候我们贪婪。

——美国金融投资家、“股神”沃伦·巴菲特

1987年，美国著名影星——迈克尔·道格拉斯（Michael Douglas）因在影片《华尔街》中扮演的股市大亨戈登·盖柯（Gordon Gekko）一角深入人心，而赢得了奥斯卡最佳男主角奖，影片中的台词“贪婪是好的”（Greed is good）则一夜间成为经典。

《华尔街》是一部商战大片，也是一部探索人类本性、为人类的贪欲辩护、引发人们深入思考的经典力作。本片以华尔街为背景，描写了翻云覆雨的股市大亨戈登·盖柯贪婪成性，不择手段在幕后操纵股票行情，结果却败在一位仍然具有良知的年轻操盘手手上的故事。《华尔街》之所以在美国引起共鸣，是因为它淋漓尽致地宣泄了“赚钱越多越受尊敬”、“贪婪能促进经济发展和社会进步”的华尔街文化。

盖柯演讲的原话是这样的：“女士们、先生们，我在这里要强调的是：贪婪——如果没有更合适的词汇形容的话——是无以伦比的美德。贪婪是正确的，贪婪是有效用的。贪婪可以澄清迷惘，指引人们披荆斩棘直捣演化的精髓。贪婪内化在各种不同的表象之中：于生活如此，于金钱如此，于爱情如此，于知识也如此，……贪婪激发出人类奋发向上的不竭动力。贪婪——请你们记住——不仅能挽救泰达纸业（公司），更能挽救机制失调的美利坚合众国。”

贪婪究竟是好的还是坏的，是促进社会进步的还是阻止社会进步的，至今尚无定论——这体现了不同的社会价值观。我常常想，也许是“贪婪”这个词儿用得不好（就像葛优一看就不是什么好人），如果改用“竞争”或别的什么词汇也许人们就会心安理得地接受了，但实质是“换汤不换药”。在私有制社会条件下，竞争（或贪婪）推动着人类社会的进步，已是一个“家喻户晓”、“妇孺皆知”的常识性问题——不是问号而是句号。

但是具体到获取财富的手段与心态，恐怕就是另外一个层面的问题了。人们形容有些人获取财富的手段时常用“攫取”一词，这个词儿特别适合形容猛禽捕食猎物，所以是个贬义词。“攫取”有不择手段、强取豪夺的意思，和“贪婪”在语意上就有点接近了。从这个意义上讲，“贪婪”游离于守法和违法之间，常常寻找法律漏洞并“斜谷出奇兵”。但从另外的一个角度来看，贪婪也指在投资等活动中“过度冒险”，从而大幅度降低了自己的“安全系数”。

在金融市场上，依人们对风险的态度，可以把投资者划分成风险厌恶型、风险中性和风险偏好型等 3 种类型。风险厌恶型投资者讨厌风险，时时处处想把风险降到最低。比如，有的人不敢坐飞机，不敢骑马，不敢走夜路，不敢登高望远，……甚至不敢把钱存进银行，而是宁愿埋在地底下。风险偏好型的投资者刚好相反，他们时时处处愿意挑战风险，坐过山车，玩蹦极，到渺无人烟的陌生环境去探险，甚至想去太空旅行。在投资方面喜欢高风险高利润的玩法，炒股票，玩权证，涉足金融衍生品，是对冲基金和私募股权基金（PE）的铁杆粉丝。而风险中性型投资者则游离于这两极之间。

有一个问题：贫穷和富有与其对风险的态度有无关系？换一句话说：是不是所有的穷人都是风险厌恶型，而所有的富人都是风险偏好型？一般而言，穷人多表现为厌恶风险，而富人多表现为喜好风险。这是因为，穷人的财富本来就少，他们顾虑一旦“砸锅”就有可能变得一无所有；而富人拥有较多的财富，损失一些财富对他们而言不至于伤筋动骨。比如，一个普通的工人家庭损失 10 万元是一笔“巨资”，而对于巴菲特而言却连“九牛一毛”都算不上。但是“错位”的现象也比比皆是：富人厌恶风险，穷人追逐风险——特别是后者，往往一不小心就“杯具”（网络语言，“悲剧”的意思）了。

2013 年 1 月 7 日，云南网记者披露了一个荒唐的故事：一个老汉轻信变钱术，结果把辛苦积攒的 20 多万元真钱变成了冥币。故事的情节是这样的：

两年前，犯罪嫌疑人潘正金与另一犯罪嫌疑人陈昌平在赌场上相识，一直联系不断，经常结伙赌博，却屡赌屡输。2012 年 4 月至 5 月，陈昌平与潘正金向别人吹嘘说他们自己会变钱，能把一张百元真钱变成两张同面值的真钱，因为像天方夜谭，听者中很少有人相信。同年 11 月份，2 人决定伪装成山东老板，以租地种花草为名义，以一百元大钞变两张百元大钞为幌子骗钱。

2012年12月以来，两人先后驾车窜到云南省昭通市鲁甸县、巧家县包谷垴、老店、马树等地物色诈骗对象。12月13日，2人驾车来到巧家县马树镇马树街，将憨厚的李光元作为下手目标。两人先后于同月15日、18日到李光元家里，表演“变钱大法”，当场叫李光元拿出一百元，将这张百元钞票“变”成了两张百元给他。临走时，2人留下电话，让李光元要变钱时与其联系。两天后，他们接到李光元打来的电话，称已准备好2080张100元的钞票请他们去变。2人接到电话后，迅速跑到昭通西门小石桥处花100多元买了20万元冥币。到李光元家变钱过程中，陈昌平趁李光元到厨房烧水之机，用冥币调包李光元的真钱，将其208000元骗走后溜之大吉。接下来的3天里，二人将所骗赃款进行分赃还债或挥霍，两名嫌疑人被刑拘后，仅追回赃款8万余元。[①] 如果不是贪婪、不是利令智昏，一个理智健全的人怎么能相信以钱变钱的谎言呢?

2007年，中国经济出版社翻译出版了美国学者马克斯·贡特尔（Max Gunther）2004年再版的一本书——《苏黎世投机定律》（The Zurich Axioms）：来自瑞士人的投资智慧（高颖译）。该书是贡特尔对华尔街瑞士金融家们多年成功投资经验的深入总结，包括12个主要定律和16个次要定律，自1987年初版以来，《苏黎世投机定律》已发行上百万册，并数次登上《商业周刊》畅销书排行榜榜首。许多人误以为贡特尔主张在投资中过度冒险，但实质上恰恰相反，贡特尔是一个“理性”冒险家。贡特尔认为，人的一生不能逃避风险，所以追逐无风险投资是一个误区，正确的态度是正视风险，但应该谨慎地投入风险。小心地去赌，在遵循收益大于损失的原则下去赌，去赢。

《苏黎世投机定律》的定律二是“论贪婪”。贡特尔认为，贪婪（贡特尔的表述是“为了欲望而失去控制”）实际上是人类所固有的特质——

---

① 申时勋、张永琼：“老汉轻信变钱术20余万血汗钱变冥币”，2013年1月7日，云南网http：//www. qianhuaweb. com/content/2013 -01/07/content_ 3685092. htm。

每个人都很贪婪。贪婪深深地盘踞在人们的灵魂中，我们不可能轻易地改变它。但是定律二的精髓是：减少贪婪，你将有更多致富的机会。“要远离它、阻止它，它是投机者的敌人。”贡特尔说。

为了说明“贪婪”者的心路历程，贡特尔还讲了一个故事：

有一个叫费尔德曼的人，多年来任职拉斯维加斯邓斯赌场的经理。他花费了一生去研究贪婪。他戴着一副粗边眼镜，是一个身体结实且幽默的人。费尔德曼习惯于在每天凌晨 2 点到 10 点的值班时间内观察他的客户，他所看到的情景使他深有体会，并总结为理论。“如果他们想要得到少一些，他们就会带回家多一些。”这就是他的贪婪定律。

他对贪婪了解得很透彻，因为他是一个职业赌徒。在他青年时期，曾几次获得却又失去了几笔小财产，但是最后他学会了自我控制，并在去世的时候相当富有。讲到他在邓斯的客户时，他总是说：“他们在这儿做的事对他们大多数人来说没有什么，他们只是玩玩罢了，他们输了几百美元，谁会介意呢？但是假如在这里下的赌注攸关他们生命的话，那么他们就肯定会介意了。在这里，你能看到很多人不是很富有，只要认真地注意他们，你就会明白为什么他们永远不会得到他们想要得到的。”

费尔德曼说：“我记得有这样一位女士，她带了一小包钞票准备去输，她开始玩轮盘赌，在一个数字上押了 10 美元，我忘记号码是什么了，好像是她的吉利数字、生日或是别的。你知道怎么样啦？数字出来后，她赢了 350 美元，因此她拿了 100 美元放在其他数字上，这次她又赢了，她得到 3500 美元，这天是她的吉祥夜。她的所有朋友都围着她，叫她多赌些，她看了看他们，我看出她开始变得贪婪了。”

费尔德曼在讲这故事时，中途停了一下，用手帕擦了擦前额说：“她继续往下赌，她有足够的筹码，因此她开始在其他颜色上下注，每次下几百元，而她一直赢，连着赢了六七次，她真的连着赢，最后她大约赢了 9800 美元。你想想，这该足够了，对吧？假如是我的话，早就停止了，有了一两千元已经使我很高兴了，但是这个女人有了 9800 美元还嫌不够，她不停地说，她只要再赢 200 美元，就可以凑到一万元。

“为了凑到这笔可观的数目，她开始输了。她的筹码开始减少了，但她又下更多的赌注希望扳回来，最后她失去了一切，其中包括她原来的10美元。”

这个故事说明了一件事：不要过度依靠运气。或是像瑞士人经常说的：“不要过度压榨你的运气。”很多人在平时也会这么说，但却不明白它具有一种严肃的意义，它值得进一步研究。这个故事的意义是，在赌博或投机的过程中，你可能会碰到连续的好运。你会享受它，以至于你想永远依靠它。毋庸置疑，你应该有理智去辨别，它不会是永久的。但是如果贪婪控制了你，你就会希望它再持续一段时间，再长一些或更长一些。因此，你会过度地依靠它，结果你的钱会输得精光。①

中国的古训是：富贵险中求。但是贪婪——过度地追逐风险却常常导致事与愿违，使人陷入“一败涂地”的境地。这里面涉及到投资与投机的关系。一般而言，投资与投机差别不是很大，投资也涉及到机会的选择问题，正因为如此，有人认为“投资是成功的投机，而投机是失败的投资”。但在有“华尔街教父”美誉的美国金融投资家本杰明·格雷厄姆（Benjamin Graham）看来，这两者是有区别的。格雷厄姆对投资和投机的定义：“投资是依据详尽的分析，本金安全和满意回报有保证的操作。不符合这一标准的操作就是投机。”在格雷厄姆眼里投机正是风险的来源。②

为了总结和归纳“贪婪”的共性，我们不妨剖析几个发生在我们身边的案例：

案例1：年近“不惑”为什么不敢要孩子

2012年11月29日人民网刊登了一则故事：故事的男主人公张明40岁，南京大学信息技术专业研究生毕业后去上海谋生。他曾经的搭档陆路

---

① ［美］马克斯·贡特尔（Max Gunther），高颖译：《苏黎世投机定律》（The Zurich Axioms），中国经济出版社2007年版。

② ［美］本杰明·格雷厄姆（Benjamin Graham）、戴维·多德（David Dodd）著、邱巍等译：《证券分析》（Security Analysis，1934年初版2004年纪念版），海南出版社2006年版。

38 岁，上海人，大专毕业后，念了东华大学的夜校，读的也是 IT 专业。2000 年初，两人在百脑汇相识，很快从事技术工作两个人多了份“兼职”——给人装配电脑。

2005 年，IT 行业市场下滑，陆路转行做了一家外贸公司的网管，而张明则自己开了一家广告公司。就在那年，陆路和女朋友领了结婚证，买了一套 200 多万的房子，而张明开了一家广告公司，贷款 200 万。

贷款重压下，两人疯狂寻找第二职业赚钱，“不少公司都说要会开车的”，冲着这句话，两人第二天就去驾校报名了。随后，两人承包了一辆出租车，一人轮一天开车，“有时候时间也不固定，相互商量，谁有空谁开”，这样的状态持续了两三年，之后，张明的公司渐渐上轨，而陆路的工作也得心应手，两人的空闲时间增多，于是各自承包了一辆的士。“基本都是早上开 3 个小时出租，中午去公司处理事务 3 个小时，之后回家吃个饭，休息一下，晚上 6 点开到凌晨两点。”陆路说，虽然很累，但是开出租一个月能赚近 1 万元，加上公司的工资，差不多有 1 万 5 的月收入，“他公司效益好，比我更多一些。”

开了 7 年出租，200 万元的贷款还了一半，现在每个月还要还 1 万元的贷款，“压力真的很大。”陆路坦言，张明有时候也会打退堂鼓，“他常跟我说，7 年，天天一睁眼，想到还有那么多贷款没还，就特绝望。”张明说，但他们俩都会互相鼓励，“坚持了这么久，半途而废太可惜了”。

因为背着贷款，两人虽然年近不惑，但都没要孩子，“我俩想法也很一致，等一身轻了再要，现在承受不起。”①

评语：贷款须量入为出，超出自己收入水平和承受能力去负债，这是张明和陆路悲剧的根本原因。

案例 2：为什么“一家 3 口租单间”

赵老师原本是湖北一所省重点中学的高级教师，2007 年调到深圳某中

---

① 佚名：“男子为还 200 万房贷兼职开出租　近 4 旬不敢要孩子”，2012 年 11 月 29 日，人民网 http：//news. bandao. cn/news_ html/201211/20121129/news_ 20121129_ 2030100. shtml。

学任教。受当年的牛市诱惑，赵老师将内地城市的住房卖掉，凑足50万元杀入股市。赵老师的想法是：通过炒股实现财富翻番，在深圳买一套房子，将内地的老婆和儿子接过来团聚。

但事与愿违，在沪指4000点入市的赵老师的股票账户，仅仅享受了几个月的赚钱效应后，便开始承受持续4年的财富缩水之痛。赵老师的朋友圈子内，所谓的“内幕消息”从不断供，他也据此频繁更换股票，结果雪上加霜，从2008年至2012年11月中旬亏损过半。如今，赵老师的老婆与儿子倒是来深圳了，可是一家3口只能挤住在租来的单间里。倍感压力的赵老师一年来每每谈及股票，最爱说一句话：只要能解套，此生再不炒股。①

评语：股票投资是一种高风险投资，对于工薪阶层而言理财专家的建议是：1/3的资金用于满足日常生活需要，1/3用于低风险或无风险的金融投资，只有1/3可以用作高风险投资。但赵老师孤注一掷，甚至把房子都卖了用来炒股，可见，赵老师的悲剧是“贪婪”惹的祸。

案例3：她为何要到派出所自首

在青岛，一女子原本家境富裕，可她为了发大财，将全部家底用于炒股、炒黄金、炒白银，最终一赔再赔血本无归，一心想扳本的她骗用亲友的身份证办理了近40张信用卡疯狂套现，还将自己的房子抵押贷款，最终败光了家产，还欠了银行200万元的债务。2012年年中，她主动到当地派出所投案自首，随即被公安机关刑事拘留。

家住青岛市北区标山路的市民张某在家附近开了个小超市，每个月有过万的收入，丈夫承包了出租车赚钱，一家人的日子过得和和美美。就在日子越过越红火的时候，2008年，张某突然迷上了炒股，她一门心思扎在股市中，将家里的钱都投了进去。可是没过多久，股市风云突变，张某投进股市里的钱不但没有收益，反而全部被套牢。亏了钱，张某不敢告诉丈

① 佚名：“散户辛酸泪：中学教师卖房凑足50万炒股 一家3口租单间”，2012年11月21日，证券时报网 http：//finance. ifeng. com/stock/tzgs/20121121/7329031. shtml。

夫，就决定办信用卡套现炒股。

张某就以自己和亲朋好友的身份证疯狂办理信用卡，由于亲友对她非常信任，张某拿到了他们的身份证复印件后，到银行办理了近40张信用卡，然后疯狂套现，拆东墙补西墙，重新折回股市"厮杀"。没想到，套现的钱再次打了水漂。此时，一心想把亏的钱赚回来的张某放弃了炒股，开始炒黄金，谁知再次以失败告终，急于扳本的张某又杀进白银市场，开始炒白银，而套现的钱又一次被折腾光了。

张某背了一身巨额债务，而她的家人和朋友还一直被蒙在鼓里。眼见亏损越来越大，2012年3月份，张某将自己位于标山路的房子抵押贷款。"当时我没敢告诉丈夫我用家人和朋友的身份证办理信用卡套现，只告诉他我的资金被套住了，在我的苦苦哀求下，他同意和我一起到银行抵押房产。"张某告诉记者。于是，张某用抵押房产得来的40万贷款来填补亏损，但这远不能堵上欠款的漏洞。

2012年5月份，为了继续筹款炒白银，张某想到将自己开的店转让给朋友。在隐瞒了自己欠房东半年共计1.5万元房租的情况下，张某将店转让给了自己的好友姜某，骗取了2.5万元。不久，张某又通过姜某向姜某的朋友付某借钱用于炒白银。得知张某要借钱，付某爽快地答应了，但前提是需要张某用财产抵押。于是，张某又打起了丈夫承包的出租车的主意。由于出租车的产权人不是丈夫，张某伪造了出租车转让合同，然后将出租车抵押给付某，骗取了10.8万元用于炒白银，然而，这一笔钱再次有去无回。

在欠了银行200万元的债务后，张某的资金链彻底断裂。看到事情无法挽回，张某拨打了110投案自首。2012年7月2日，记者在延安路派出所见到了张某。回忆起自己疯狂炒股、炒黄金、炒白银的经历，张某后悔不已。"最初一心想从股市里挣笔大钱，没想到一次次亏本，只好又套现、又抵押贷款用来堵漏洞。"张某称，刚开始套现时，她都能按时归还信用卡的欠款，但是后来亏损越来越大，无能为力了。"我对不起我的家人和朋友，他们那么信任我，我却一次次欺骗他们。"提起家人，张某禁不住泪流满面。如今，得知真相的丈夫一怒之下选择了离开，张某的房子也被银行收去，欠下了一身巨额债务的张某如今已是众叛亲离。[①]

评语：贪婪犹如毒品，一旦染上，无法轻易戒掉——但通常以牺牲健康或生命为代价。

案例4：兄妹2人同被判刑为哪般

一个月巨亏3000余万元！温州商人王光林和妹妹王彩平从风光的公司老板到被追究刑事责任，噩梦转眼到来。与浙江东阳女富豪吴英的遭遇一样，将王光林兄妹推向深渊的，是浙江数目庞大的高利贷。而与吴英做实业投资有异的是，王光林走向了期货和黄金炒作。曾经令他们获得短暂兴奋的金融产品，又像绳索一样，快速地勒住他们的咽喉。发生在温州的这起“借高利贷炒期货巨亏案”2012年11月被以集资诈骗罪追究刑责，一人终审被判死缓，另一人一审获刑11年后正在上诉。

浙江省温州市中院的刑事判决书显示，王光林在浙商期货公司的账户，自2010年1月7日至2010年11月11日入金3.29亿元，出金3.1亿元，亏损（包括手续费）1800余万元；永安期货的账户自2010年3月22日至2010年11月11日入金1.806亿元，出金1.659亿元，亏损（包括手续费）约1400万元；鲁证期货的账户自2010年9月3日至2011年3月2日入金1260余万元，出金1212余万元，亏损（包括手续费）48万元。

据永安期货温州营业部金融事业部经理邓小侠介绍，王光林是公司的大客户，自己又负责对大客户风险提供跟踪服务，就经常打电话给王光林，与他交流期货的行情。邓小侠证实：2010年9月份，王光林有大量棉花买空，自己还打电话给王光林提醒他买空的风险，要谨慎。

记者查询郑州商品交易所“CFLO郑棉连续”行情发现，这一期货品种从2010年8月底开始一路上涨，9月10日开始进入快速拉升期，短短两个月时间里，指数从18560飙升到33000。此时，王光林的买空操作正

---

① 刘腾腾：“女股民办40张信用卡炒股 败光家产欠银行200万”，《齐鲁晚报》，2012年7月3日。

好与之相反。据司法机关调查，仅 9 月份，他们的亏损就达 3000 万元。这意味着，在棉花期货不断向上走的起始阶段，王光林的错误快速地将其推向了破产的境地。此外，王光林亲属还告诉记者，除了炒期货巨亏外，王光林投资黄金也被骗，这方面损失也不小。

王光林的棉花期货、黄金投资出现巨亏，导致其无力偿付接盘温州恒瑞实业有限公司的余款。最终，王以违约为由，赔偿该公司老板黄象鸣 500 万元，后者收回了厂房。此外，王光林还无力偿还 3 位放贷人的借款，总额共计 2000 余万元。2012 年 6 月，王光林被以集资诈骗罪起诉。8 月 29 日，温州市中院一审判决罪名成立，王光林获刑 11 年。王光林不服，提出上诉。①

评语：王光林被追究刑责在当地引起很大反响。温州鹿城区一位民间借贷从业者认为，王光林的行为系民事借贷行为，不应该作为犯罪处理。但是，吴英案的教训不能不吸取——用别人的钱“贪婪”的行为得不到遏制，就是助纣为虐。

《华尔街》和《华尔街：金钱永不眠》的著名导演——奥利佛·斯通（Oliver Stone）在总结本片时说过一句意味深长的话：我觉得贪婪成为人类动力的这件事跟圣经一样老，它是与生俱来的。现在唯一不同的地方在于，它已经被合法化了，变成我们生活的一部分。② 习以为常——“变成我们生活的一部分”——这是最可怕的。想想 2008 年美国金融危机吧，“华尔街的肥猫”们一只手接受政府的救济，另一只手却把大把的钞票纳入私囊，恬不知耻，心安理得——这是我们的制度出了问题。如果不是从这个层面遏止“贪婪”，“贪婪”的幽灵就不会停止在我们这个星球游荡。

---

① 应辽产、陈锋：“温州兄妹借高利贷炒期货 1 月巨亏 3000 余万被判死缓”，《华夏时报》，2012 年 11 月 22 日。

② 佚名：“揭秘《华尔街：金钱永不眠》不为人知的幕后故事”，2010 年 10 月 12 日，网易国际在线 http：//ent. 163. com/10/1012/17/6IQGSIP100032DGD. html。

第5章

省吃俭用能不能致富

勤俭节约是一种美德，但要想通过勤俭节约致富却不靠谱——因为没有哪一个富人是单纯靠勤俭节约致富的。

——作者题记

2008年席卷全球的金融海啸让“降薪、裁员、失业、开源节流、省钱”等成为都市白领们的口头禅。一位网名叫殷北风的网友贴出了题为《经济危机时最雷人的十大省钱方法》的帖子，向网友推荐倒卖购物优惠券、乘坐超市免费班车、网购、团购、“拼客”打车、买国货、试吃、试穿、试用等省钱小窍门，读来令人忍俊不禁。该博文受到众网友的热烈追捧而迅速蹿红，2天内点击量超过了10万。殷北风表示，他仅根据互动百科的百科词条，盘点了目前网络流行的热门省钱现象，没想到获得这么大的关注。这个消息多少有点儿网友“自娱自乐”的性质，但也再次提出了一个问题：节俭到底能不能致富？

对于这个问题的答案，笔者有点儿悲观。我不由得想起我的岳母大人。岳父是职业军人，由于当时部队工资较高，家道殷实。岳母生前最大的特点就是节俭。家里养几只鸡，鸡蛋舍不得吃要换钱；豆油攒了几大桶舍不得吃，最后都倒掉了；几十年攒了几万块钱，一遇80年代末的通货膨胀迅速土崩瓦解，“一夜回到解放前”。可怜她老人家一辈子都没有“奢侈”过，始终过着紧巴巴的日子。这件事给我的印象太深了，“节俭无法致富”成了我挥之不去的“成见”。

在历史上，许多富人以节俭著称。

约翰·D. 洛克菲勒（John Davison Rockefeller，1839－1937），美国实业家、慈善家，以开创了石油工业和现代慈善的企业化结构而闻名。1870年他创立了美国标准石油公司，在全盛期他垄断了全美90%的石油市场，成为美国第一位10亿富豪与全球首富。他沉默寡言、神秘莫测，一生都在各种不同角色和层层神话的掩饰下度过。《福布斯》网站曾公布过“美国史上15大富豪”排行榜，最终洛克菲勒名列榜首。

洛克菲勒虽然聚敛了巨额财富，但自己的生活却非常俭朴，时时刻刻都在给他的儿女们灌输他在一贫如洗的儿时形成的价值观。洛克菲勒的几个孩子在长大成人之前，从没去过父亲的办公室和炼油厂。

洛克菲勒在家里搞了一套虚拟的市场经济，称他的妻子为“总经理”，要求孩子们认真记账。孩子们靠做家务来挣零花钱：打死一只苍蝇2分钱，削一支铅笔1角钱，练琴每小时5分钱，修复花瓶则能挣1元钱，一天不吃糖可得2分钱，第二天还不吃奖励1角钱，每拔出菜地里10根杂草可以挣到1分钱，唯一的男孩小约翰劈柴的报酬是每小时1角5分钱，保持院里小路干净每天是1角钱。洛克菲勒为自己能把孩子培养成小小的家务劳动力感到很得意，他曾指着13岁的女儿对别人说："这个小姑娘已经开始挣钱了，你根本想象不到她是怎么挣的。我听说煤气用得仔细，费用就可以降下来，便告诉她，每月从目前的账单上节约下来的钱都归她。于是她每天晚上四处转悠，看到没有人在用的煤气灯，就去把它关小一点儿。"小约翰长大后不好意思地承认说，自己在8岁以前穿的全是裙子，因为他在家里最小，前面3个都是女孩。

洛克菲勒惜金如命，16岁就花一毛钱买了个小本子记下每一笔收入和开支，一生都把账本视为自己最珍贵的纪念物。

1864年9月8日，洛克菲勒同24岁的高中同学劳拉举行婚礼。他尽管已积攒了巨大的财富，买结婚戒指却只花了15.75美元。这笔花销记在"杂项开支"项下。洛克菲勒曾欠一位朋友5分的找零钱，朋友让他不必客气，而他却坚持把硬币放到朋友的口袋里，郑重地说："这可是一美元整整一年的利息啊!"①

1985年10月，美国《福布斯》杂志将沃尔玛的创始人山姆·沃尔顿(Sam Walton，1918－1992）列为全美富豪排行榜的首位，山姆和沃尔玛商店一夜之间成为全美公众关注的焦点，大批的记者拥向山姆的住所。然而，当他们看到这位美国第一富豪过着如此简朴的生活时，不禁大失所望：萨姆穿着一套自己商店出售的廉价服装，开着一辆破旧不堪的小货运卡车上下班，车后还安装着关猎犬的狗笼子，戴着一顶折价的棒球帽。就是这样一个"乡巴佬"造就了一个财富神话。到2001年，沃尔顿家族财产总额达到931亿美元，2004年10月，靠沃尔玛超市起家的沃尔顿家族5

① 迟竹强："洛克菲勒——惜金如命的生活"，2010年11月28日，价值中国网 http://www.chinavalue.net/BookInfo/Comment.aspx? CommentID=38468。

位股东包揽了美国《福布斯》杂志全球富豪榜的第 6 至第 10 位，总资产 1000 亿美元，约为当年世界首富比尔·盖茨个人资产（528 亿美元）的两倍。沃尔玛家族成了名副其实的全球最富家族。

山姆的节俭基因也传染给了他的后辈。现任沃尔玛总裁吉姆·沃尔顿的办公室只有 20 平方米，公司董事会主席罗伯逊·沃尔顿的办公室则只有 12 平方米，而且他们办公室内的陈设也都十分简单。罗伯逊还继承了父亲的传统，他深居简出，开老式拖车。一位理发师说："我给沃尔顿理发都 85 次了，他从来没多给过我一美分。"在沃尔玛网站上，没有一张罗伯逊的照片，以至于很多人把沃尔玛形容成"穷人"开店"穷人买"。①

华尔街最具传奇色彩的"吝啬鬼"当属 19 世纪的女富婆海蒂·格林（Hetty Green），她是华尔街第一位先富起来的真正意义上的富婆，死于 1916 年，死时其身家财产已跻身全美最富的 20 人之列；即使到今日，其财产如果按目前的可比美元换算，也足以使她成为全美最富裕的 40 人之一。中国财政经济出版社 2010 年出版的《华尔街：资本的力量》一书中对她有精彩的描述。

20 世纪初，如果有人因事到坐落在美国纽约百老汇大街的"全国化学银行"去，会看到一幕奇怪的场景：一个 60 岁左右的妇女坐在孤单的办公桌后面，直接对着营业窗口。她的穿着十分寒酸，黑裙子是如此之脏污和陈旧，以致黑色几乎变成绿色；而穿着体面的人们，走近窗口与她谈话，而且频繁地与她交换现金或文件。但是，在她办公室的抽屉里既没有现金，也没有文件。她用办公桌作掩护，在自己的裙子上开了一个奇异而又狭窄的洞，并在里面缝上几个袋子，每个袋子都是一个保险箱。它们装着她的现金（一次多达 50 万美元）、营业证件、未包裹的三明治和一把手枪。中午，她离开银行，到附近的经纪人家去一趟，返回时，提回一锡壶开水，并做一碗燕麦片粥，她把它放在暖气片上加热。她就是海蒂·格林，既是银行最大的储户，又是当时最重要的金融家之一和最富有的

---

① 点水："抠门老头成就沃尔玛"，《财富时报》，2006 年 3 月 19 日。

女人。

1865年，海蒂·格林继承了她父亲的财产后，每年的收入接近30万美元，而在当时，只需1万美元就可以让一个中等偏上的家庭过上一年优裕的生活。但她是个“极品”守财奴，令她着迷的不是金钱能给她买来的东西或者带来的权力，而就是金钱本身。占有金钱能给她带来极大的满足，而失去金钱则会让她痛苦万分。她的吝啬和小气到了无以复加的地步，几乎渗透到她生活中的每个角落，无处不在。

——海蒂的日常生活如何节俭，是一般人难以想象的。她总是买隔天的剩面包，不言而喻，其价格便宜。冬天，她穿男式的内衣裤，在最冷的日子里，再加上点报纸，勉强保暖就行了。

——她一直努力避免被别人认作是纽约居民，因为那样她就不得不缴纳纽约的税赋。为了逃过税务人员，她不断地在出租的房子和便宜的酒店里换来换去，并且通常使用假名。

——她为了得到咨询，总是把律师逼到一隅，包括最著名的律师约瑟夫·肇德。她佯装对决策举棋不定，而后才根据律师的提示准备应付自己的案子。久而久之，肇德学会了如何回避她，或者把她本人作为讥笑的靶子，并把她的小气、贪婪和狡诈当成开心的话柄。

——她对医生的态度也如此。当她的儿子尼德滑雪把膝盖骨摔伤时，她给儿子和自己穿上比平时更为破烂不堪的衣服，几次去为穷人开设的免费诊所给儿子看病，当她发现医生是她认识的人时，就拒绝付钱，而且永远不再去。结果，尼德的下肢3年以后被锯掉了。而在当时，海蒂·格林一年收入就达500万美元。

——她还曾经胳膊下夹着价值20万美元的见票即付的债券出现在纽约的银行里，这种债券几乎等同于现金，而她却是乘坐公共汽车过来的。接待她的银行家警告她不该冒如此大的风险。“你应该坐马车来。”银行家说。“马车，是的！”海蒂·格林回答道，“也许你能坐得起马车——而我坐不起！”

——为了金钱，格林不惜牺牲时间、舒适、方便、健康、愉快、友情，甚至子女的教育；一切的一切都可以牺牲，只要金钱的数量能够保持和上升。基于此，这个女人就常常干出一些平常人认为是得不偿失的事来。比如，她要寄出一封信，邮资需要 31 美分，而她手头只有 4 美分一张的邮票，如果贴了 8 张，那她就会多给出一分钱；贴 7 张呢，又会少了 3 分钱邮资。为此，她坐卧不宁，苦苦地想了一会，便决定不顾月黑风寒，坐上马车在冬夜的纽约街头窜来窜去，四处寻找 31 美分一枚的邮票。

努力地免费获得一些东西——那是格林的座右铭。格林在 1916 年去世前，留下了大约 1 亿美元的巨额财富，而且全部是金融资产。格林知道她不能够带走这些财富，试图将她的财富保留在直系亲属的范围内，因而设立了限定性的遗嘱和婚前协议来阻止姻亲继承。由于她的儿子和女儿没有孩子，她的数百万的财富最终传给了甚至从未听说过她的 100 多个受益人。①

在华人富翁圈里，也不乏节俭佳话。

——有着台湾“经营之神”之称的台塑集团创始人王永庆，在台塑集团顶楼开辟了一个菜园，母亲去世前，他吃的都是自己种的菜；用的肥皂剩下一小片，还要粘在整块上继续使用；每天做健身毛巾操，一条毛巾用了 27 年……。台湾人喝咖啡时喜欢加入奶精球，每次王永庆总要用小勺舀一些咖啡将装奶精球的容器洗一洗，再倒回咖啡杯中，一点都不浪费。

——万人敬仰的华人首富李嘉诚，住在近 3000 平方米豪宅里的他，在穿着方面十分随便。经常穿西装出席各种商务活动的他，没少被后辈议论。因为，李嘉诚反复穿那么几件藏蓝色西服。据说，一般西服，他得至少穿 10 年、8 年才扔掉。男人的商务套装中，手腕上还必须佩带一块手表。然而，李嘉诚佩带的一块手表仅值 26 美元。据说，李嘉诚家中的皮鞋共 10 双，其中有 5 双是旧的。

——在有关回忆包玉刚的文章中，经常提及这位世界船王是如何抠门

① 王宇：《华尔街：资本的力量》，中国财政经济出版社 2010 年版，“第二章　威震华尔街的群雄”。

的。一位在包玉刚身边服务多年的高级职员曾撰文介绍，包玉刚连一张白纸都要反复使用无数次。“在我为他服务的日子里，他给我的办事指示都是用手写的条子传达。用来写这些条子的白纸，都是纸质粗劣的那种，而且如果写一张一行的窄条子，他会把写的字撕成一张长条子送出，这样的话，一张信纸大小的白纸也可以写3、4张最高指示。一张只用了白纸1/5的条子，不应把其余部分也浪费掉。”

——频繁做客有关财经类访谈节目的新希望集团掌门人刘永好，电视台化妆师最头疼的就是如何处理这位知名企业家的发型。原来，刘永好10多年来从未换过发型。在一次携带女儿做客央视某档节目时，刘永好这一从来不变的发型，让央视的主持人们打趣了老半天，说不太喜欢他的发型。刘永好哈哈一笑，说他剪头只剪5块钱一次的那种。[①]

尽管这些富翁们出格地“吝啬”，但显而易见他（她）们中是没有人因吝啬而成为富翁的。洛克菲勒因其石油帝国而名扬天下，沃尔顿因沃尔玛而享誉海内外，李嘉诚的“长实系”是其立身之本，包玉刚靠“船王”包打天下。即使是没有受过商业高等教育的海蒂·格林也有自己的生财之道。

格林赚起钱来相当精明。在华尔街，她有一套炒作股票的得胜法宝。她从不买工业类股票，而只买进铁路和房产股。在买进之前，她就像个精明的家庭主妇上超市，精心选择物美价廉的商品那样地仔细考察每家公司的业绩和其他相关信息。然后，她择机在低价时买入，高价时卖出。进行股票交易时，她不讲虚荣排场，经常把几十万的现金随身带着上华尔街。在格林的思想中根深蒂固的是，金钱会以复利的方式增长。如果你将600万美元以6%的利率，按复利投资，51年后你就会得到1.17亿美元。并且那也正是格林做的——她因此成为美国最富有的女人。

为什么省吃俭用不能致富呢？原因在于无论如何你要消费，而且更重

---

① 卢立业：“盘点铁公鸡富豪：李嘉诚西服至少穿八年才扔掉”，《时代商报》，2012年5月11日。

要的是消费品价格的上涨和货币价值的下降都会使你的财富缩水。这就像一个水池，即使水池不漏水，水分的蒸发也会使水池中的水干涸。

“中国民众是全世界最爱存钱的，但单纯存钱而不投资，会越存越穷。”2010 年 10 月中旬，在《第一财经日报》举办的“财商论坛”上，汇添富基金管理公司首席投资理财师、基金策略分析师刘建位表示。刘建位依据 33 年来的 CPI（消费者物价指数）的涨幅，推算出“负利率”（同期银行存款利率低于 CPI）对人们财富稀释的程度：10 年前，你的 100 万元肯定可买一套相当不错的房子，但若放着不动，就贬值了 17%。如果你在 20 年前有 100 万元，你绝对可以买一个很好的别墅，但如果放到现在，没有做投资，就只剩下 65 万元了。如果在 1978 年改革开放之初时，拥有 100 万元，单纯放到现在，只值当年 15 万元，贬值幅度为 85%。①

2012 年 4 月 17 日，《海峡导报》刊登一篇题为《百元大钞 10 年前能吃半个月　现在仅能买三双袜子》的报道。报道说，从 1988 年我国首次发行百元人民币至今，“百元大钞”始终是市场流通中面额最大的货币。不过曾经的“大钞”，如今多少有些名不副实了，在许多人看来，今天花掉一张“百元大钞”不过在须臾之间。它可以是一桶 5 升的花生油，或者是超市里一件 T 恤；它可以是一张福厦动车软座车票，或者是两张普通电影票——3D 的还不能看。“百元大钞”的能量严重缩水：吃——100 元不好意思请客；行——车子少跑 200 公里；住——不够交半月物业费；穿——仅能买三双袜子。而据《投资与理财》杂志记者王奇估算，如果以 10% 通胀率估算，那么 10 年后的 1 万元仅相当于现在的 3855 元；20 年后的 1 万元仅相当于现在的 1486 元；30 年后的 1 万元仅相当于现在的 573 元。作者的结论是：战胜通胀才是王道。②

既然攒钱没法致富，那咱就大手大脚地花吧！不幸的是，大把大把花

① 王丹妮：“人民币 33 年贬值 6 倍多　存钱不投资只会越存越穷”，《武汉晚报》，2010 年 9 月 12 日。

② 王奇：“靠啥养老最靠谱”，《投资与理财》，2012 年第 22 期。

钱，花的时候痛快了，但转瞬间，即使是金山也会坍塌的。

2012 年，年满 63 岁的美国亿万女富豪帕特里夏·克鲁奇是 20 世纪 80 年代美国的社交女皇，她曾是英国女王的座上宾，也是美国巨富克鲁奇的第 3 任妻子。她当年的离婚“分手费”高达 10 亿美金。到 2011 年 1 月，随着多家银行收回她葡萄酒庄园和豪宅的抵押赎回权，这位女富豪数十年的“败金”生活戛然而止。

帕特里夏生于伊拉克，父亲是一名英国翻译。16 岁时回到英国。在一家夜店跳肚皮舞时遇到了第一任丈夫——色情读物出版商罗塞尔·盖伊。随后，作为色情刊物女主角和裸模的她一举成名。不久帕特里夏离开丈夫去了纽约，在那里结识了第二任丈夫，年长她 35 岁的百万富翁克鲁奇。

克鲁奇是美国最大的私营媒体集团“媒体国际”的创始人，拥有 7 家电视台和 14 家广播电台及多家户外媒体，资产数十亿美元。当时已有妻室的克鲁奇迷上了充满异国情调的帕特里夏，不惜离婚于 1981 年娶了她。1986 年，克鲁奇将旗下一家顶级传媒公司卖给传媒大亨默多克，进账 40 亿美元，在当年福布斯美国富豪榜上位列第 2。凭借丰厚家底，帕特里夏从此过上挥金如土的生活。除在纽约、伦敦、苏格兰等处购置房产和私人猎场，帕特里夏还大撒金元以进入富人圈。

帕特里夏是天生的社交明星，日复一日的派对，一掷千金豪购奢侈品是她生活的主要内容。与英国女王一家的交往曾让她引以为荣。然而无处不在的英国小报最终将她那段不光彩的过去和盘托出，当年的艳照和色情影像不仅断送了帕特里夏与王室的交情，还搭上了她的婚姻。尽管双方坚称情比金坚，克鲁奇还是被帕特里夏当年的裸照击垮。1990 年带着据称高达 10 亿美元的天价赔偿金和多处房产，帕特里夏高调出户，这一事件也被《纽约时报》誉为“天堂里的离婚案”和最昂贵的“9 年之痒”。离婚后帕特里夏接手了克鲁奇的多处房产和一处 960 英亩（约合 5872 亩）的葡萄酒庄园，并在 1999 年在弗吉尼亚新建了一套拥有 45 间住房的豪华别墅。

与克鲁奇离婚后，这位社交女王风头仍不减当年。经常通宵达旦地在家中大宴宾朋。许多政治家、明星、甚至美国总统克林顿都是她的座上宾。名人政要们的直升飞机频繁地穿梭于弗州政府与帕特里夏的豪华宅邸。

帕特里夏 2000 年和她的第 3 任丈夫、前 IBM 高级主管威廉·摩西结婚。婚后两人继续坐吃山空，甚至变卖、典当了部分家产、珠宝、家具和旧衣服。为开源节流，两人曾开办葡萄酒厂，立志将高质量的弗州红酒推向全美国，可惜最终进账寥寥。2009 年，帕特里夏将庄园抵押贷款，原本估价 1 亿美元，但金融危机后已跌至 2400 万美元。2010 年 6 月两人又将 900 多件财物进行拍卖，获得 1520 万美元。包括一颗 8 克拉的红宝石戒指，一个精美的清代座钟以 380 万美元被华人购得。

拍卖会后，帕特里夏夫妇逐渐低调下来，搬到了较为偏远的农场别墅。但生活的豪华程度丝毫不减，据称帕特里夏还在摩洛哥等地购得豪宅。然而，1520 万美元的拍卖收入并没有维持多久，自 2010 年 12 月以来，帕特里夏同时被多家银行催还贷款。2011 年 1 月，美国银行给了帕特里夏最后一击，起诉她拖欠 3 起贷款合计 2300 万美元，并收回了豪宅和酿酒厂作为贷款赔偿。随着多家银行的起诉，帕特里夏的奢华大宅在弗吉尼亚州里士满市被公开拍卖，这让颜面扫地的她恨不得逃之夭夭。对于这位亿万女富豪的潦倒，邻居们都惊诧不已。一位邻居称，“他们都成了人们的笑柄，真是悲哀。”①

其实，靠省吃俭用不能致富的道理很简单。我们还是拿水池作比喻。水池漏水（人活着要消费要花钱要纳税）和水分蒸发（通货膨胀货币贬值）——像死亡一样不可避免，只有不停地向池子中注水且注水量超过漏出量和蒸发量的总和，水池中的水才能增加（你的财富才能增长），否则，或者是你的财富止步不前或者是财富量绝对减少。

网络上有一个有关财富的故事，也许对我们有所启发：

从前，在中原的伏牛山下，住着一个叫吴成的农民，他一生勤俭持家，日子过得无忧无虑，十分美满。相传他临终前，曾把一块写有“勤

---

① 徐娟：“美国女富豪的败家史　20 年花光 10 亿美金”，《华商报》，2011 年 2 月 3 日。

俭”两字的横匾交给两个儿子，告诫他们说：你们要想一辈子不受饥挨饿，就一定要照这两个字去做。

后来，兄弟俩分家时，将匾一锯两半，老大分得了一个“勤”字，老二分得了一个“俭”字。老大把“勤”字恭恭敬敬高悬家中，每天“日出而作，日入而息”，年年五谷丰登。然而他的妻子却过日子大手大脚，孩子们常常将白白的馍馍吃了两口就扔掉，久而久之，家里就没有一点余粮。老二自从分得半块匾后，也把“俭”字当作“神谕”供放中堂，却把“勤”字忘到九霄云外。他疏于农事，又不肯精耕细作，每年所收获的粮食就不多。尽管一家几口节衣缩食、省吃俭用，毕竟也是难以持久。

这一年遇上大旱，老大、老二家中都早已是空空如也。他俩情急之下扯下字匾，将“勤”、“俭”二字踩碎在地。这时候，突然有纸条从窗外飞进屋内，兄弟俩连忙拾起一看，上面写道：“只勤不俭，好比端个没底的碗，总也盛不满!”“只俭不勤，坐吃山空，一定要受穷挨饿!”兄弟俩恍然大悟，“勤”“俭”两字原来不能分家，相辅相成，缺一不可。吸取教训以后，他俩将“勤俭持家”四个字贴在自家门上，提醒自己，告诫妻室儿女，身体力行，此后日子过得一天比一天好。

第6章

追求财务自由可不可以玩“穿越”

在苏黎世，一位来自中国的公职人员拟将500万美元存入银行。他战战兢兢，唯恐此行被同胞发现。银行保安走过来对他说：先生，您不必惊慌。在瑞士，没有人鄙视穷人。

——黑色幽默一则

在当今社会，如果你问我：国人主流的负面社会心态是什么？我会毫不犹豫地表明我的观点：浮躁。

浮躁——急躁，没耐心，心高气傲，急于求成。这是一种典型的、病态的社会心态。在这种心态的支配下，不仅人的心理发生变化，行为乖张，连道德观、价值观都将发生扭曲，进而使社会道德沦丧，诚信缺失，欺诈横行。所以我始终认为，浮躁是埋在中华民族复兴道路上的一颗定时炸弹——也许有一天，中国文明社会会毁于浮躁。

说浮躁“是一种典型的、病态的社会心态”，是因为这种心态已经渗入国民的骨髓，人们对其已经麻木了，无法识别了，就像精神病人几乎没有承认自己得了精神病的。

20 世纪五六十年代以前的人还记得，当时人们异地沟通的方式主要是书信。“鸿雁捎书”——恋人们总是急切地盼望着“另一半”的书信，因而还出现了《两地书》之类脍炙人口的文学作品，但现在书信已经被手机短信和 E - Mail 所取代，一条编好的拜年话可以供全国人民享用，书信的温馨变成了冷漠的套话；过去我们看一本好书会受益良多，读《歌德巴赫猜想》我们会热泪盈眶，现在纸质的图书、杂志不受待见了，“微博”已经取代了许多传统媒体的功能。沟通的速度快了，人与人的心远了。

创新是一个民族生生不息的发展动力，现在改成“抄袭”了。年龄造假，学历造假，身份证造假，产品造假（连鸡蛋都能造假），发票造假，财务造假，论文造假，科研成果造假……，以至于有人说，除了生身母亲是真的，其他一切都可能是假的。

过去人们谈恋爱是很累的，须穿过“九曲十八弯”，现在省事多了：网恋，闪婚，一夜情，全部是“快餐式”，结婚快离婚也快，据媒体报道，北京有一对青年男女赶“爱你一生一世”（2013 年 1 月 4 日）吉日登记结婚，第二天就离婚了，理由是当时有点冲动。据笔者所知，我国有些城市的离婚率已经高达 50% 以上。

笔者浸淫高校 30 多年，对高校的情况比较熟悉。高校里有一些所谓的教授不学无术，但颇有一些“旁门左道”。比如，擅长从国企或政府部门拉所谓“横向课题”，而这些“横向课题”恰恰是腐败滋生的土壤。拉横向课题必须有关系，而所谓关系往往是沆瀣一气的暧昧关系。拿横向课题一般是有回扣的，回扣有时高达50%。作横向课题也比较简单，比较容易通过——因为做课题不过是一个幌子。教授把课题拉回来后，交给研究生糊弄出一个东西，就可以交差了。所以你看每年有数百万课题的教授，酒照喝，泳照游，高尔夫照打，麻将照搓，小妞照泡，日子过得特滋润。至于研究生，仨瓜俩枣就打发了，这就是研究生管导师叫“老板”的缘故。学校知道不知道这种情况呢？校长又不是傻子，他们心知肚明。但是考核高校领导业绩的核心指标之一就是“科研经费到款额”，教授拉来横向课题，给领导脸上添彩，学校还能抽去“科研管理费”，学校领导何乐而不为呢？不仅不能制止，还要晋升这些教授的级别以资鼓励，什么科研的社会价值见鬼去吧！

但这样的老师毕竟是少数，绝大多数老师的日子还是很清贫的。社会上普遍认为高校教师收入水平高，其实并不高，只是因为在人们眼前晃的那些“公共知识分子”收入畸高，给人们造成了错觉，这似乎就是经济学中所讲的“晕轮效应”。

由浮躁造成的高校腐败还不止于此。有的高校的所谓“自学考试”形成了“造假一条龙”。学员只要交钱，学校包你毕业，根本用不着上课。他们的具体做法是把所有自考出题老师全都“搞定”，让学员拿着答案参加考试，这还有通不过的吗？由此你知道了在中国文凭满天飞的秘密——而且还不包括假文凭在内。笔者认识一个黄老板，有钱，名下资产约3亿元人民币。人很随和，文化水平不敢恭维，但黄老板告诉我，他居然是某名牌大学的博士毕业，我惊得目瞪口呆，直呼自己是“有眼不识泰山”。

如果谈到经济建设领域的浮躁，我相信每位读者都可以举出一串实例——“政绩工程”、盲目投资比贪腐浪费更多、更恶劣。许多经济学家痛陈国企垄断、政府干预微观经济活动的弊端是有道理的，垄断不破，就没有真正的公平，就不能消除腐败滋生的土壤，缩小贫富差距就只能是一种良好的愿望。

每一个普通百姓，都向往财务自由、渴望财务自由、希望尽早实现财务自由。那么，在向财务自由出发的进程中可以不可以“穿越”呢？可以不可以“一夜暴富”实现财务自由的目标呢？尽管“穿越”偶有发生，但笔者认为，就绝大多数而言，“一夜暴富”不过是黄粱美梦而已，在现实中发生的概率几乎为零。

先说几个“穿越”的例子吧，相当于请读者享用“精神大餐”。

案例1：退休工人淘到天价鸡血石

《武汉晚报》记者王丹妮2012年9月24日报道（题目：退休工人千元淘到5500克天价鸡血石）：9月22日，瑞恒典当在武昌未来城举办民间鉴宝活动，请来有文物鉴定经验30多年的国家注册鉴定师、中山舰博物馆文物部主任蔡华初，有20多年经验的古石名家余兴林，为民间藏宝人鉴宝。一件又一件现代仿品被鉴别出后，许多藏宝人沮丧而归。

这时，人群中，走出一位白发苍苍、衣着极为朴素的老人。他从随身破旧的挎包中，打开层层叠叠的报纸，从中拿出一块整体通红，正背面均雕刻着盘龙的鸡血石摆件。蔡华初用手电筒仔细看过后，惊叹：“老人家，像你这样的鸡血石少有啊，估计整个武汉都难得见到一块。”

据蔡华初介绍，这块有座钟大小的鸡血石，通体通红，杂质较少，是典型的昌化鸡血石，接近昌化鸡血石中的极品“大红袍”，只是因年份有些久，颜色不够鲜。正反面雕刻着九龙戏珠，雕功精细。

老人笑着拿出一证书。据老人介绍，5年前玉器杂项鉴定专家、故宫博物院副研究员宋海洋就曾来汉帮他鉴定过，并请一公司出具了鉴定证书，证书内容和蔡华初的鉴定差不多。证书显示，这块昌化鸡血石重达5500克，系民国时期的产物。而蔡华初则认为，应该更早一些，接近清末工匠的技艺。

老人请专家估个价，余兴林说：“不好说，最少是200万到300万元，如果拿到知名的拍卖会上，会拍到500万元以上，也许会是个天价。”顿时，全场哗然，大家争相摸一把这个天价宝物，并好奇地问老人宝物的来历，老人笑而不答。

9月23日，记者来到老人家中，老人才道出收藏经过。这位老人姓高，是武重机床厂的退休工人，74岁高龄。退休后，他才开始玩收藏，但此前买到的藏品以假货居多。2008年8月的一天，他在一古玩城地摊上，看到这块鸡血石便花1200元买下。

案例2：全职太太等车避雨6元中843万元

据《海峡都市报》记者2011年7月8日报道，高女士今年40多岁，是一名全职太太，她的丈夫做生意。提起买彩票的历史，高女士表示，自己是一名老彩民了，彩龄已有七八年。平时只要想起来就会去买彩票，但是从来不多买，每次投注都不会超过10元。

高女士这张中奖彩票是一张机选3注的6元单式票，其中1注中得超值一等奖，奖金高达843万元。高女士说她只认准了双色球这一种玩法，她笑言3D[①]每天都开，自己也研究不明白，“刮刮乐”当时就刮开，就没有那种期盼心情了。而这张彩票是她在等公交车时购买的，这也印证了当时彩票站站主的猜测。购买日期并非开奖当天，而是提前一天，购买时间是中午，购买地点处于人流量较大的北行附近的公交站点。

据高女士回忆，平时经常坐的公交车间隔很短，不知道为什么6月27日那天怎么等也不来，天还下起了小雨。“当时就想着到旁边的彩票站避避雨，顺便买两注彩票。没想到正是由于这样的机缘巧合，带来了843万元的幸运大奖。”高女士说。

“（以前）买彩票最多只中过5元钱，所以手里的彩票常常忘记了兑奖。这次是办理业务拿身份证时，这张彩票跟着带了出来，才想起兑奖的事。”高女士说，当时到家附近的投注站，拿出彩票，对着墙上的走势图核对了一下，“一个、两个、三个……”竟然全部的数字都一样，她还特

① 中国福利彩票3D游戏（简称3D），是以一个3位自然数为投注号码的彩票，投注者从000—999的数字中选择一个3位数进行投注。3D在各省（区、市）保留各自奖池、单独派奖的基础上实行三统一，即统一名称标识、统一游戏规则、统一开奖号码。

地揉揉眼睛连续对了五六遍号码，但仍是完全一致。高女士表示，发现中奖后马上给丈夫打了电话，但丈夫一点也不相信。在她的强烈要求下，两人还特意去了一趟福彩投注站，看到大红的喜报，才真正确定幸运的降临。

对于中奖以后最想做什么，高女士毫不犹豫地说：我想开家彩票投注站。

关于一夜暴富的财富“穿越”故事，每个人都能随口讲出几个，多数故事口口相传，成为人们茶余饭后的谈资。人们为什么喜欢谈论这样的故事呢？因为这些故事寄托了多数人渴望一夜暴富的美好情愫。这类故事为什么听起来特别多呢？是因为人们热衷于传播这样的故事，就无形中夸大了“穿越”成功的概率——而“穿越”失败的案例则没有多少人愿意提及。其实，靠运气偶然成功的概率非常非常之小，小到接近于零。如果你沉迷在财富“穿越”剧中，大多数人最终都难以逃脱折戟沉沙的命运。

我们先分析一下“买彩票中大奖”致富的概率吧。

1984 年 10 月，北京发行了“发展体育奖 1984 年北京国际马拉松比赛”奖券，同年 11 月，福建省发行了“振兴福建体育奖券”。这两次奖券的发行被视为新中国首次发行的体育彩票。中国福彩是 1987 年开始发行的，1987 年 7 月 28 日，第一批福利彩票在河北石家庄市销售。此后，彩票作为一种合法的“赌博”业堂而皇之地登上了历史舞台。2012 年，北京师范大学中国彩票事业研究中心发起的“中国彩民行为网络调查”结果显示，中国彩民规模已达 2 亿多人，约占我国人口总数的 15%。接受调查的网友中，93% 为男性彩民，73% 的彩民年龄集中在 26 ~ 34 岁间，而 17 岁以下有 2.4%，月收入在 3000 ~ 5000 元的彩民接近 70%——即参与者主体是工薪阶层。[①] 2011 年，全国发行销售彩票近 2216 亿元，2012 年全国彩

① 石岩：“调查称中国彩民逾 2 亿　重度‘问题彩民’43 万”，2012 年 3 月 25 日，来源：中国新闻网 http://www.chinanews.com/sh/2012/03 -25/3770529.shtml。

票合计销售 2615.22 亿元，约比上年增长 400 亿元，涨幅约 18.1%。[①]

国家发行公益彩票的目的，是为了促进社会福利事业与体育事业的发展，不过，不可否认，支撑这个产业的基点正是人们的博弈心理。就全体彩民而言，博彩的结果肯定是“负和”，而“负和”是赌博的特征，我们不能因为彩票是政府主导的“合法”的买卖就否定彩票赌博的性质。按有关法律规定，在我国彩票收入的 50% 用于返奖，35% 是公益金，15% 是发行费（其中 7% 给到彩票销售站点）。这意味着，2011 年全国发行销售彩票近 2216 亿元中，约有一半即 1108 亿元用于给彩民返奖，35% 即 775.6 亿元用于公益事业，15% 即 332.4 亿元为彩票发行费用，其中有 7% 即 155.2 亿元是遍布大街小巷的彩票投注站的收入。从全体彩民的角度看，有一半的投入不见了，这是比开赌博公司更划算的买卖。

中国有一句话叫“小赌怡情”，意思是说，既然人生而好赌，偶尔地、小小地赌几把玩一玩，不伤筋动骨，也挺好玩儿的。但问题来了，有些人来真格的了——把自己一夜暴富的希望寄托在了“买彩票中大奖”上，不惜血本地投入全部身家，最后变得一无所有甚至负债累累。

《中国新闻周刊》2012 年第 14 期以《拿什么拯救“问题彩民”》为题，以超常篇幅报道了中国“问题彩民”的现状。刊物配发的“导读”不无忧虑地发出警示：“发行彩票是为了帮助穷人，但穷人却买了更多的彩票。在中国，彩票为消除贫困起到了一定的作用，但是，研究机构的调查显示，问题彩民的不断出现，在某种意义上消减着彩票的正面效应。”

彩票本是一个国家兴办的福利事业，但其所包含的投机因素被一些人当做发财致富的手段，不少人都梦想着借买彩票一夜暴富。而处于社会中低层的广大人群，由于不满足于现状，投机心理更浓，也更容易买彩票上瘾。有的彩民在经历了数次不中奖的打击后急于求成，固执己见，盲目投注。有的人对自己失去信心，有病乱投医，盲从于他人的推荐，对自己所

---

① 刘珍华：“中国彩票 2012 年销量 2615 亿元　创历史新高”，《新民晚报》，2013 年 1 月 10 日。

投注的彩票没有进行研究分析，使购彩成为了不理智行为。有的彩民不管自身经济能力，盲目投彩，把自己的命运同中奖率非常低的彩票绑在一起，最后吃亏的一定是自己。

所谓“问题彩民”，就是指心理上呈现病态的彩民。这类彩民往往呈现出一种对彩票在精神上成瘾的症状，进而演变成生理问题。因个体化差异和自控力的强弱，出现这类问题的彩民有轻有重，严重者经济上会产生困难，生活上会产生很多问题，甚至有可能影响到家庭，甚至走向犯罪。北京师范大学 2012 年 3 月公布的一份“中国彩民行为网络调查”结果显示，我国彩民已达两亿多人，其中问题彩民约 700 万人，重度问题彩民达到 43 万人。

《新京报》记者卢美慧曾经讲过一个故事：2012 年 3 月 16 日，北京西城一家彩票站，揣着 200 元现金的 19 岁青年王强，玩起“快乐 8”[①] 彩票。200 元，随着 5 分钟一开奖，很快花没了。“他想翻盘挣回来。”彩票站程姓老板回忆，王强恳求记账买彩票。

欠了 1 万元时，程老板向王强催钱。王强借程老板电话，当场给家人打电话，说让送 3 万元过来。信以为真的程老板继续给王强打彩票。快到 3 万元时，见无人来送钱，程老板主动打电话催问，这才发现电话是假号码。此时，19 岁的王强“心一横”，直接用程老板的手机拨打 110，“110 吗？我打了 3 万元彩票，然后没钱给了。”

王强对赶来的民警说，自己越输就越想翻盘。彩票店统计，王强诈买彩票 418 张，共计 29580 元。目前，王强因涉嫌诈骗罪，已被西城检察院批捕。北师大彩票研究中心调研称，问题彩民就是买彩票上瘾，想停停不下来，不买难受，不能自我抑制。

相对于没中过大奖的彩民，中大奖的彩民是否就脱离“悲摧”的境地

---

① 中国福利彩票的一种玩法：“快乐 8”是经财政部批准发行的乐透型高频彩票，由国家福利彩票管理中心统一发行，北京市福利彩票管理中心承销。快乐 8 一共有 80 个号码，每次开出 20 个号码，猜对 0—10 个号码即可获得对应奖金，最低 2 元、最高 500 万元。每期 5 分钟，每天 179 期，开奖周期为 09：00—23：55。快乐 8 共有 10 种乐透游戏玩法。

了？也不尽然。卢美慧讲的另一个故事也令人黯然。

自己中过300万元大奖、现在开着彩票站的老袁说，很多人以为中了大奖的彩民都会买房、买车或是投资——“咸鱼翻身过上好日子”。但实际上这些彩民更普遍的做法还是买彩票，而且是“更疯狂地买彩票”。老袁描述中大奖那一瞬间，“不是你们想的高兴，是亢奋，失去理智的亢奋，会迷信下一次中更大的奖”。老袁说，他的一位朋友买彩票中了税后近700万元的大奖后，“生活都被毁了”。

老袁的朋友曾是一名老板，接触彩票后，经常一次数万元买彩票。中了大奖后，变成十几万十几万地买，最疯狂的一次投注80多万元。700多万元全投进去了接着买，大房子换成小房子，夫妻离婚还接着买。老袁掰着手指算着说，几年下来这位朋友输掉的钱，“至少4000万元”。记者多次联系老袁的朋友，对方以“太丢人，不愿说”婉拒采访。①

《新民周刊》的记者则给我们讲了另外的一些故事。

2012年5月31日下午3点多，山东省郓城县一男子因沉溺彩票，3个月赔了11万元，竟在银行门口手持一把干粉灭火枪，身上绑着“二踢脚”劫持人质，以求死刑解脱。这个典型的重度“问题彩民”只有23岁，2011年花2元钱买了一注彩票中了1万元，从此入迷，不想3个月就赔进去了11万余元。在这次劫持人质事件前，他还曾服安眠药、开煤气自杀，但都被发现救下。妻子因此离他而去，于是再次催生了他轻生的念头，幸运的是，经过民警的劝解，他最终举手投降，释放了人质。

同样在2012年5月，大连金州一名32岁的女性“问题彩民”卖房追号最终导致离婚，这名女子结婚7年，孩子已经6岁，一年前开始接触彩票，逐渐迷上了3D，起初投资少，家人没在意，后来就开始走进迷途，每次玩都是10倍、50倍地投。2012年4月下旬，为了追冷号，她居然把名下一套30平方米的小房子卖掉了，导致婚姻破裂。面对哭泣的孩子，这名

---

① 卢美慧：“问题彩民=赌徒?”，《新京报》，2012年5月9日。

女性“问题彩民”还劝孩子跟爸爸走，说她中十几万元之后就会和丈夫复婚，再去看孩子。可惜不到一个月，卖房子钱就全花在彩票上，面对人去财空，追悔莫及。①

稍有科学常识的人都知道：彩票最大的特点就是中奖号码出现的随机性，如果有规律可循，那一定是作弊的结果。事实上，所谓的中奖号码预测是彻头彻尾的伪科学，却往往都打着科学的旗号。在投注点，不少彩民都会盯着走势图或者抱着《藏宝图》、《矩阵宝典》等预测类刊物研究下期走势，殊不知这些都是骗人的把戏。如果真有人能预测中大奖号码，何苦还编个什么“宝典”骗人呢？直接投注能中大奖的号码，自己不就发大财了吗？世界上也不乏数学大师，这些人的数学功底是聪明脑袋的 N 次幂，如果中大奖号码是可以计算的，数学家就可以包揽所有的彩票大奖了。上述两种情况都没有出现，就说明彩票的中奖号码其实是不可以预测的，也没有任何规律可循。

笔者在本书“导言”中曾经说过：贫富不均的根源在于“知识不均”。许多彩民并不了解彩票的基本原理，这正是形成他们悲剧的原因。

付丽（化名）是北京大学中国公益彩票事业研究所彩民服务中心救助热线的工作人员。付丽已记不清接过多少个求助电话，尽管来电的内容都大同小异，但两年前的一个电话还是让她记忆犹新。当天夜晚，一名年轻女子打进电话，苦苦哀求付丽告诉她下一期的彩票中奖号码。这名女子的丈夫在车祸中离世，自己还要抚养幼小的孩子，为了逆转命运，她把希望寄托在彩票上，买了数次未能如愿，她心灰意冷：“如果你们不告诉我中奖号码，我就抱着孩子跳楼。”付丽说：“她边哭边说，感觉人已经到了崩溃的边缘。”

付丽告诉《中国新闻周刊》记者，热线有 3 位专职的心理辅导员，每天接到全国各地三四十个有效电话，尽管分摊到每个人手上仅 10 多个电

① 朱良胜等：“‘问题彩民’的赌徒困境”，《新民周刊》，2012 年第 27 期。

话，但一点也不轻松。对于要求提前透露中奖号码的彩民，他们会反复说明，而对于深陷其中者，也会耐心劝导。

起初，彩民在电话里很多无厘头的要求让付丽哭笑不得。一名大连彩民在救助电话中承认自己在购买地下私彩，因为地下私彩与福利彩票的开奖结果一致，他希望付丽在福彩开奖前能透露中奖号码。付丽说：“他说可以跟我们机构合作，还强调这样做不会对国家造成损失，因为是私彩，赚的是黑庄的钱。”这个彩民却很执着，每隔二三个月就会打来电话，询问“合作”意向，而每次付丽都会反复劝导。按照问题彩民来电的情况，付丽把热线分为有效来电、重复来电、感谢来电和无效来电。“而这是典型的重复来电。”付丽说。①

客观地说，彩票中奖的概率并不算遥不可及，但中大奖的概率却是相当的低，低到什么程度呢？有人说：在买彩票的路上被汽车撞死的概率远高于中大奖的概率。也有人说：买彩票中大奖的概率比被雷劈死的概率还低。

2009 年 10 月，河南安阳一彩民中 3.59 亿元巨奖。为此，新华社《瞭望东方周刊》第 041 期组织了题为《疯狂的彩票：中大奖比被雷劈还难》的长篇报道。该刊记者张欣、特约撰稿王刚撰写了“3.599 亿与 1772 万分之一”一节内容。现节录其中计算中奖概率部分，以飨读者。

中大奖比被雷劈死难

《瞭望东方周刊》记者张欣、特约撰稿王刚　北京报道

“33 选 6＋16 选 1”的“双色球”游戏头奖，是指中了 6 个红色球号码和 1 个蓝色球号码，即中了“6＋1”。中奖概率等于红色球 33 选 6 的中奖概率 N 与蓝色球 16 选 1 的中奖概率 n 的积 S，大概为 1772 万分之一，这是什么概念？

① 刘子倩：“一条热线的纠结救助”，《中国新闻周刊》，2012 年第 14 期。

上海师范大学金融学院彩票研究中心的李刚博士给记者打了这样一个比方：

把一个乐扣杯放在上海陆家嘴绿地上，然后登上88层的金茂大厦，将一枚硬币抛下去，砸中杯子的可能性跟中双色球头奖的可能性应该差不多。

李刚常用来形容双色球“大奖难中”的一组数字是：2006年，双色球共开出390注500万元大奖，而当年全国“被雷劈死”的就有404人。

曾担任某省级彩票中心策划顾问的彩票专家阿江告诉记者，曾有科学家预测某小行星撞击地球的几率约为600万分之一。阿江说，虽然自然界中小概率事件和彩票中奖概率的统计方式不同，但还是可以进行比照。

而且，摇奖过程是随机的，这使得大奖产出的时间和数量与理论的偏差更加不可预测。阿江告诉本刊记者，比如按照理论概率，每卖出1亿元彩票应该出3个左右大奖，但现实的情况是可能某期甚至连续几期大奖轮空，也可能中出大奖不止3个，这都是正常的。

李刚介绍说，目前在我国中奖概率较高的彩票是福彩3D，直选概率为一千分之一，可能性相当于连续10次猜中抛硬币朝上的一面。国内流行的另一种彩票游戏“超级大乐透”的中头奖概率约为21425712分之一。

（摘自：葛江涛：疯狂的彩票：“中大奖比被雷劈还难”，《瞭望东方周刊》，2009年第41期。）

说起彩票来闹心，换个轻松点的话题——说说“赌石”吧。

和相对简单的彩票相比，赌石这一行水很深，高深莫测，有一定的科技含量。笔者为了重温赌石的基本知识，还特意调出了中央电视台2008年5月30日“走遍中国”栏目曾经播出的“解密赌石”节目复习了一遍。这部专题片通过广东阳美的一次玉王大赛，勾勒出揭阳市的阳美村如何从一个不产玉的小村落变成亚洲玉都。该片分别选取相玉，锯玉、设计、琢玉、鉴赏和贸易中的奇特故事，来普及赌石相关知识。笔者粗粗翻阅一下，互联网上有关赌石的文献高达5位数，近年还涌现出相关的影视作品。据说已经有数十亿资金进入赌石市场，许多玩家乐此不疲。

那么究竟什么是赌石呢？

原来，“赌石”是翡翠行业一种特有的交易方式。未经过加工的翡翠原石称为“毛料”或“石头”，原石在开采出来时，有一层风化皮包裹着，人们无法知道其内部是否含有翡翠、翡翠的含量、成色、颜色等信息。在翡翠交易市场中，人们交易的不是翡翠成品而是“毛料”，“毛料”整体都被皮壳包裹着，未切开，也未开窗口（也称开门子）的翡翠毛料就被称为“赌石”或“赌货”。不同的赌石颜色各异，绿、红、黄、白、黑皆有，还有混合色，满绿的毛料称为“色货”；绿色不均匀的毛料称为“花牌料”，无高翠的大块毛料被称为“砖头料”。

一块未经开窗的翡翠，除了形状和重量等表象外，谁也说不清里面是什么，唯有切割剖开，才能有真实的结论。赌石的人，凭着自己的经验，依据皮壳上的表现，反复进行猜测和判断，当有两个以上的人提出不同看法时，便会打赌，赌的办法是切割石头，行里称为“解石”或“切石”。切割后出现了好“种”——质地细密、颜色通透、体积充盈，称为“涨”，反之便是“垮”。赌石赌的是财力、经验和运气，最诱惑人之处就是结果的不确定性——一刀下去，天上地下，因而对于赌石爱好者来说，是具有一定商业风险的投资娱乐活动。所谓“三分技巧，七分运气”、“神仙难断寸玉”的说法并非夸张。赌赢了，十倍百倍地赚，一夜之间成富翁；赌垮了，一切都输尽赔光。因此，珠宝界有一句行话：赌石如赌命。与赌石交易相比，股票、地产等冒险交易均属“温情脉脉”的游戏。

在中国历史上，最著名的一块赌石是“和氏璧”。相传在2000多年前的楚国，有一个叫卞和的人，他发现了一块璞玉。先后拿出来献给楚国的2位君主，国君以为受骗而先后砍去了他的左右腿。卞和无腿走不了，他抱着玉璞在楚山上哭了3天3夜，后来楚文王知道了，他派人请来了卞和并剖开璞玉，结果得到了一块宝石级的玉石。这块宝石被命名为“和氏璧”。后来这块宝石被赵惠王所拥有，秦昭王答应用15座城池来换这块宝石，可见这块宝石价值之高。这块宝石后来雕成了一个传国玉玺，一直到西晋才失传。可见，如果卞和能活到今天，一定是一位杰出的赌石大师。

我国是什么时候出现了“赌石”这一行当的呢？据考证，清至民国年间，珠宝行业就出现了所谓的“赌行”，指的是翡翠贸易尤其是原石贸易，成功倚仗着运气，就像赌博、彩票一样对未来投资。据清代檀萃所著的《滇海虞衡志》记载：“玉出南金沙江，江昔为腾越所属，距州两千余里，中多玉。夷人采之，撇出江岸各成堆，粗矿外获，大小如鹅卵石状，不知其中有玉、并玉之美恶与否，估客随意买之，运至大理及滇省，皆有作玉坊，解之见翡翠，平地暴富矣！”这就是现今中缅和泰缅边境“赌石”交易的历史渊源。由于缅甸是世界最大的翡翠原石生产国，赌石近十几年来才再一次在中缅边界兴起并逐步繁荣起来。

“一个疯子买，一个疯子卖，另一个疯子在等待，三个疯子想发财；一刀切下是灰白，三个疯子哭起来；一刀切下是绿白，三个疯子笑起来；一刀切下是满绿，没有白，三个疯子打起来。”赌石圈子里流传着的这首风趣幽默的顺口溜，是圈里人对赌石行当真实状态的最贴切表述。赌石游戏听起来很浪漫，但其结局却可能很残酷，基本上是一种有钱、有闲人的冒险游戏，不适合普通工薪阶层参与，企图靠赌石一夜暴富几乎就是痴人说梦。专家说，赌石结果物超所值的只有一成左右。

哈尔滨新闻网记者马晓雪在采访中结识了经营玉器店的许先生。许先生话不多，只有在和记者“熟络”起来后，他才慢慢地打开了话匣子。许先生说，10 年前，许先生的一个朋友到缅甸打工，4 年赚了 300 多万元人民币。回家前，贪念作祟，他和工友一起去赌石。听人说大块头毛料上乘的多，就专盯着大的开，一共开了 3 吨，全都是“砖头料”。300 万元打了水漂，这位朋友红了眼，又借了 200 万元继续赌石，结果也是付之东流，不但倾家荡产，还欠了一身债，据说这笔债务用了 6 年多才还完，这位朋友如今谈“石”色变。[①]

南京有 6 名珠宝玉石商，都算得上是业内专家，好几人有数十年业内

① 马晓雪：“‘赌石’登陆哈市　一刀穷、一刀富、一刀披麻布”，2012 年 5 月 10 日，哈尔滨新闻网 http：//news. my399. com/system/20120510/000382095. html。

经验，但由于赌石存在巨大风险，他们此前不敢涉足赌石。2011 年上半年，他们到缅甸，看中了两块 10 多公斤的原石。两块原石的外皮较薄，带一点紫色。这 6 人分析，这两块石头里极可能是珍贵的冰种翡翠。经过反复商量，6 人决定每人出资 8 万元，买下这两块石头。

带回南京后，6 个人商量到底切不切。虽然他们都是业内专家，但俗话说“神仙难断寸玉”，他们心里也没有底。最后大家商量，决定切开。他们将石头带到广东的加工厂，切开后大失所望，里面并不是上好的冰种翡翠，而是一般的翡翠，顶多值 20 多万。一刀下去，价值一下子缩水一半，让 6 人感叹不已。南京一位业内人士称，赌石“十赌九输”，大赢家是少数中的少数。外行人自不必说，即使是业内行家，屡赌屡亏者也比比皆是。

大汉玉库总经理潘永欣举了一个她身边的例子。“他是我认识的一个人，家是河南的。早在 20 多年前，他向亲朋好友集资搞赌石，先后亏了几千万元。”潘永欣说，由于欠下巨额债务，20 年来他不敢回家，居无定所。直到大前年，一个小伙子辗转打听，才找到了他，这个小伙子是他多年没见的儿子。听上去这像是一个传奇故事，但这是真事。潘永欣经常到云南、广东等地出差，2012 年她就听说广东揭阳有人因赌石亏损而跳楼。①

为了实现一夜暴富式的财富“穿越”梦想，也有一些人不惜以身试法，试图通过违法手段获取巨额财富。这些人的结局大多是“悲摧”的，其中的多数人身陷囹圄，在监牢中去圆自己的发财梦。

2011 年 9 月 8 日《齐鲁晚报》记者杜洪雷报道，济南市公安机关近期查处了 365 名涉游戏机赌博违法人员。据统计，在参赌人员中，男性占绝大多数，占到 97.8%，年龄最小的不满 16 周岁，最大的年过 60 岁，其中 30 岁至 50 岁的居多，占了 80%。参赌人员中，在校学生占 3%，社会闲散人员占 50%，职员等收入稳定者占 12%，农民工及打工者占 8%，个体

---

① 顾元森：“赌石生死两重天：一刀下去或一夜暴富或家破人亡”，2012 年 12 月 4 日，来源：龙虎网 http://finance.ifeng.com/collection/scqw/20121204/7384411.shtml。

经商业者占27%。参与的赌资少则几十元，多则几万甚至几十万元。在赌博游戏机的组织者、经营者中，南方人占据了多数。他们有的是开设正规游戏机起家的，有的是以前玩赌博游戏机的，有的则是无业人员。

济南市某单位工作人员李某携7000元现金准备去买空调。路过一游戏厅时，他想起朋友曾经告诉过他玩赌博机挣钱，一时冲动就进去玩了几把。刚开始，李某的手气似乎很好，赢了一千多元钱。自以为是的他就接着在赌博游戏机上押赌注，而且越来越大。庄家看到李某上钩之后，就开始遥控赌博游戏机，增加难度。结果，李某发现自己越输越多，最终将原本买空调的7000元钱全都输了进去。由于担心回家被妻子发现，李某跑到单位从保险柜里拿了1万元钱，再次返回赌博游戏厅，试图赢回早先输掉的7000元钱。结果可想而知，他又把1万元钱全部输了进去。试图弥补缺口的李某先后输掉单位公款6万元。最终，李某因挪用公款被逮捕。

34岁的娄强（化名）原是酒店厨师长，每月四五千元的工资，家有贤妻和5岁的宝贝儿子，生活幸福。可是，这一切都让赌博给毁了。2005年左右，娄强到深圳工作，接触了赌博游戏机便一发不可收拾。回到济南后，娄强便开始在街上寻找非法赌博游戏厅。在进出多次之后，娄强发现自己的工资已无法满足赌博需要。“运气好的时候，一天能赢两三万，可是很少运气好，赢的几万块钱很快就输进去了。”在工资无法满足赌博需要之后，他开始向朋友借钱，借不到钱，娄强就将自己的一套房子卖了，家庭矛盾重重。其间娄强曾多次戒赌，但没有成功，前前后后输掉30多万元。2011年2月27日，娄强再次玩赌博机。由于实在无法筹到赌资，娄强产生了盗窃生财的念头。当天下午，他来到一个原先同事的宿舍，盗窃了1700余元。仅过一天，娄强便落网了。①

据《扬子晚报》记者路若愚2012年9月23日报道，2011年10月中旬，江苏省江阴市民颜某通过私人关系为朋友姚某经营的一家公司成功申

---

① 杜洪雷：“民警讲述赌徒们从幻想一夜暴富　到倾家荡产的悲惨经历”，《齐鲁晚报》，2011年9月8日。

请到500万元贷款，解了姚某燃眉之急。自此，他便认为自己有功于姚某，姚某应当回报，于是手头一缺钱便去找姚某借。然而，姚某并不信任他，多次拒绝了他的借款要求。为此颜某怀恨在心。

颜某交代，自己一次在网上偶然间发现了一种消字笔，具有自动消除字迹的功能，遂心生一计，打算用消字笔骗取姚某钱财。2011年11月11日，颜某到姚某公司找到姚某，说能帮姚某向一位欠账人王某讨要欠款，但需要30万元人民币先用一下。姚某考虑到王某欠钱已久，确实难要，就同意让颜某去讨要，但要求颜某写下借款30万元的借条，颜某一口答应。颜某掏出几日前从网上买来的消字笔，当场写下借条一份作为借款30万元的凭据。接着，姚某便汇了30万元到颜某账上。然而，仅过了2天，姚某忽然发现借条上的字迹凭空消失了。心知不妙的姚某立即向颜某讨要借款，狡猾的颜某心中得意，拒不承认，并将借来的30万元挥霍一空。姚某随后报了案。不久后，颜某被公安机关抓获。归案后，颜某如实供述了自己的罪行，在法院庭审中，公安机关也出具了颜某通过网站购买该消字笔的网上交易记录。颜某也将违法所得的30万元退赔给姚某。经法院审理，被告人颜某犯诈骗罪，判处有期徒刑3年，缓刑4年，并处罚金人民币5万元。①

据《中国新闻周刊》记者徐智慧报道，2012年1月，河北省邢台市平乡县公安局巡特警大队的警员在日常巡视中发现一个不寻常的现象：经常有一些挺着大肚子的孕妇在他人陪同下出入昌平诊所，有时就在诊所里生产。这些孕妇一看长相就是外地人，有的说四川话，有的说当地人听不懂的语言。而陪孕妇来诊所的，总是两个年轻女子，操着四川口音。这一点引起公安机关警觉，平乡是国家级贫困县，外来人口本就不多。而孕妇通常在就近医院检查，这些外地孕妇为何千里迢迢到地理位置偏僻的平乡县一个小诊所做体检呢？

---

① 李柯、戴琳、路若愚：“男子用消字笔写借条借30万　字迹消失后赖账”，《扬子晚报》，2012年9月23日。

从那时起，平乡县公安局就开始动用一些侦察手段，对这些操方言和四川话的妇女进行暗中调查。经过四个多月的侦察，发现了一个涉及河北、四川、内蒙古、北京等7个省区的特大贩婴网络。由于案情重大，公安部将此案列为“2012·4·19”部督专案，并部署7个涉案省区开展秘密侦探工作。至7月1日前，他们摸清了这个拐卖儿童团伙为首的是季小芳、杨学花，二人均来自四川省凉山彝族自治州。该团伙是家族式作案，团伙成员还有季小芳的男朋友阿发、杨学花的母亲沙尔喝等人。7月2日夜，在公安部督导下，河北省公安机关分赴平乡、威县、广宗、巨鹿4县，抓获包括医务人员和儿童亲生父母在内的多名犯罪嫌疑人，解救被拐儿童16名。“2012·4·19特大贩婴案”告破。

据犯罪嫌疑人季小芳、杨学花在审讯中交代：她们在打工过程中发现，有不少河北人愿意花数万元买个孩子；而她们也很清楚老家四川凉山州由于某些特殊原因，很多人生育不受限制，孩子“不值钱”——在凉山州买一个孩子只要2万至3万元，在河北卖出的价格却高达5万至7万元。利用卖方市场和买方市场的价差，只要做成一单买卖，可赚3万元左右！季小芳、杨学花发现，抱着孩子坐长途车来河北，半路上很容易“露马脚”。于是，她们便改变策略，先在凉山州寻找孕妇，劝说其出售腹中胎儿。说服之后，便在孕妇分娩前一段时间，陪同孕妇乘长途车来到平乡。

“2012·4·19”大案覆盖7个省的贩婴网络构成一个泯灭人性的“市场”，在这个“市场”中，尚未出生的胎儿被当作“商品”，被议价、运送，拍卖、银货交割。相比以往的拐卖妇女儿童犯罪，“2012·4·19”专案的另一个突出特点是形成犯罪“一条龙”——诊所和医务人员涉案，而贩婴网络吸纳医务人员的主要原因，就是利用其掌握的医学技术和仪器，为胎儿进行性别鉴定，为孕妇的分娩提供必须的医疗保障。所谓利令智昏，为了不义之财，许多人跌入了犯罪的深渊。更可悲的是，一些涉案人员根本就没有意识到自己是在犯罪。①

另据《海峡都市报》2012年6月5日报道，来自福建安溪的一对父子开设了一家网上荐股公司，给会员推荐包赚不赔的“黑马股”。儿子负责忽悠股民上钩，父亲则专门转移赃款，还拉老乡入伙，在短短的9天之内竟从股民手中骗得人民币33万多元。日前，福州中级法院以诈骗罪，终审判决其父陈某树3年有期徒刑并处罚金。

2011年，安溪的陈某利用假身份证分别在两家银行开设一户名为“陈翔”的银行账号，在互联网上杜撰了一个“上海华顺私募投资公司”并设立了股票诈骗网站，接着招收多名会员，向会员推荐所谓“包赚不赔”的股票。受骗客户将钱汇入该账户后，则由其父陈某树负责转账取款。此间，同乡陈某生得知上述骗局，主动向陈某树提出也要参与转账取款的坑蒙拐骗，为了“壮大”诈骗公司，陈某树表示同意并承诺按每次取款总额的7%作为陈某生的非法所得。

2011年4月29日，陈某谎称是“上海华顺私募投资公司”的工作人员“李清火”，多次给受害人卢某发短信、打电话，称自己是专门从事股票业务的公司，旗下专家如云，推荐包赚不赔的“黑马股”，入会会员只要首次交上950元的会员费和用于炒股定期返利3万多元的“融资”费，即可从此走上发财之路。

信以为真后，卢某于2011年5月3日、4日，先后往户名为陈翔的上述建设银行账户转入“会员费”950元、“融资”费3万多元。而同年5月4日下午，陈某树则将银行卡交给陈某生，由陈某生伙同其妻前往银行取款，并交给陈某树。为了继续蒙骗受害人卢某，同年5月5日，陈某树往卢某的银行卡存入了2400元，称这是“华顺私募”所谓的“利润回报”。只用了一天工夫，就轻松从“华顺私募”处赚取了2400元的炒股收益，这让卢某对陈某树设下的“美丽陷阱”深信不疑。当天中午，卢某又

---

① 徐智慧：“河北特大贩婴案调查：医生参与为胎儿鉴定性别”，2012年8月7日，中国新闻网 http://www.chinanews.com/fz/2012/08-07/4088912.shtml。

转入“会员费”3000元及“验证资金”30万元，根据双方“约定”，仅要一天时间，这笔钱就能返还，还有一笔利润回报。

同年5月5日、6日，陈某生夫妇接到陈某树通知，前往各银行网点取出诈骗款共计27.54万元交给陈某树，此次，陈某生则将2.5万元据为已有。而一心梦想着发财的卢某，不仅等不到高额的利润回报，竟连一时热线不断的电话也拨不通了，方知被骗。公安机关接到报案后，经缜密侦查，于2011年6月30日在福建安溪将陈某树、陈某生分别捉获归案（陈某在逃）。

由于金融机构具有明显的“外部性”（即风险扩散性）特征，所以各国政府都制定有严格的准入门槛。陈氏父子冒充金融机构实施诈骗，理应受到法律的制裁。①

其实，在现实生活中，类似为了追逐金钱知法犯法、执法违法的案例比比皆是。特别是改革开放近30年来，我国已经成为公职人员、官员贪污、受贿、索贿、腐败的高发区、重灾区，引起广大人民群众的强烈不满。据《中共中央纪律检查委员会向党的第十八次全国代表大会的工作报告》透露，5年来，中纪委把查办案件放在突出位置，重点查办领导机关和领导干部中滥用职权、贪污贿赂、腐化堕落、失职渎职案件，涉案人员职级不高但数额巨大、影响恶劣的案件，以及发生在群众身边的腐败案件。2007年11月至2012年6月，全国纪检监察机关共立案643759件，结案639068件，给予党纪政纪处分668429人。涉嫌犯罪被移送司法机关处理24584人。全国共查办商业贿赂案件81391件，涉案金额222.03亿元。坚决查处了薄熙来、刘志军、许宗衡等一批重大违纪违法案件，表明了我们党反对腐败的坚强决心。②

2013年1月19日，中国新闻评论网的一则消息引起社会广泛关注。

---

① 江方方、强振超、陈淑娟：“父子成立股票诈骗网站　9天骗33万元”，《海峡都市报》，2012年6月5日。

② 中纪委：“坚持中国特色反腐倡廉道路坚定廉政建设”，《人民日报》，2012年11月21日。

这则消息的标题是：多地官员担心住房信息联网急抛售房产。党的十八大后，一些贪腐官员如惊弓之鸟——惶惶不可终日。消息称，不久前，中纪委向中央通报“反腐败斗争工作的新动向”。并称去年 11 月中旬以来，大陆 45 个大中城市出现一股抛售豪华住宅、别墅等新动向，12 月以来，抛售豪华住宅、别墅等情况继续扩大，更改物业业主情况数以百倍上升，状况空前，且部分业主为国家公职人员和国有企业高层。这一说法得到接近中纪委人士证实，该人士直言，中纪委是向中央通报了中国的腐败局势，并根据中央部署进行来年的工作计划。

通报显示，据住房和城乡建设部、监察部统计，在抛售豪华住宅、别墅新动向中，出现若干极不正常情况：抛售住宅业主中 60% 持匿名、假名或以公司挂名；业主物业大多数空置或出租给亲属、朋友，没有租住合约；业主物业出售都要求出现现金交易，不经金融机构；业主物业出售都委托律师全权处理，业务在交易过程中不露面。作为一个注脚，该通报还透露，仅 2012 年中秋和十一期间出境的公职人员有 1100 多人没有按时返回，其中 714 人确定为外逃。上述中纪委的通报称，据不完全统计，2010 年大陆非法资金外流是 4120 亿美元，2011 年达到 6000 亿美元，2012 年估计已突破 10000 亿美元。2013 年的非法资金外流规模将达到 15000 亿美元。[①] 由此可见，我国反腐败的形势有多么严峻。

陈毅元帅生前有一句名言：莫伸手，伸手必被捉！中国古训也曰：“君子爱财，取之有道”。所以，追求财富自由别走“旁门左道”，更别走“歪门邪道”，最好走“溜光大道”——“穿越”是愿望而不是现实，否则“欲速则不达”，甚至有可能“出师未捷身先死”，千秋万古留骂名。

① 佚名：“多地官员担心住房信息联网急抛售房产”，2013 年 1 月 19 日，中国新闻评论网 http：//www. chinareviewnews. com/doc/1024/0/8/7/102408770. html coluid = 7&kindid = 0&docid = 102408770&mdate = 0119201121。

第7章

巴菲特可不可以“复制”

很多事情做起来都会有利可图，但是，你必须坚持只做那些自己能力范围内的事情，我们没有任何办法击倒泰森。

——美国金融投资家、“股神”沃伦·巴菲特

第7章　巴菲特可不可以“复制”

在美国，巴菲特被称为“除了父亲之外最值得尊敬的男人”；在中国，巴菲特的标签是“股神”；在全球金融投资界，巴菲特被公认为是有史以来最伟大的“金融投资家”；在向往财富的普通大众心中，巴菲特是一颗财富星空耀眼的恒星。

人们崇拜巴菲特、尊重巴菲特，不仅因为他动不动就蝉联世界首富，还震惊于其长盛不衰的创富能力。除巴菲特外，世界上的投资大师数不胜数，但好像均无巴菲特的“定力”——短期间内可能会光芒耀眼，但转瞬即逝即成为流星。阿里巴巴创始人马云曾经和刘国梁打过乒乓球，他的体会是想赢刘国梁1、2个球并非难事，甚至达到一定功力也可以赢他一局，但想赢一整场球门都没有。马云感慨道：高手和低手的差距就在于前者发挥的稳定性——投资盈利的稳定性恐怕是巴菲特最让同业对手叹服的地方。

由于近半个世纪以来的明星效应，巴菲特成为全球投资人竞相学习、效仿的楷模，比如有所谓“中国的巴菲特”、“日本的巴菲特”、“俄罗斯的巴菲特”、“印度的巴菲特”等称谓的人不在少数，但真正取得与巴菲特比肩的投资业绩、享有巴菲特般声誉的投资家则绝无仅有。这就带来了一个问题：巴菲特究竟可不可以复制？本书作者的观点极其鲜明：巴菲特是不可以复制的。我是历史唯物主义者，我不否认未来中国或日本、俄罗斯和印度包括其他国家涌现出比巴菲特更加伟大的投资家，但这个投资家决不是巴菲特的翻版，而是“另一个”——这就像“世界上没有完全相同的两片树叶”、“人不可以再次踏进同一条河流”的道理一样。

中国人爱学习、擅效仿，见贤思齐，这是一个美德。改革开放以后那些年，中国人没少到美国的GE（通用电气）、IBM（国际商业机器）、可口可乐、摩托罗拉等国际大公司参观考察，但遗憾地是没有一家公司成为GE、IBM、可口可乐或摩托罗拉。包括中国的海尔，国内企业“取经者”如云，但没听说哪一家企业变成了海尔。所以，“复制”一家企业或一个人几乎没有可行性。

纳斯达克（全国证券业协会行情自动传报系统，英文National Association of Securities Dealers Automated Quotations system，简称 NASDAQ），是迄今全球最大的、由现代通信网络系统连接的股票市场，1971 年创立于美国。她是 20 世纪最伟大、最激动人心的金融创新——没有之一。纳斯达克几乎催生了美国整个的高科技产业，是美国 20 世纪 90 年代新经济现象的主要推手。纳斯达克的成功，在全世界产生了深刻而广泛的示范效应，日本、德国、英国、中国香港、新加坡、印度、中国等国家和地区纷纷仿效，但迄今为止，没有一家“创业板”达到纳斯达克的高度，一些国家的创业板萎靡不振，一些国家的创业板奄奄一息，有的甚至关门大吉。后来人们才发现，美国不仅有纳斯达克，还有硅谷，如果没有硅谷，纳斯达克就成为“无源之水、无本之木”。于是，各国又开始了造“谷”热潮。日本有“筑波”、台湾有“新竹”、印度有班加罗尔、中国有中关村。但是在这些国家并未形成一个高科技企业的群体，也并未掀起一波又一波的高科技创新浪潮，更没有推动以高科技为代表的新经济结构的形成。问题在哪里呢？问题就在于纳斯达克也好、硅谷也好，不是独立的现象，而在于其经济结构、金融体制、鼓励创新又宽容失败的国民心态，以至于社会价值观的分野。这些有形与无形的因素有着极其复杂的内部联系，这些东西无法复制，因此，无论是纳斯达克还是硅谷，其实是不能“拷贝”（英文 copy 的译音）的。

巴菲特之所以成为巴菲特，笔者认为有如下四点原因：

其一，投资素养。美国作家罗杰·洛温斯坦（Roger Lowenstein）1996 年出版的著作《巴菲特传：一个美国资本家的成长》（Buffett：The Making of an American Capitalist），是笔者所见到的巴菲特传记中最详尽的一本。书中对巴菲特成长历程的描述给笔者留下了深刻的印象。

1930 年 8 月 30 日，沃伦·巴菲特出生于美国内布拉斯加州的奥玛哈市。巴菲特的父亲霍华德·巴菲特是当地的证券经纪人和共和党议员，平时是一个既严肃又和蔼的男人，他对巴菲特的一生有着举足轻重的影响。是他在童年的巴菲特眼前展现了一个五彩缤纷的股票和债券世界，并影响了巴菲特的未来，甚至一生。在巴菲特幼小的心灵里，已深深埋下投资、赚钱的种子。

巴菲特 6 岁的时候，父亲第一次带着全家人去奥科博吉湖度假。到了奥科博吉湖以后，姐妹都非常兴奋地走来走去，一会儿看看这，一会儿看看那。而巴菲特却对那儿的环境一点也提不起兴趣。于是他用父母给他的零花钱买了 6 听可乐，然后在湖边以 5 美分一听的价格，把所有可乐都推销了出去，虽然他最后只挣了 5 美分的利润，但是巴菲特却认为这是他度假时最有意义的一件事情。

巴菲特 8 岁的时候，开始阅读有关股市方面的书籍。他家里关于股票的书很丰富，这是一些让孩子们一看标题就“犯晕”的书，但巴菲特却读得津津有味。随着年龄的增长，他的股票知识越来越丰富，并开始根据股市行情绘制股票市场价格的升降图表。

巴菲特的父亲在上班前，与孩子们吻别时，他有时会慈爱地问：“你们希望爸爸给你们带什么礼物回来呀?”姐姐多丽丝与妹妹罗贝塔会抢着喊道：“爸爸，我要一个漂亮的娃娃!”“爸爸，我要一条丝带，就像珍妮戴的那条一样。”而家中唯一的男孩子巴菲特却总是默不作声，对爸爸的话没有表现出如同姐妹一样的惊喜，直到父亲一再询问，他才认真答道：“那么，爸爸，你给我带一些股票行情机的纸带吧!”

于是，霍华德经常为儿子带回的礼物是成卷记录了各种股票价格变动情况的股票行情机纸带。巴菲特就将这些纸带铺在地上，然后兴趣盎然地研究起来，他的目的是探求股票价格的变化规律。后来，霍华德发现儿子竟能很熟练地用标准普尔指数来解释那些报价符号，而他自己从未完整系统地向儿子讲解过这些专业知识和专业术语。父亲对巴菲特了解如此之多的股票知识感到十分惊讶。

在巴菲特 10 岁的时候，霍华德带着他去了一趟股票交易所。像其他孩子迷上新型飞机一样，巴菲特被股票深深吸引住了。他常常跑到霍华德日益兴隆的股票交易所去，交易所已经迁到法纳姆那幢有大理石柱子的奥马哈国民银行大厦的 17 楼去了。在父亲的办公室里，巴菲特常常目不转睛地盯着那些收藏在印着烫金字专柜里的股票和债券单据。在巴菲特眼里，它们具有某种神奇的诱惑。回到家里，沃伦便开始自己动手画股价图，观察它的涨跌态势，由此引发了他想解释这些态势的念头。

在11岁的时候，他在每股38美元的价位果断地买进了3股城市设施优先股股票，还给姐姐多丽丝也买了3股。多丽丝后来回忆道："我认为他很清楚自己都在干些什么。这孩子简直生活在数字之中。"然而，城市设施股的股价跌到了27美元。经他们奋力挽救以后，股价又回升到了40美元。沃伦抛出股票之后，扣除佣金，第一次在股市上获得5美元的纯利，结果他的股票出手不久，股价升到了200美元。这也变成了他耐心不够而受到的第一个教训。①

经济头脑，投资意识，谋生手段，在巴菲特的幼小心灵中留下了深深的印记，并伴随他成长的各个阶段。这种非凡的素养是巴菲特成功的第一大要素。反思我国少年儿童的学前与学龄教育，似乎总是在回避赚钱、谋生的话题，好像这些东西天生就是肮脏的，但长大以后你又不得不拼命去追逐它，这种现象难道不是很滑稽吗？

其二，投资理念。投资究竟需不需要理念或理论这些东西？笔者认为，理念或理论是成功投资最重要的要素之一。投资是科学，它不同于赌博，没有投资方面的知识，是很难成功的。

2010年10月22日《京华时报》曾经刊登过署名祝剑禾的一篇报道，报道的题目是《炒股14年仍不识K线图　下岗女工最高赚到400万》。报道给人的印象好像是股票投资根本不需要什么专业知识和技巧，你看，既是下岗女工又不识K线图，不是照样赚钱嘛？笔者仔细阅读了报道后，发现报道标题误导了读者。第一，400万不是"落袋"真金白银，而是"浮赢"——纸面财富。第二，下岗女工未必就是"股盲"。主人公赵倩的投资手法有4个要点：一是"炒熟"，即不熟悉的股票不买（颇有巴菲特"范儿"）。赵倩只买房地产股票，分享了房地产业高速成长带来的利润；

---

① ［美］罗杰·洛温斯坦（Roger Lowenstein）著，蒋旭峰、王丽萍译：《巴菲特传：一个美国资本家的成长》（Buffett: The Making of an American Capitalist），中信出版社2008年版。

二是坚持把“鸡蛋放在少数的几个篮子里”（巴菲特的投资理念之一）。14年来赵倩操作过的股票不超过10只，这样既分散了风险又便于照顾；三是赵倩操作股票从不“追涨杀跌”，始终保持一颗“平常心”；四是践行“价值投资”。赵倩的操作理念是，先考察该股票“合理的价格应该在什么区间”，然后逢低买入，回升一段后就抛出。尽管与巴菲特没有可比性，但赵倩的投资手法颇像得到了巴菲特的真传。第三，不懂得K线图不意味着就不懂股票投资。K线图是股票投资技术分析的一种工具。如果你信奉技术分析，你需要懂得K线图、蜡烛图、3日均线、5日均线，但如果你不信技术分析，这些图、线可以完全置之不理，怎么能认为不懂K线图就是“股盲”呢？

1947年，沃伦·巴菲特进入宾夕法尼亚大学攻读财务和商业管理。但他觉得教授们的空头理论不过瘾，两年后便不辞而别，辗转考入哥伦比亚大学金融系，拜师于著名投资学理论学家本杰明·格雷厄姆（Benjamin Graham）。

格雷厄姆1976年逝世，他一生写了两本书，一本是《证券分析》（1934年），另一本是《聪明的投资者》（1942年）。这两本书奠定了格雷厄姆在美国金融投资界的地位，它是“价值投资”理论的先驱，被称为“华尔街证券之父”。价值投资理论认为：股票价格围绕其“内在价值”上下波动，而内在价值可以用一定方法测定；股票价格长期来看有向“内在价值”回归的趋势；当股票价格低于（高于）内在价值即股票被低估（高估）时，就出现了投资机会。其精髓可从格雷厄姆教给巴菲特的3个投资秘诀中一窥端倪：第一个秘诀是“不看股票，看公司”，第二个秘诀是“不看价格，看价值”，第三个秘诀是“不做投机，做投资”。那么投资与投机有什么区别呢？格雷厄姆在其代表作《证券分析》中指出：“投资是基于详尽的分析，本金的安全和满意回报有保证的操作。不符合这一标准的操作就是投机。”他在这里所说的“投资”就是指“价值投资”。

巴菲特是“价值投资”的践行者，这从其投资理念可见端倪。

比起很多著名甚至获得诺贝尔奖的投资理论，如随机漫步理论（random walks）、有效市场假设（the efficient market hypothesis）和资本产定价(capital assets pricing model）等学说，巴菲特的投资理论要简单得多，而且多了些实用性，其精髓在于挑选优良及价值（value）的股票买入(buy)，然后长期持有（hold）。

1. 专注于少数公司的投资——巴菲特认为合理的数目是 10～15 家。如果投资者的组合太过分散，这样反而会分身不暇，弄巧成拙。巴菲特说：分散投资是无知者的自我保护法，对于那些明白自己在干什么的人来说，分散投资是没什么意义的。

2. 在好公司中寻找价值被低估的股票并长期持有——任何时候都不应该放弃好的股票。巴菲特认为要选出最杰出的公司，精力应用于分析它们的经济状况和管理素质上，然后买入长期都表现良好的公司，集中投资在它们身上。巴菲特说：如果你拥有很差的企业，你应该马上出售，因为丢弃它你才能在长期的时间里拥有更好的企业。但如果你拥有的是一家好公司股票，千万不要把它出售。

3. 拒绝投机——不懂的坚决不做。巴菲特从不相信小道消息，坚持独立思考。他说，即使美联储主席格林斯潘在他耳边秘密告知未来利率的去向也不会因此而改变既定的投资计划。在 1999～2000 年度，由于拒绝买入高科技公司的股票，巴菲特的投资成绩一度落后于大市，巴菲特的理由是他不懂电脑软件和互联网。有人更借此攻击巴菲特“老态龙钟”、“与时代脱节”和“风光不再”。但当世纪之交互联网泡沫破裂后，再次证明了巴菲特的先见之明——只买自己熟悉的股票。

4. 理性投资——不为任何外界因素所干扰。巴菲特说：要想成功地进行投资，你不需要懂得什么是“有效市场”、什么是“现代投资组合理论”、什么是“期权定价”或“新兴市场”，事实上，大家最好对这些东西一无所知；巴菲特说：不要浪费你的时间和精力去分析什么经济形势、去看每日股票的涨跌。在这方面你花的时间越多，就越容易陷入思想的混乱并难以自拔；巴菲特认为，投资者应设法在别人贪心的时候持谨慎的态度，相反当众人都小心谨慎时，要勇往直前——这就是人们常说的：在别人贪婪时恐惧，在别人恐惧时贪婪。

其三，投资环境。许多人把“中国不可能产生巴菲特”的原因归结为中国不具备美国式的投资环境，这是有道理的。为什么“淮南为桔，淮北为枳”，概因环境发生了变化。美国是世界上最发达的经济体，世界500强美国独占1/3强，美国有世界上最发达的金融市场体系，最丰富的金融产品体系，最完备的金融机构体系和最严格的金融监管体系，这些条件是美国以外国家均不具备的。企业治理结构确保了投资对象的丰富性，股东利益最大化的理念确保了投资者回报的确定性，投资者保护的监管理念确保了投资者利益的安全性。是不是美国的企业都那么“听话”？非也。美国的法律像高悬的“达摩克利斯”之剑，高悬在上市公司头顶，使它们不敢作奸犯科。有以身试法者，安然公司、世界通讯公司、施乐公司就是他们的榜样。美国的“集体诉讼制度”，可以使欺骗、造假者倾家荡产，死无葬身之地。

反观中国，上市公司多数是国企或一股独大的私人企业，根本谈不上企业治理结构；股东利益最大化变成了“控股股东”利益最大化，而中小股东成了待宰的“羔羊”；投资者保护成了一纸空文——普通投资者成了任人欺凌的“弱势群体”；违规违法、濒临倒闭的上市公司“死而不僵”——退市比上市难；内幕交易、欺诈上市、财务造假、市场操纵横行，股市成了少数权贵的“提款机”。在这样的证券市场上可能产生巴菲特吗？有人戏言，巴菲特如果在中国，恐怕连普通下岗女工都不如。

其四，投资技能。投资素养、投资理念属投资者投资成功的主观因素，投资环境属投资者投资成功的客观因素，主观见之于客观，再加上巴菲特炉火纯青的投资技艺，成就了巴菲特的投资神话。

研究巴菲特的盈利模式，就会发现巴菲特用放大资金、使用一定的投资杠杆抬高了收益，因此，那些信仰巴菲特的铁杆模仿者，就算手段高超、艺高胆大同时有连续中彩票的运气，也不可能超越巴菲特。

巴菲特的伯克希尔·哈撒韦公司至少拥有10家知名的保险公司（实际数字更多），伯克希尔·哈撒韦简直就是一个大型保险帝国。巴菲特如此偏爱为数众多的保险公司并不是简单基于价值投资理论本身，而是通过保险公司可以获得廉价的资金来投资。

保险公司最吸引巴菲特的是“浮存金”，“浮存金”是保险公司暂时管理的但并不属于它的资金。如保险公司今天收到的一些公众缴纳的保费，可能需要10年甚至更长时间这些投保人出现问题时才发生赔付。这么长的时间里如果保险公司经营好的话，这些资金就可能是零成本的资金，甚至变成负成本的资金。

巴菲特在1998年公司年度会议上对公司的股东们说：“浮存金的成本对于我们来说是一个负数，也就是说，我们以低于零的成本获得这些资金。所以说，当我们获得这笔负债的同时也就实现了利润。”很简单，别的投资者获得资金的成本是6%~10%，而巴菲特的资金成本有时候是负数，比赛还没开始，巴菲特就已经赢了。

巴菲特先以自有的资金和投资人的资金购买股票并获得赢利，随后收购多家优质的保险公司，随后以保险公司的浮存金再进行投资，在这一步开始时就已经在使用投资杠杆了。假设投资杠杆为1.5倍，那么正常投资者取得10%收益的时候，巴菲特就可以取得15%收益。

巴菲特说，“自从我们在1967年开展保险业务以来，公司的浮存金金额一直在以21.7%的复利增长。幸运的是，我们并没有为此付出任何代价，事实上，保险业务为我们带来了收入。从会计上看，这里似乎存在着问题。尽管浮存金金额在我们的资产负债表中表现为负债，但是与相同数量的净收入相比较，它们对于公司来说具有更大的内在价值”。

进入21世纪之后，伯克希尔在保险业的一系列收购，使得浮存金一路飙涨，净资产增长也平均保持在100亿美元的水平。截至2007年底，伯克希尔拥有的浮存金高达586.98亿美元，净资产增长为123亿美元。一直以来，伯克希尔的投资收益率都在20%以上，以586.98亿美元的20%计算，仅仅是浮存金一项，就将为伯克希尔提供超过100亿美元的利润。[①]

巴菲特创造了3个神话：第一个是投资神话。上海北斗投资管理有限公司研究部的研究结果显示，从1956年起到2011年，巴菲特在55年的投资生涯中，累计获利62021.72倍，年复合收益率22.67%。这意味着如果你在1956年向巴菲特管理的基金投资1万美元，55年后的2011年，巴菲特就应该还给你6.2亿美元；[②] 第二个是财富神话。巴菲特从1956年的100美元起家，到2007年，巴菲特由于所持股票大涨，身家猛增至620亿美元，问鼎全球首富；第三个是慈善神话。2006年6月25日，巴菲特宣布他将捐出总价达317.4亿美元的私人财富投向慈善事业。[③] 巴菲特的“神话”也是不可以复制的。

在中国，以低调、不事张扬为美德。但现在世道变了，许多人已经搞不懂自己是谁了。巴菲特高山仰止，好像不应该有多少心智健全的人自比巴菲特，但事实不是这样的。2007年4月，上海复旦大学谢百三教授主编出版了一本题为《中国巴菲特——新编十年一个亿》的著作（南方日报出版社），该书一口气推出林园、殷葆华、石开、X先生、陈钢、金脉、叶国英、文兴、应健中等20多位“中国巴菲特”，令人瞠目结舌，只是让人有点“巴菲特贬值”的感觉。如果这只是娱乐，倒也没什么；如果是认真的，那就需要“真材实料”来证明自己。

中国人与巴菲特有过直接接触的人不多。2006年6月30日，段永平以60多万美元与巴菲特共进过一次午餐；2008年，有“中国私募教父”之称的投资人赵丹阳以211.01万美元的天价竞得与巴菲特共进午餐的机会。这些钱实际上捐给了美国的慈善机构，事件本身除了炒作之外，也不

---

① 郭恩才、万卉：“浮存金，不可小觑的利润之源”，《金融博览（财富）》，2011年第2期；王晓萌：“揭秘巴菲特的真实业绩：保险浮存金成股神杠杆”，2011年2月22日，东方财富网 http://www.zgjrw.com/News/2011222/home/247372068510.shtml。

② 王海平：“史上最全最真实巴菲特及伯克希尔的历史业绩数据”，新浪博客 http://blog.sina.com.cn/s/blog_6d69cd2b0100vv4v.html。

③ 佚名：“巴菲特豪捐370亿美元”，《齐鲁晚报》，2006年6月27日。

过就是跟巴菲特吃了一顿饭——不能认为跟巴菲特吃饭的人就变成巴菲特了。在中国股市上有名有姓、有鼻子有眼、股票投资小有成就、受业内推崇股民拥戴的投资人也有不少，如段永平、林园、但国庆、但斌、朱平、陈鹏、杨百万甚至“007 带头大哥”等人，但他们基本上都不能与巴菲特相提并论、平起平坐。为什么呢？时间和业绩可以说明一切。巴菲特是世界首富，业绩就不说了。但从时间来看，中国股市只有 20 多年的历史，而巴菲特有近 50 年的投资经历，谁知道 30 年后“中国巴菲特”们能不能经得起时间的检验呢？

有媒体曾经将深圳东方港湾投资管理有限责任公司董事总经理但斌封为中国“复制巴菲特”最成功的人。为此，笔者下了一点功夫研究但斌。2000 年之前，但斌还是“技术分析派”，直到 2000 年左右，但斌因为看空 A 股进入港股，情况才发生变化。他根据基本面分析，选择了同仁堂科技、沪杭甬等股票，赚到了很多钱。这是但斌第一次采用基本面选股的方法。

像巴菲特一样，但斌是坚定的“价值投资”践行者。在但斌的投资哲学当中，有这样一条：像乌龟一样去投资。“买最好的企业，长时间坚持持有”，这是但斌常常挂在嘴边的一句话。在投资的时候，他并不把自己看成是市场分析专家，也不是宏观分析师，或者证券分析师，而是企业分析师。因为他相信，长期而言“股票绝不可能表现得比企业更好”，选择杰出企业是但斌投资成功的关键。

在客户购买自己公司的信托产品之前，但斌都会向客户说明：我们拒绝炒作短线与市场热点，我们不会承诺能让您快速致富。在但斌看来，那些回报率超高的基金无异于一群兔子，而自己则更像一只乌龟。为什么会是乌龟？第一，乌龟能耐得住寂寞，慢慢地爬，稳稳地前进，最终会走得更远；第二，我们称胆小鬼为“缩头乌龟”，尽管是贬义词，但乌龟有坚固外壳，每当听到风吹草动，便迅速将头缩进壳内，规避风险。乌龟的风险意识与本能是值得我们投资时学习的。为了规避系统性风险,[①] 但斌在选择股票时，会投资几家关联性不高的优秀企业，采取“相对集中”的投资策略。这与巴菲特的投资理念是一致的。

践行“价值投资”、“长期持有”的投资理念，最难做到的就是坚持。但斌认为，“找到好企业，长期持有”，看上去很简单，但人们总是想快一点赚钱，再快一点。对此，但斌作了一个有趣的比喻：一个和尚去面壁，一直坐在那里，10年、20年，他就成了高僧，可是有多少和尚成了高僧呢？打坐是多简单的一件事，但坚守下来又是那样困难。

“价值投资”、“长期持有”的理论基础是什么？对此但斌有着自己独到而深刻的理解。但斌认为，在过去的100年当中，美国市场的平均回报率是10.4%，它其中5%是来自分红，4.8%是来自盈利的增长，只有0.6%来自市赢率的变化——也就是股价的涨跌。可惜的是，绝大多数的投资者，并不看重分红和企业内生性增长，他们盯住的是0.6%股价的波动，长期来看，这是没有价值的。因为短期的波动，很快就会被长期的曲线所抹平。在但斌看来，大起大落是投机，而持续盈利才能称为投资：财富管理不是半年、一年、几年，是一生的、甚至是穿越几代人的一个目标。而要真正做到投资而非投机，最重要的就是，把财富交给时间来增值。[②]

有媒体曾经说但斌是“复制巴菲特”最成功的中国人，但斌并不这样认为，他认为某种意义上巴菲特不能复制，“我们只是复制巴菲特早期的私募投资，至于后来的收购上市公司、并购交易，我们还没有这个能力。”关于“复制”巴菲特，但斌说，知与行的距离，是世界上最远的距离。很

---

① 系统性风险（Systematic Risk）又称市场风险，也称不可分散风险。是指由于某种因素的影响和变化，导致股市上所有股票或同类股票价格的下跌，从而给股票持有人带来损失的可能性。系统风险的诱因发生在企业外部，上市公司本身无法控制它，其带来的负面影响一般都比较大。与其相对应的是“非系统性风险”。

② 齐建林：“复制巴菲特最成功的中国人——但斌”，2009年5月14日，新浪博客 http://blog.sina.com.cn/s/blog_5d79651f0100dszj.html。

多人都号称推崇巴菲特的价值投资理念，但真正身体力行的又有多少呢？①正是这个“遥远的距离”，成为巴菲特不可复制的根本原因。

中国为什么不能出巴菲特？这个问题有点沉重。马克思主义哲学学多了，有时也未免头脑僵化。比如，外因和内因哪一个是决定的因素？我们过去认为“外因是变化的条件，内因是变化的根据，外因通过内因而起作用”，这就有点绝对化。实际情况是，有时内因起决定性作用，有时外因起决定性作用。比如，鹅卵石孵不出小鸡来，是内因不具备条件；把鸡蛋放在冰块上照样孵不出小鸡来，就是外因不具备条件。恐龙（dinosaur）生活在距今大约2亿3500万年至6500万年前，大多数属于陆生（栖息在陆地上的）爬行动物，但不能直立行走，支配全球陆地生态系统超过1亿6千万年之久。但不知什么原因，它们在6500万年前很短的一段时间内突然灭绝了，今天人们看到的只是那时留下的大批恐龙化石。有关恐龙灭绝的原因，科学界众说纷纭，其中“小行星撞击地球说”最为人们所相信。但不管怎么说，恐龙灭绝的原因只能是外部环境这个“外因”，而不可能是恐龙集体自杀这个“内因”。

2013年1月26日，《人民日报》刊登了记者赵乃育的一篇文章，文章的题目是《中国股民为何出不了巴菲特》。文中说，有专家在接受记者采访时表示，中国股市为何不信奉价值投资？股民中为什么出不了巴菲特？就因为股市投资得不到合理回报，只有上市公司不断提高自身业绩，才能带动股市平稳向上发展，股民才能获得长期稳定的收益。

如果股市是一个“负和”② 的赌场，巴菲特式靠获取投资收益的投资方式如何行得通呢？因此，中国目前还不具备产生巴菲特的条件。

---

① 卢山林：“私募大鳄但斌20亿复制30年前的巴菲特”，《理财周报》，2007年8月26日。

② 在金钱博弈中，如果赢钱的人所赢钱数总和等于亏钱的人所亏钱数总和，叫“零和”，“零和”是一种游戏；如果赢钱的人所赢钱数总和大于亏钱的人所亏钱数总和，叫“正和”，“正和”是投资的特征，这是因为投资是创造剩余价值的，投资者分享筹资者所创造的剩余价值；如果赢钱的人所赢钱数总和小于亏钱的人所亏钱数总和，叫“负和”，“负和”是赌博的特征，比如赌场（一部分钱形成了赌场老板的利润，一部分钱向政府缴税了），比如彩票（一部分钱被政府拿走了，还有一部分钱被彩票经营机构拿走了），比如赌马，比如赌球……

第8章

寻找实现财务自由的路径

一天，小毛毛虫跟妈妈来到一条波涛汹涌的大河边上，河对岸有一眼望不到边的草地和鲜花——那里有毛毛虫们喜爱的食物。小毛毛虫问妈妈：我们能过到对岸去吗？妈妈说：能。小毛毛虫又问：我们怎么才能过去呢？妈妈回答：把自己变成蝴蝶。

——寓言故事

乌龟和兔子赛跑的故事家喻户晓。兔子为在比赛途中睡觉而丢掉冠军羞愧不已，它找到乌龟提议再举行一次龟兔赛跑，乌龟爽快地答应了。在第二场龟兔赛跑中兔子没有睡觉，但兔子不幸又跑了个第 2 名——原因是兔子跑错了路线。可见，无论你做什么事情，寻找到一条正确的路线是最要紧的。否则有可能“南辕北辙”，离目标越来越远。如果想实现财务自由，首先也必须找到适合自己的途径或路径组合。

笼统而言，人的财富无非有两个来源：一个是继承，一个是后天获得。生在一个富裕的家庭，不通过劳动而获得大笔遗产，一生衣食无忧，这是命里注定的——嫉妒、羡慕、恨都没用。所以说我总怀疑“人人生而平等”这一说法，起码在财富占有这一方面这种说法没有多少说服力。在一个社会体系中，这种“寄生虫”毕竟是少数，它们不在本书的考察范围之内。

再来说说“后天获得”吧。后天获得大概有如下几种方式：劳动报酬（包括给别人打工、给自己打工）、投资收益、非法所得（贪污、受贿、走私、贩毒、拐卖妇女儿童、诈骗、抢劫等）和偶然所得（买彩票中大奖、拣到价值连城的宝石、获得诺贝尔文学奖等）。非法所得的非法性质决定了这种致富方式不为文明社会所接受，偶然所得的概率又太低，所以，“后天获得”其实主要指获取劳动报酬和投资收益两种方式。

1999 年 4 月，美国日裔学者罗伯特 · T. 清崎（Robert T. Kiyosaki）和莎伦 · L. 莱希特（Sharon L. Lechter）所著《富爸爸穷爸爸》一书首次在美国出版，仅仅半年时间就创下了销售 100 万册的佳绩；2000 年 3 月，韩语版面市，2 个月内销量就达到 25 万册；2000 年 6 月，登陆澳洲……一时间，大小书店为紫色所覆盖。中文版于 2000 年 9 月面市后，连续 18 个月蝉联全国图书销售排行榜第 1 名，连续两年半名列畅销书排行榜前 10 名。《富爸爸财务自由之路》是《富爸爸穷爸爸》的续篇。在这本书中，罗伯特提出了“现金流象限”的概念，作者将财富合法的“后天获得”又细分为四种方式，如图 8 - 1 所示。

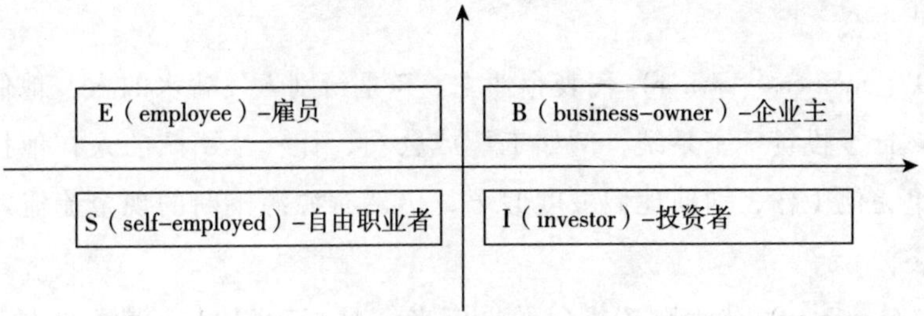

图8-1 罗伯特现金流象限图

现金流象限不仅是两条直线和四个字母这么简单。通过这个简单的图形，你会发现一个完全不同的世界以及观察世界的不同方式。现金流象限代表获得收入或者金钱的不同途径，描述了商业世界中四种不同类型的人：

E（employee）代表雇员，通俗地说就是“打工者”——工薪阶层，他们每天要去上班，挣工资，支付各种账单，平衡家庭收支。工薪阶层也不是铁板一块，通常还可以区分为蓝领、白领和金领，沿着这条路线钱越赚越多，生活质量越来越高，人数越来越少，其中的大部分白领已经成为中产阶层，而金领则成为名副其实的富人。

S（self-employed）代表自由职业者或叫“自雇者”——自己给自己打工。S一般是个人工作室或者家庭企业，虽然是自己当老板，但是大多是老板兼工友的形式。在S型企业中，如果S离开他的企业一段时间，他会发现企业已经没有什么生意可以做。S其实拥有的只是一份工作，而不是资产或者系统。

罗伯特认为，E和S象限是处在左边象限，处在这个象限的人收入主要是靠他们的专业知识，他们越是拼命工作，换来的却是还不清的债务。在左象限的人追求的只是安全，而并不是真正的财务保障。虽然在这两个象限中，佼佼者一样能够变成有钱人，甚至获得财务自由，但是成功的可能性以及速度远远要低于右象限即：B（business-owner）-企业主和I（investor）-投资者，我们正处在信息时代的开端，这个时代将提供给我们比以往更多的经济回报的机会，只有具有B和I技能的人能够识别并抓住这些机会。

B（business - owner）代表企业主，B 是给别人发薪水的人，他们的收入是來自于投资一个系统，例如工厂或公司，让一个团队的人在他投资的系统里为他工作，即使他们去度假了，仍然有源源不断的现金流流入他们的口袋。

I（investor）代表财务或金融投资者，是真正以用钱赚钱的人，在这个象限里需要你有很扎实的财务知识与充分的市场讯息。

左边象限的人还停留在“人赚钱”的层次，右象限的人才有“钱赚钱”的能力。而我们培养财务智商的目的不是提高在工作中赚钱的能力，而是将赚来的钱做好投资规划，让钱成为雇员，为自己去赚钱。

罗伯特认为 I 象限是真正达到财务自由的人所在的象限，因为在这个象限中，投资者把他手中的钱放到他所选择的项目上去，替他赚钱获得非工资收入。在《富爸爸穷爸爸》一书中对于非工资收入的定义有四项：利息、股利、房租收入和企业收入（股东分红）。以赚取非工资收入为目的，投资者应当选择市场接受度高且财务指标优秀的项目，否则不可能会有持续的现金流产生。只有具有持续稳定的非工资收入并且非工资收入大于总支出的投资者才是真正成功的投资者。①

对于罗伯特现金流象限理论，我们也可以通过区分主动收入（Active Income）和被动收入（Passive Income），来获取更进一步的了解。

主动收入主要指你的劳动报酬。例如，你可以在公司上班、为别人做经纪人或自己做生意，通过获取薪水、佣金、奖金、利润等方式赚钱，这部分收入的获得是因为你付出了劳动。被动收入在我国也称为“财产性收入”，是指你的投资活动所带来的收益，即出让财产使用权所获得的利息、租金、专利收入；财产营运所获得的红利收入、财产增值收益等。例如，

① ［美］罗伯特 · T. 清崎（Robert T. Kiyosaki）和莎伦 · L. 莱希特（Sharon L. Lechter）著、萧明译：《富爸爸财务自由之路：神奇的现金流象限》（Rich Dad's Cashflow Quadrant: Rich Dad's Guide to Financial Freedom），南海出版社 2008 年版。

银行存款、投资债券所获得的利息收入；投资股票所获得的股息、股票买卖差价收入；股权投资的分红收入；房屋等不动产、汽车等动产出租带来的租金收入；收藏品的增值收入等等。

主动收入和被动收入有两个最大的不同点：其一，主动收入取决于你劳动的数量和质量，所谓多劳多得，说的就是这样的意思。比如你在麦当劳打短工，做几个小时有几个小时的工资，不做就没有工资。被动收入不取决于你劳动的数量和质量，甚至与你劳动或不劳动没有关系。比如你出租一套房子，你劳动或不劳动租房子的人都要向你支付租金。人们之所以喜欢被动收入，是因为当你停止工作时，你的被动收入仍然没有减少，它使你有了更多可自由支配的时间。由此可见，主动收入和被动收入的比例关系决定了人的自由度。其二，主动收入与你的身体健康状况、劳动技能有关，而被动收入与你的身体健康状况、劳动技能无关，被动收入只与你的财富积累规模及理财技能有关。所谓穷人，由于没有先期积累的财富，又欠缺借贷能力，因此被动收入很少或为零，他们的基本特征就是依靠出卖苦力获取收入，由此拉开了与富人的差距。

2012年5月19日《深圳商报》转引BWCHINESE中文网的一篇文章称，“美国富人理财喜欢玩钱生钱”，这从一个侧面佐证罗伯特的研究结论。

文章说，如果观察美国富人的投资组合，就可以发现美国人致富的基本规律就是以钱赚钱。根据统计数据，美国家庭净资产100万美元的人群，他们所拥有的可投资性资产占全部资产的比例超过6成，而且拥有越多家庭净资产的人群，可投资性资产所占全部资产的比例越高。在家庭净资产100万至500万美元的人群中，他们拥有的可投资性资产占全部资产的62%。在家庭净资产500万至2500万美元的人群中，他们拥有的可投资性资产占全部资产的68%。在家庭净资产2500万美元以上的人群中，他们拥有的可投资性资产占全部资产的69%。文章得出的结论是，资本市场是一场玩钱的游戏，谁能够在股票、证券、债券市场上投入更多的钱，谁发财的机会就越大，赚的钱也会越多。

文章分析道，美国这几年房市暴跌，至今还没有恢复元气，似乎投资房地产赚钱越来越难。不过从长远的角度看，投资房地产依然是成为百万富翁的一个途径。如果观察美国富人投资房地产的特点可以发现，除了自用住宅外，富人更注重在商业性房地产上投资。根据统计，在净资产 100 万至 500 万美元的人群中，有 12% 的人拥有出租类的住宅，其平均价值为 326000 美元。4% 的人拥有商业性出租房地产，平均价值为 394000 美元。9% 的人有其他项目的房地产投资，平均价值为 177000 美元。12% 的人拥有未开发土地的投资，平均价值为 239000 美元。但在净资产 500 万至 2500 万美元的人群中，投资商业性房地产的人数比例大大提升。根据统计，在这类人群中，有 20% 的人拥有出租类的住宅，平均价值为 744000 美元。13% 的人拥有商业性出租房地产，平均价值为 980000 美元。15% 的人有其他项目的房地产投资，平均价值为 412000 美元。20% 的人拥有未开发土地的投资，平均价值为 346000 美元。从以上两类家庭净资产人群在商业房地产上的投资趋势可以看出，拥有净资产越多，在商业房地产上的投资也就会水涨船高，而这两类人群在商业房地产上的投资还偏好在出租类住宅和未开发土地上的投资。

为什么富人在美国房地产不景气之时投资商业性房地产的人数会上升？这主要是他们在投资这类房地产时不是寄望于短期致富，而是放长线钓大鱼。同时，投资商业性房地产等于是为增加收入打开了一扇门。更关键的是，这些富人拥有众多的商业房地产，主要是将这些能带来收入的固定资产传给子孙后代，让子孙们可以坐吃山不空。①

罗伯特的“现金流象限图”给人的直观印象是：左侧象限的 E、S 处于劣势，在创富能力上属于“下里巴人”，而右侧象限的 B、I 处于优势，在创富能力上是“阳春白雪”。但如果仔细考察美国富豪的职业特征，也不尽然。

---

① 佚名：“美国富人如何理财?”2012 年 5 月 16 日，BWCHINESE 中文网 http://www.bwchinese.com/article/1028431_3.html。

上海世纪出版集团旗下有一本《理财周刊》杂志，特约记者乔磊在杂志上发表了一系列介绍美国财富管理方面情况的文章，使国内读者大开眼界。比如，2012 年第 6 期的《美国哪些职业生产富翁》，2012 年第 15 期《美国富人如何配置资产》（2012 年 5 月 19 日《深圳商报》转引 BWCHINESE 中文网题为“美国富人理财喜欢玩钱生钱”的文章即为该文节录），2013 年第 3 期《美国富人热衷投资哪些行业》等。其中《美国哪些职业生产富翁》一文，即可供我们考察美国富人的职业特点。

美国对民众收入和财富的统计大多以家庭为单位。根据美国国税局的家庭报税记录，2009 年美国收入最高的 1% 家庭（平均年收入为 150 万美元）共有 140 万户。在人们的印象中，美国收入最高的 1% 人群非“华尔街肥猫”莫属，但相反，在美国行行出状元，哪一个行业都有可能产生顶级富人。

按照学者对 1979 年至 2005 年美国收入最高 1% 人群的数据分析，管理职位是产生富人最多的职位，企业高管（老板或 B－企业主）最容易赚大钱，美国收入最高 1% 人群中有 31% 的人是企业老板。当公司大老板不容易，企业赚大钱自己才有生存的空间，不过回报率也很高。如果管不了人，没能力替公司赚钱，那也不用担心，只要自己有专长，照样可以混进美国 1% 高收入人群的行列。在这方面，做医生就得天独厚了。美国收入最高 1% 人群中有 15.7% 的人是医生（S－自由职业者或自雇者），比例不低。金融管理行业的富人（I－投资人）在美国收入最高 1% 人群中所占比例只能屈居第 3 位，比例为 13.9%，低于企业高管和医生。企业高管、医生和金融管理这三种职业中的精英构成了美国收入最高 1% 人群的主体，人数约占收入最高 1% 人群的 61%。

会计师和审计师是美国最热门的职业之一，在近 50 万这类专业人才中，进入收入最高 1% 家庭行列的人数比例为 4.3%，律师所占比例为 3%。医生、会计师、审计师、律师都是美国人最喜欢的职业，但他们都在“现金流象限”的“S－自由职业者”象限中。科学技术是一个充满激情和幻想的领域，但在这一领域要想成为顶级富翁并不容易——美国收入最高 1% 人群中计算机、数学、工程行业任职者仅占 4.6%。此外，美国收人最高1%人群中竟然有4.6%人是蓝领工人，传说中妙曼无比的“职业经理人”——企业经理也仅占1%最富有人群的4.6%——仅比继承遗产而坐享其成的“富二代”（占4.3%）和产品销售人员（占4.2%）略高一点。[①] 蓝领工人和企业经理同处现金流象限左侧的“E－雇员”象限中。

在中国，财富统计一直是比较落后的领域，特别欠缺以家庭为单位的统计数据，非官方发表的数据以个人财富统计为主。“胡润富豪榜”由英国小伙儿胡润于1999年创立的，是中国推出第一份财富排行榜，也是现在国内财经榜单里影响最大的一个榜单。在这份榜单里，是清一色的“B－企业主”，人们只能观察中国富豪的行业分布特点，而无法辨别富豪的职业特征。

据《上海商报》2012年5月11日报道，5月10日，胡润研究院与第三方财富管理机构——高傅财富联合发布了《高傅2012胡润上海财富白皮书》。《白皮书》显示，2011年上海地区个人资产在600万元以上的高净值人群达到37万人。按照上海地区现有人口2300万计算，全市每65个人中就有1个拥有100万美金，每165个人中有1个是千万富豪，每3000个人中有1个是亿万富豪。据估算，上海地区千万富豪人数达到14万人，而亿万富豪近8000人。

数据显示，上海亿万富豪主要分为3类：“企业主”、“炒房者”和“职业股民”。“企业主”的比例占总人数的75%。企业占其所有资产的75%；拥有价值1500万元以上的自住房产，占总财富的15%；拥有200万元以上价值的汽车，现金及其他投资占其所有财产的8%。“炒房者”的比重占15%。房产投资占他们总投资的65%左右；自住房产价值占比20%左右，现金及其他资产占比15%。“职业股民”的比重为10%。可投资资产占其所有资产的将近80%，包括股票、现金和其他投资；此外还拥有2000万元以上价值的房产。“炒房者”和“职业股民”均属现金流象限中“I－投资者”象限。

① 乔磊：“美国哪些职业盛产富翁”，《理财周刊》，2012年第6期。

从职业特点看，千万富豪主要分为 4 种类型，除了和亿万富豪相同的 3 类人群外，还增加了“金领”人群。企业主占到了千万富豪的 50%。企业资产占到其所拥有资产的 75%，他们拥有价值 200 万元以上的住房，价值 20 万元以上的车以及价值 30 万元以上的可投资资产（包括现金及部分有价证券等)。“炒房者”人群占 15%。投资性房产占其所有资产的 90%。基本从十年前就开始炒房。“职业股民”占 20%。在他们的财富中，现金及股票等可投资资产占到他们总财富的 40%，另外他们的自主房产及投资房产占到总财富的 55%，他们拥有价值 50 万元以上的汽车。

上海金领的比例高于全国。上榜的“金领”包括大型企业集团、跨国公司的高层管理人员，他们拥有高额的年薪及年终公司分红，是打工一族中的高收入人群，这部分人在千万富豪中占到了 15%。他们拥有价值 500 万元以上的自住房并多数拥有第二套房产，房产资产占到他们总资产的 75% 左右，另外他们的可投资资产（现金、股票等）较多，平均占总财富的 20%，并拥有价值 50 万元以上的汽车。①

美国和上海两份资料相比较，我们看到了比较明显的差别。其一，尽管美国收入最高 1% 人群中有 31% 是企业老板，但上海的比例则高达 50% ~75%，所创办企业登陆资本市场是企业老板“一夜暴富”的不二法门；其二，在美国靠投资暴富的人其实并不多，比例仅为 13.9%，在上海则高达 25% ~35%，投机气氛相对浓郁；其三，在美国，房地产和房地产保险经纪人有 3.1% 的人进入了收入最高 1% 家庭之列，上海则有 15% 的富翁是“炒房者”——仅凭这一点你就知道了国家近年来为什么大张旗鼓地打压房价；其四，在美国，医生、会计师、审计师、律师等自由职业者靠个人技能即可挤进 1% 的金字塔尖儿，而在中国这几乎是“不可能事件”。此外，在中国蓝领工人恐怕无论如何也进不了财富的金字塔尖儿。这在大声疾呼收入分配改革的中国，难道不发人深省吗？

---

① 佚名：“上海千万富翁达 14 万　多为炒房者职业股民和金领”，《上海商报》，2012 年 5 月 11 日。

我的收入主要来自于哪一个象限？这是每一个了解了现金流象限理论的人首先要问自己的一个问题。在得到确定的回答之后，接下来的一个问题是：我为什么属于这一象限？罗伯特的答案是：不同的挣钱方法源于不同的思维模式、不同的技术技能、不同的教育背景，以及不同的性格类型。由于以上这些差别，不同的人被吸引到不同的象限中。①

选择在E象限内工作的人，通常遵循线性思维的模式，习惯于服从和执行，喜欢循规蹈矩、随遇而安，不喜欢标新立异、另辟蹊径，大多数人厌恶风险，缺乏独立谋生的技能，一般有良好的教育背景。所谓“良好的教育背景”是一柄双刃剑，一方面使你的学习能力、适应能力超强，另一方面抹杀了你的创造能力。

选择在S象限工作的人，独立性较强，喜欢尝试新鲜事物，通常善于吃苦、比较勤奋，有些人具有很高的专业素养和独特的技能，比如医生、律师、会计师、审计师、厨师等。这一部分人不一定需要具备良好的教育背景，但对职业技能要求较高，他们多属于风险厌恶型投资者，对风险天生敏感。从性格特征来看，这部分人可能个性突出，不大擅长同别人合作。

选择在B象限工作的人，思维模式通常是发散型的，视野开阔，思维活跃，创新能力超强，技术与学问并不一定是一流的，但领导欲、控制欲、组织领导能力一定是一流的，个性张扬。这一部分人中大多数喜欢挑战自我的极限，喜欢冒风险，具有远大的理想和抱负。选择在B象限工作的人不一定有很高的学历，但必须有聪明的头脑。

关于学历和成功的关系有一段趣儿话，读来让人忍俊不禁。

美国甲骨文（Oracle）公司总裁拉里·埃里森（Larry Ellison）在给耶鲁大学（Yale University）2000届毕业生作演讲时，由于他出言不逊，最后被耶鲁大学保安请下讲台。埃里森说：说实话，今天我站在这里，并没

① ［美］罗伯特·T. 清崎（Robert T. Kiyosaki）和莎伦·L. 莱希特（Sharon L. Lechter）著、萧明译：《富爸爸财务自由之路：神奇的现金流象限》（Rich Dad's Cashflow Quadrant：Rich Dad's Guide to Financial Freedom），南海出版社2008年版，第一章“为什么不找一份工作?”。

有看到一千个毕业生的灿烂未来。我没有看到一千个行业的一千名卓越领导者，我只看到了一千个失败者。你们感到沮丧，这是可以理解的。为什么，我，埃里森，一个退学生，竟然在美国最具声望的学府里这样厚颜地散布异端？我来告诉你原因。因为，我，埃里森，这个行星上第 2 富有的人，是个退学生，而你不是。因为比尔·盖茨，这个行星上最富有的人——就目前而言——是个退学生，而你不是。因为艾伦，这个行星上第 3 富有的人，也退了学，而你没有。再来一点证据吧，因为戴尔，这个行星上第 9 富有的人——他的排位还在不断上升，也是个退学生。而你，不是。

你们非常沮丧，这是可以理解的。你们将来需要这些有用的工作习惯。你将来需要这种“治疗”。你需要它们，因为你没辍学，所以你永远不会成为世界上最富有的人。哦，当然，你可以，也许，以你的方式进步到第 10 位，第 11 位，就像史蒂夫（指美国苹果公司创始人史蒂夫·乔布斯（Steve Paul Jobs）——作者注）。不过，我没有告诉你他在为谁工作，是吧？根据记载，他是研究生时辍的学，开化得稍晚了些……。①

由于埃里森在大学里公开宣扬“读书无用论”，被学校保安客气地“请”下了讲坛。

埃里森由于过于偏激，遭致尴尬结局。但埃里森所揭示的现象也确实令人深思。不仅是埃里森所举的美国企业大亨有学历方面的“前科”，华人首富李嘉诚虽然捐资办大学，但好像他本人也只有小学文凭。此外还有杭州师范毕业的阿里巴巴的马云、连考 3 年才考中北大的新东方教育集团主席俞敏洪，都成为业界揶揄的对象。但偏偏是这些人成就了庞大的企业帝国，这种现象不能不令人深思——我们的教育体制到底出了什么问题？

应该说明的是，私营企业（S）和公众公司（B）其实也没有一条不可逾越的鸿沟。许多大型企业也是由幼小的私营企业发展壮大而成的。创

① 天圻：“甲骨文总裁：成功不在于学历的高低——甲骨文总裁拉里埃里森在耶鲁大学的演讲”，2008 年 1 月 2 日，网易博客 http：//blog. 163. com/ww678_tq11/blog/static/1407409842008027130865/。

业初期是条“虫”，长大以后是条“龙”。创业实际就是由“丑小鸭”向“白天鹅”演化的过程。创业是本书所推荐的“向财务自由出发”的主要途径，它给我们展示出了无比辉煌的前景。

选择在I象限工作的有两类人：一类是专业投资经纪人，他们代别人投资，以投资为职业。第二类人为自己投资，这一类人更接近于现金流象限所定义的I象限。在现金流象限中，I象限与其说是一种职业，不如说是一种收入来源更确切。在现实生活中，什么都不干，专司为自己投资，这种人少之又少。一般而言，投资是前3类人群的“第二产业”——将净资产的一部分用于财务投资。

财务或金融投资是一个“技术活”，无论你是E还是S或者是B，由于你不是投资专家，所以这种活一般应交由专业人士来打理。富人投资的一个特点就是聘用专业的投资经纪人来管理投资，而且，财富越多聘用专业投资经纪人来管理投资的比重越大。

在美国，在净资产100万至500万美元人群中，专业管理账户占可投资资产的比例为18%，仅比共同基金在可投资资产中所占比例少一个百分点。而在净资产500万至2500万美元人群中，专业管理账户占可投资资产比例高达24%，比共同基金占可投资资产的比例高出9个百分点。即使在净资产2500万美元以上的人群中，专业管理账户占可投资资产的比例也为20%，比共同基金占可投资资产比例高出6个百分点。净资产500万至2500万美元人群的中位年龄在所有富人中是最高的，这些人比其他富豪更依赖专业投资人士来管理金融资产。①

对于“向财务自由出发”的浩浩荡荡的大军而言，我们的问题是没有多少“闲钱”用于财务或金融投资，所以，尽管金融投资是实现财务自由的主要路径，但我们现在无法靠走这条路线致富。我们需要的是“原始资本”的积累。所以呢，我们首先需要把E、S和B的事情搞搞清楚，也就是说：这里是我们的起点。

---

① 乔磊：美国富人如何配置资产，《理财周刊》，2012年第15期。

第9章

做“打工皇帝”胜算几何

你们的时间都有限，所以不要按照别人的意愿去活，这是浪费时间。不要囿于成见，那是在按照别人设想的结果而活。不要让别人观点的聒噪声淹没自己的心声。最主要的是，要有勇气跟着自己感觉和直觉走。

——苹果公司创始人史蒂夫·乔布斯（Steve Jobs）
2005年6月12日在斯坦福大学毕业典礼上的演讲

在大学当老师多年，每年都会有即将考研的学生咨询我：报考什么专业更好。我的回答千篇一律：这要看你将来准备从事什么职业。每个人心目中都有自己最理想的职业和职位，热爱是最好的老师——为什么不把选专业和自己的理想联系在一起呢？其实不仅是选专业，还包括选导师、选课程、选阅读的书籍、选观赏的影片、选实习单位及毕业论文选题。多个点成为一条线，多条线形成一个平面，多个平面就成为一个立体物件儿，这个物件儿就离你的理想不远了。

有一种说法是骗人的：机会面前人人平等。其实机会并不一视同仁——“机会偏爱有准备的头脑”。2012 年浙江卫视的“中国好声音”着实“火”了一把，推出了一批实力派歌手，其中一些歌手的出场费直逼一线大牌，但并非人人都有“扬名立腕”的机会——一些歌手曾经在酒吧驻唱多年，其实早就成了“骨灰级”的歌手了。笔者有一个 2000 级研究生，对担保行业情有独钟，毕业前我把她送到一个担保公司实习了 3 个月，毕业论文也是写“中小企业担保”问题。但毕业后未能如愿到担保公司就业，而是到一家外企做总经理助理。2 年后，恰逢大连新成立的一家担保公司招聘业务主管，该同学顺利通过多轮笔试、面试，实现了多年梦寐以求的理想。如果没有读研期间深厚的积淀，这种事情是不可能发生的。

为自己将来的职业定位，有一个固定的词汇叫做职业生涯规划（career planning）或职业生涯设计。它是指在对一个人职业生涯的主客观条件进行测定、分析、总结的基础上，对自己的兴趣、爱好、能力、特点进行综合分析与权衡，结合时代特点，根据自己的职业倾向，确定其最佳的职业奋斗目标，并为实现这一目标作出行之有效的安排。20 世纪 60 年代以前的人对这一概念都比较陌生，原因是原来大中专毕业生都是国家统一分配的，个人选择的余地并不大。大约从 1997 年起，各地区开始实行大中专毕业生自主择业的就业制度，从此才有了“职业生涯规划”这一说。

作为人力资源管理学科的一个分支，职业生涯规划也有一些概念和理论作支撑。但笔者认为，做职业生涯规划最重要的是应遵循以下几个原则：

其一，具体性原则。所谓具体性，是指对未来所选的职业应有清晰、具体的“岗位描述”。比如，有的毕业生向往的职业是老师，这就要明确是幼儿教师、小学教师、中学教师还是大学教师，因为不同层次的学校对教师的要求不同。比如，笔者所在的是一所“211院校”，对新进教师的基本要求是“博士毕业+本科毕业于重点大学”，有的高校还要求“有1年以上海外留学经历”等，不符合这些条件，就不具备到这些学校当老师的资格。

有不少学生毕业去向的选择是“金融”行业。但你必须了解“金融”是一个很大的概念，包括银行业、证券业、保险业、信托业、担保业、融资租赁业等。因为各子行业的业务性质不同，所需要的专业知识、专业技能也不同，因此，在做职业生涯规划时越具体越好。

其二，客观性原则。选择未来职业最好能结合自己的兴趣、爱好，但也必须同时考虑自己的能力和特长，主观见之于客观，经过综合分析与权衡后作出抉择。有的人看到文体明星很风光，但当文体明星需要有先天的条件，如果先天不足趁早断了这个念想。有的人看大学老师很儒雅，但当大学老师要求有较强的科研和表达能力，等等。你的未来职业定位应当是经过努力可以达到的，好高骛远，伤害最深的是自己；妄自菲薄，受损失最大的依然是自己。

其三，持续性原则。所谓持续性原则，作者想表达的意思是：职业目标确定之后，要一点一滴地积累知识和经验，执着地向着这个目标前进，“不动摇、不懈怠、不折腾”，不断积累实现该目标的“资历”。俗话说：有志者事竟成。不要学童话“小猫钓鱼”中的小花猫，否则将一事无成。

其实，仅仅“有志”还不够，必须坚定不移地、脚踏实地地向着这个目标前进，“韧性”在实现目标的征程中起着非常关键的作用。“行百里者半九十”是西汉刘向《战国策·秦策五》中的一句话，意思是行百里路，走了九十里，也只是走了一半。引申的意思是说，干事情越接近完成时越艰难、越关键。很多人开始的时候总是雄心壮志，宏图远大，可是随着时间的进行，慢慢的就没有了动力，没有了毅力，没有了决心，最后以失败而告终。这句话直译的意思是：在百里的旅途中，有一半人会在途中放弃，——成功往往在“再坚持一下”的努力之中。

其四，权变性原则。所谓“权变”，就是所谓“相机抉择”，不在一棵树上吊死。讲究“权变”是不是有投机、变节的嫌疑？不是的。在前面的章节中，我们讨论过内因与外因的关系，内因是根据，外因是条件，内因通过外因而起作用。但外因有时也可以起到决定性的作用。你有一个详细的职业规划，你确立了职业目标，你为之付出了辛勤的汗水，但由于客观条件的限制，你的目标最终没有实现。怎么办？跳楼？上吊？没有那么严重吧？中国人说：车到山前必有路；西方人说：上帝在关闭一扇门的同时，一定会打开另一扇窗。在这种情况下就必须改变策略，修正目标。好在，当你的知识积淀达到“深厚”时，就会发现：从一个职位转到相近的另一个职位时，并没有想象的那么难。

我们一直在讨论“择业”问题，好像有点跑题了，实则不然。人们在选择职业的时候都要考虑哪些要素呢？除了兴趣、爱好、能力、特点之外，收入水平也是考量的一个因素。2012 年 5 月 29 日，国家统计局公布了 2011 年全国职工平均工资，其中城镇私营单位就业人员年平均工资为 24556 元，而非私营单位在岗职工年平均工资为 42452 元，私营企业收入远低于非私营企业。其中，非私营单位中金融业的平均工资最高，达 9 万元以上，最低的农、林、牧、渔业每年收入只有 2 万元左右，两者相差 4 倍多，其中非私营单位金融业的平均工资与私营单位的公共管理和社会组织相比，两者差距超 8 倍。2012 年，我国收入最高 10% 群体和收入最低 10% 群体的收入差距，从 1988 年的 7.3 倍已经上升到 23 倍，行业差距达到 8 倍，地域差距近 3 倍。

从具体行业看，非私营单位中，金融业，信息传输、计算机服务和软件业，科学研究、技术服务和地质勘查业和上年一样，再夺前 3 名，分别为 9.13 万元、7.06 万元、6.52 万元。后 3 名为农林牧渔业，住宿和餐饮业，水利、环境和公共设施管理业，分别为 2.04 万元、2.78 万元、3.07 万元。对私营单位在岗职工而言，收入绝对数明显偏低。年平均工资最高的是信息传输、计算机服务和软件业，科学研究、技术服务和地质勘查业，金融业，分别为3.55万元、3.13万元、2.86万元。年平均工资最低的3个行业分别是公共管理和社会组织11738元，农、林、牧、渔业19223元，居民服务和其他服务业20543元。

数据显示，我国工资水平的地区差距、行业差距、岗位差距仍然存在，有的表现还比较突出。在城镇非私营单位在岗职工中，对占全部就业人员40.5%的制造业和建筑业在岗职工而言，其年平均工资不仅远远低于金融业的91364元，也比平均工资水平分别低5958元、9795元。对私营单位就业人员而言，其年平均工资更低，仅为城镇非私营单位在岗职工平均工资水平的57.8%。[①]俗话说：男怕入错行，女怕嫁错郎。行业间的收入差距是职业生涯规划中不得不考虑的一个因素。

在选择未来所从事的行业时，行业的发展前景也是必须考虑的一个因素。应尽量避免进入受经济周期影响比较明显的行业，尽量选择在可见的未来有发展潜力、受经济周期影响较小的行业，比如新技术、新材料、新能源产业，IT、电讯、传媒产业，节能环保产业，食品、医药、卫生产业，金融产业，教育产业等。从企业所有制类型来看，大学毕业生最好先进入外资企业或上市公司历练5年左右的时间，这是因为外资企业或上市公司管理相对规范，在这里取得的经验，可能对你的整个职业生涯产生积极的影响。

行业内部，企业高管薪酬与普通职工收入差距扩大。2012年11月，人社部劳动工资研究所发布的《2011年中国薪酬发展报告》中披露，2007年平安保险总经理年薪为6616万元，是当年全国企业在岗职工平均工资的2751倍，相当于农民工平均工资的4553倍。该报告还披露，上市公司高管年薪平均值由2005年的29.1万元增加到2010年的66.8万元，5年内年薪平均值上涨了37.7万元，而员工工资涨幅不大，10年内只上涨了3万

① 佚名：“行业间收入差距超8倍 机关单位养老金高出3倍”，《信息时报》，2012年11月7日。

元。全国总工会2010年的一项调查显示，两成职工5年间从未涨过工资，208家国企高管与一线职工的收入相差近18倍，这一差距在1979年时仅为1.18倍，收入差距已明显拉大。①

其实不管什么类型的企业，员工的薪酬无一例外是“金字塔”型结构，职位、级别越高，收入水平越高，人数越少。从普通员工到公司老总，约有6~12个级别，每个级别还划分有9个左右的层级，不仅职务晋升可以加薪，层级变动也可以加薪。这套薪酬制度像一条“九曲十八弯”的盘山路，将员工牢牢地拴在企业“战车”上，你要领略山顶的风光，就必须心甘情愿地为企业卖命。

“打工皇帝”有没有？有。平安保险老总马明哲的天价年薪为6616万元，是当年全国企业在岗职工平均工资的2751倍，相当于农民工平均工资的4553倍，一个普通大学教授的年薪约为10万元，马明哲一年的薪酬相当于普通教授600多年的工资，不是“打工皇帝”是什么？横向比较，马明哲的薪酬并不是世界上最高的薪酬。据《纽约时报》报道，苹果CEO蒂姆·库克（Tim Cook）是2011年美国薪酬最高的CEO，包括工资、额外收入、奖金和一次性股票奖励在内，库克2011年的薪资达到3.78亿美元。② 这一数额是马明哲当年薪酬的36倍，相当于中国普通大学教授23814年的工资。但既然称为“皇帝”，人数就不能太多，也就是能爬上薪酬“金字塔”尖上的人数不可能多，多了不是“大臣”就是“太监”了。

在企业中员工晋升的顺序基本上是蓝领→白领→金领，金领是企业高管或高级技术官僚，晋升到这一步相当地不容易，而进一步发展则更不容易。从收入角度看，只有具备白领和金领身份，才有可能步入财务自由者的队伍。于是，如何迅速晋升就成为了企业从业者每天都“纠结”的问题。

---

① 范建鏴：“社科院专家：当前各群体间收入差距已明显拉大”，《经济参考报》，2012年11月9日。

② 维金：“苹果CEO去年薪酬接近4亿美元 位列全美第一”，2012年4月9日，新浪科技 http://tech.sina.com.cn/it/2012-04-09/07596927436.shtml。

在职位和级别上迅速蹿升——“各村的地道都有许多高招”。有的靠送礼，有的靠色诱，这些都是“非常规手段”——一般情况下不靠谱。常规手段就是素质过硬，能力超群，技术精湛，业绩突出。

素质好像看不见摸不着，但却可以体现在你工作、生活、学习的各个方面。小王和小张是大学同班同学，学的是营销专业，两人关系要好，毕业后应聘到同一家企业从事营销业务。1年试用期满后，小王调任区域营销主管，小张转正后职级却没有任何变动。小张心里不是滋味儿，就找到营销总监想“理论理论”。总监听明白了小张的来意，对小张说：你的想法我知道了，但我现在没时间回答你。刚好码头上来了一艘货船，你去了解一下情况，回头再说。

小张到码头上转了一圈儿，简单问了问码头工人船上装的货物的情况，就赶回公司向总监交差，三五句话就把情况说清了。正在这时，同学小王也来找总监汇报货船的情况。小王谈得很细：货物名称、代码、质量、数量、等级、包装、进价、市场售价、用户、运输方式、储存方式、公司应采取的营销策略等，小王侃侃而谈，有理有据，丝丝入扣，资料、数据一应在手，小张简直听呆了。总监笑眯眯地看着小张，小张涨红了脸，从此再也不提这档子事了。1年后，由于业绩突出，小张也坐上了地区营销主管的位置，而小王则已升任大区营销主管了。

小张和小王的差距究竟在哪呢？说穿了就是责任心的差距，职业素养的差距，或者说是素质的差距。有的年轻人拈轻怕重，出工不出力，干点本职工作以外的事情就叫屈，这样的工作态度领导喜欢才是怪事呢！其实我们应当把工作当成锻炼自己的机会，无论在什么岗位，做一行，爱一行，干好一行。跳槽时不是老板炒你，而是你炒老板。

素质和能力有没有必然联系？一般而言，素质高的人能力较强，但也不尽然。素质与受教育水平有关，与世界观、价值观、哲学素养有关，但停留在理论层面。能力与经验有关，由后天培养锻炼而成。维维毕业于国内某高校土木工程专业，刚毕业应聘到某房地产公司北京分公司做客服工作。客服是房地产企业最底端的工作，要做的就是陪笑脸接待客户，客户会把对开发商、建筑商的不满一股脑发泄到客服身上。房子是一种比较复杂的产品，设计结构、框架、水电、煤气、材料、建筑、下水、朝向、功能等多项技术指标，虽然是“科班”出身，维维依然是一头雾水。为了迅速由外行变成内行，维维准备了一个专门的本子，把客户提出的问题记在本子上，认真调研分析，划清责任，并及时反馈给有关部门。在最短的时间内，维维成为了一个称职的客服人员。

有一个客户预订了一套上千万元的住宅，验房时他对客服百般责难，其中有的意见是合理的，有的是不合理的，有的是由于不了解情况的误判。由于客户态度恶劣，客服主管也束手无措。维维接手这个客户后，首先代表公司向客户道歉，然后针对客户提出的问题一一作出了详细的说明，客户被维维的诚恳态度和专业精神所折服，两个人不仅成了朋友，客户又介绍其他客户来买房子。那一年，新入职的员工近20人，在年终新员工恳谈会上，不少新员工抱怨工资低、福利差、客户难缠、客服工作不好做，维维却系统地总结了做客服工作的经验和教训，并针对住宅建筑开发的许多技术细节问题提出了中肯的改进建议。公司高层注意到了这个曾任学生干部的苗子，1年后，维维直调总公司项目拓展部任职，维维在给妈妈的电话中说自己“有一步登天的感觉”。

俗话说：术业有专攻，行行出状元。一件很普通的工作，有的人做得平平淡淡，有的人做得风生水起。2013年1月8日《齐鲁晚报》报道，2013年新年伊始，济南楼市传出爆炸性新闻，海尔绿城全运村一位妈妈级置业顾问，2012年一年卖楼卖出6.95亿元，成为绿城集团全国销售冠军，一次性获税后奖金500万元，这一奖金额堪比2012年国家最高科学技术奖奖金。济南地产业内人士称，这在济南楼市的历史上也绝无仅有。

获奖者王亚伟是济南海尔绿城全运村项目一名置业顾问，据介绍，王亚伟在2012年度创造了6.95亿元的销售额，成为绿城集团年度全国销售冠军。有知情人士在微博上透露：“有人要来买一层楼，她却卖给人家一栋楼。”

据了解，王亚伟休完产假后，在2012年3月份重新上班，在她总额6.95亿元的总销售额中，一整栋写字楼为她成为集团销售冠军奠定了基础，这一整栋写字楼销售额就超过了4个亿，占王亚伟总销售额2/3。据济南房地产业内人士介绍，目前济南楼市中，一线置业顾问的收入构成是底薪+提成，其中底薪大致在1000元到2000元间，销售提成是销售额的2‰~5‰。济南房地产一位销售负责人以羡慕的语气称，“这个数字（500万元）相当于一线销售人员30年甚至更长的收入，一次性获得如此之高的奖金，在济南房地产史上绝无仅有。”①报道中虽然未提及王亚伟是如何创造销售奇迹的，但世界上没有随随便便成功这码事儿，王亚伟也必定有艰辛经历和营销的“独门功夫”。

每个企业都有一个核心团队，人们将这个团队戏称为“白骨精”（白领、骨干、精英）。“白骨精”中除了担任中高层领导职务的员工之外，还包括核心技术骨干。这些人可能领导能力不强，个性张扬不受领导“待见”，但由于在技术上无人能出其右，所以在公司内部也很强势，薪酬待遇不菲。有的人不适合当领导，走“技术权威”路线也是一个不错的选择。

20世纪90年代初，我国第一家期货交易所——深圳有色金属交易所正式成立。交易所成立后，所里分来一个名牌大学数学系的毕业生小A，小A身材瘦小，其貌不扬，干啥啥不会，各部门都不愿意要他，只能在公司打杂。恰在这时候，证监会分配给该所一个赴美国芝加哥期货交易所进修的名额，进修内容是金融衍生品开发。当时，没有几个人知道金融衍生品为何物，更没有人愿意去进修衍生品开发，于是，这项工作就落在了小A这个“闲人”身上了。几年后，金融衍生品传入国内，各大金融机构跃跃欲试，但苦于缺少专业人才。小A恰在此时学成回国，成了远近闻名的

---

①　张璐：“售楼顾问1年成交额近7亿元 获年终奖500万元”，《齐鲁晚报》，2013年1月8日。

“香饽饽”。原公司开出的年薪价码是50万元，这在当时的国内可以说是天价，但有的公司开出的价码是年薪百万。好在小A有良心，愿意“哪来回哪去”，深圳金交所采留住了这枚宝贝。

可能是生活圈子的缘故吧，我同学、同事、朋友的小孩儿，有好几个在技术公司、网络公司搞研发，年薪都在30万元左右，谈起这些事儿，往往令我这个大学教授汗颜。

虽然有许多奥巴马式的励志故事，但工薪阶层仅靠工资收入实现财务自由还是相当难的。以北京为例，要想在3环内买一套100平米的住房，至少需要500万元，假设你1年赚30万，不吃不喝也得攒17年，但不吃不喝能做到吗？2012年岁尾和2013年年初，网上流传着一个“丈母娘择婿10条标准”的帖子，这10条标准是：一套100平方米以上的房屋；一辆20万元以上的轿车；10万元以上的女方名下存款；生育期间雇保姆；婚礼要盛大；婴儿奶粉要进口；工资奖金要上交；逢年过节要回娘家过；每年至少一次旅游；对老婆忠诚、服从。不少未婚男网友吐槽[①]，照这个标准我什么时候能搞成对象呀！[②]目前一线城市新入职员工月薪约4000~5000元，二线城市3000~4000元，三线城市约2000~3000元。可见，仅靠工资收入实现财务自由有点悬。

工资收入无法满足追求财务自由的愿望，又没有做企业主的天资和条件，更没有余钱用于金融投资，该怎样踏上向财务自由出发的漫漫征途呢？专家给出的答案是：8小时以外赚外快。

2011年，美国加州第4大财富管理公司——太平洋财富管理顾问公司（Pacific Wealth Advisors）的创始人罗伯·帕格利瑞尼在其名为《下班后的黄金8小时》（The Other 8 Hours: Maximize Your Free Time to Create New Wealth & Purpose）的新书中提出了“一日之计始于下班之后”的观点。

① 吐槽，网络用语，据说有许多解释，这里采用的是抱怨、发泄、诉苦的意思。

② 佚名：“2013年丈母娘择婿更苛刻：房子最少100平方米”，《春城晚报》，2013年1月15日。

在这位资深的执业规划顾问眼中，人们的家庭、人际关系、身体健康、个人成长以及财务稳健状况，主要都是靠下班后的时间进行维系的。他鼓励人们在保有白天工作、不影响现有正职的前提下，把兴趣和理想“货币化”，在下班后的另一个8小时中通过兼职创业提升自己的幸福感与净财富。

从实践来看，向8小时以外要财富，也不失为工薪阶层实现财务自由目标的可行路径。杨光，28岁，现任沈阳一美容机构的营销部主任，同时自己开创的博客月销售额20余万元。用他自己的话说，起初建博客纯属是为了兴趣，就是一个玩，没想到玩出了一条创业道路。起初杨光每天没事的时候就写写日志，并把高端电脑的使用技巧、保养等服务知识写在博客里，与大家交流讨论。后来，还增添了电子杂志，定期群发到网友信箱里。这些新花样出乎意料很受欢迎，使得他的粉丝越来越多，也使得他的微博开始小有名气。

建立博客5个多月后，广州一款专门做设计的高端显示器厂家通过博客找到杨光，希望通过博客推广这款高端显示器。当时，杨光、杨光所在公司、广州显示器厂家达成了3方协议，由杨光的博客负责推广，并在他公司的店面里设立一个柜台，按照销售比例返点。那时，很多顾客一进店就找杨光，新款显示器一个月卖出七八十台，赚了六七千元，这让他第一次尝到网络营销的甜头。杨光意识到，网络是未来的发展趋势，于是他辞职来到沈阳一家网站，当起网络活动策划师。

2009年，杨光创建了影视动画制作工厂的博客，专门做企业宣传片、广告片等，也与电视台合作。说白了，博客就是一个宣传平台，企业和个人通过博客找到他，他再利用幕后团队来制作广告片，从中营利。“第一个月有20万元的销售额，纯利润30%左右，都吓自己一跳！”杨光说，顾客里有原来积累的粉丝、网友，还有在网络中搜索出来的陌生顾客，连续几个月销售额都在5~22万元左右。当然，这些东西都没有表面上看的那么简单，杨光也有自己的生意经，他用另一种眼光来看待企业需求，所以拍摄的不是产品，而是一件工艺品，在美中传递企业的信息。而且还根据企业初衷和目的，免费出谋划策，再拍摄一个预选备案，以备客户挑选。杨光说，“我的目标是月销售额100万元，说难是难比登天，说容易也是有信心能做到，不管能否实现，都是我的奋斗目标。”①

《理财周刊》2012年第34期曾以“下班创业忙”为主题组织了一期“封面文章”，文章介绍了丁楠等“业余创业者”的创业故事。

2000年，大学毕业的丁楠进入一家地产公司的市场部就职。由于公司地处上海徐汇区，而家住闸北区的丁楠就不得不为工作每天奔波近4个小时，但收入仅仅只够维持基本生活。经过几番了解比较后，丁楠决定尝试开一家门槛较低，自己也有余力经营的网店。初步明确创业方向后，她开始为自己的网店寻找合适的商品。说来也巧，由于丁楠从小身体较为虚弱，尝试过很多中西药的调理，平日对营养方面关注得也比较多，而丁楠的朋友刚向她推荐了一家美国的保健品牌。丁楠在亲身体验了一段时间后觉得效果不错，就产生了通过网店推广这个健康品牌的念头。丁楠为了更好地完成从消费者到代理经销商的角色转化，她花了几个月的时间在网络上大量统计调研了这家美国保健品公司历来的口碑和资质，并专程前往这个品牌位于上海的发货处及位于苏州工业园区的工厂进行实地考察，几经思考确认后，丁楠于2001年年底于国际买家较多的易趣（Ebay）开出了自己的第一家网店。

在把自己的小店打造得初具雏形后，已然将整个营养品网络销售流程烂熟于心的丁楠发现自己渐渐有了更多的“空闲”，于是“不安现状”的她又通过创业论坛、B2B电子商务网站以及线下考察的方式扩充了自己的兼职经营范围，与朋友陆续在易趣、淘宝上开设了另4家分别主营MP3、家居用品、化妆品以及服装饰品的小店，每月的营业额也从最初的数千元增长到5万元以上。经过几年持续不断的细致服务，丁楠不仅让老顾客成

① 杨晓明：“沈阳28岁白领小伙玩博客 月入20万吓自己一跳”，《华商晨报》，2011年12月28日。

为了自己的“死忠”，许多熟客的好朋友也在这口口相传之下，成为了丁楠客户群里的“生力军”。而这些用心打磨出的好口碑、好业绩也帮助丁楠逐步从一个普通的代理成长为这家全球知名保健品公司在上海少数几个年营业额达到上千万元的特级经销商之一。

2010年，丁楠与几位同样是利用业余时间开始自己创业之路的朋友一起筹备了“下班后创业俱乐部”，并于2012年年中收购了一家“C - STORE”超市作为俱乐部会员免费体验实践的创业基地。“我们做这些事的初衷就是为那些想开始或已经开始白手起家、兼职创业的伙伴们提供一个下班后的交流平台，帮助他们以及我们自己在拓展人脉的同时学习、研究更多的创业技能，与事业一起更快地成长。”丁楠对记者说。

精致小巧的刻刀，苍劲雄浑的字帖，排列规整的铅笔与画架……，6名学员在两位老师的指导下分别沉浸在各自与篆刻或素描的对话之中。10多平方米的“金石墨趣会社”一室静谧，空间与艺术上“中西合璧”的动人风貌以一种有情、有致的方式被呈现出来，小小的斗室里充满着时光的古朴与艺术的醇厚。

“因为喜欢，所以关注；因为关注，所以想要做点事。”谈起自己的创业初衷，顾奋把自己的动力归结于对传统文化艺术长久以来的倾心。“我的父母都是老师，受到家学渊源的熏陶，小时候我有幸接触过一些书画名家。几番耳闻目染，就很自然地喜欢上了书法、篆刻、绘画。”而正是出于这份对传统艺术的浓厚的兴趣，顾奋先后完成了在上海工艺美术学院以及工艺美术设计专业的正统学习。大学毕业后，他进入一家工艺品制造公司开始了自己的职业生涯，工作至今，顾奋已是业内金属工艺礼品制造和研发领域的专家。

在拥有了一定的社会知名度与学员基础后，顾奋于2012年年初进一步扩大了自己的教学规模。除了自己教授书法与篆刻之外，顾奋还与其他两位志同道合的老师一起开设了国画与素描的零基础课程。与一般的社会培训机构不同，顾奋并没有将“金石墨趣会社”定位成一个培训班。他告诉记者：“我开设的并不是一个培训班，而是一个传授点。我们并不是在

‘培训’学员，而是把有限的经验和技艺倾囊传授给大家。”

顾奋始终保持着一种“先付出，后求报”的良好心态。“不论是公司管理也好，下班兼职创业也好，心态都很重要。敬业其实是很空洞的一句话，私人创业肯定会百分百地尽力打拼。在我看来，相比敬业，创业者更需要做到的是尽责，即不为起初的蝇头小利而焦躁急功。有时候，先付出才能有回报，我们要把目光放得长远一些。要知道，工作不一定是事业，有时候前者只是被动地养家糊口，但后者却是为自己喜欢的东西去奋斗。而创业者们需要做的，就是在创造经济利益的同时，好好享受成长的乐趣以及精神的富足。”顾奋总结道。

“下班创业忙”里讲的第3个故事，是大学老师张守辉兼职创业的故事。张老师在学校里教的是电子商务和网络营销。下了班，他就摇身变为网络营销公司的老总，同时也是各个相关协会、学院、俱乐部的培训师和顾问专家。平时，他在学校里讲授电子商务和网络营销的课程；出了学校，他创立的公司一边给各个企业做网络营销的外包业务，一边又到各处开设网络营销的讲座、培训课程。“像是什么总裁班、商会啊，还有沙龙等等，一来可以提高公司知名度，二来也是起到宣传和发掘客户的重要作用。”张守辉解释说，“再者，也能将理论与实际相结合，更好地兼顾学校和公司两方面。”

其实在大学——甚至在小学、初中、高中里，张守辉式的“兼职创收”的老师不在少数，许多老师兼职的收入远远超过本职的收入。一些品德有瑕疵的老师，把教学计划内的教学内容拿到培训班上去讲，引起学生和学生家长的强烈反感，这也许是教育部三令五申禁止在校老师办各类培训班的初衷吧！老师兼职讲课也有“重量级”和“轻量级”之分。据2012年6月13日《新闻晚报》报道，著名“媒体经济学家”香港中文大学郎咸平教授“走穴2小时报酬22万元，出场费3年涨10倍”。郎咸平以外的“走穴”教授也多得数不胜数，只不过他们的价码没有郎咸平高而已。

“下班后创业”——在当今社会已不再是个案。在北京、上海、广州等大型城市，越来越多的上班族在做好本职工作的基础上，利用8小时以外的个人时间开始了自己的兼职逐梦之旅。在他们眼中，兼职创业不仅仅是为了赚取更多的财富，它也是实践自我理想、丰富业余人生的理想途径。下班也已不再等同于工作的尾声，恰恰相反，它成为了创业生活的新起点。根据某咨询机构的调查，当前最受白领青睐的前10大兼职创业项目依次为：服装饰品店（占比20.81%）、奶茶小吃摊（占比18.78%）、家庭咖啡馆（占比16.63%）、网络店铺（占比15.54%）、小型超市（占比15.32%）、冰品店（占比14.15%）、连锁加盟餐饮（占比13.11%）、语言补习班（占比11.96%）、能力培训班（占比11.62%）、瘦身美容用品或服务（占比11.22%）。我们发现，初期投资相对较小、管理相对简单的中小规模服务类企业是当前上班族兼职创业的主流。人力资源专家也指出，下班后创业除了在中小规模的商业项目领域存在发展机遇外，人力资本较高、科技智力优势相对集中的咨询、IT以及网络电商产业也同样值得兼职者们利用自己的所长在正职工作时间外涉猎。

记者在走访中发现，拥有创业梦想的人群很庞大，但相较于孤注一掷的全职创业，大多数人对于“下班后创业”的接受度相对更高。对于这一现象，华东师范大学社会发展学院人口研究所副教授、硕士研究生导师刘大卫解释说：“下班后创业从性质上而言可以被看作是一种创业雏形。其与真正意义上创业的不同之处在于：创业是全职的，是依托于一个组织形式（如成立公司），且对于该组织形式有较高经济依赖的；而下班后的兼职创业则可能仅仅是出于爱好或学习经验的目的，不一定要即刻建立一个组织形式，甚至可以暂时没有任何的收入来源。从这一角度而言，创业者无论是通过下班后的兼职创业方式先行获取一定的实践经验再决定是否全职投入创业，还是通过这种兼职方式将自己的兴趣‘资本化’或实践自己的爱好理想，‘下班后创业’都不失为一种适合大多数人群的创业雏形。”①

① 张瑾、徐卓航等：“下班创业忙——8小时以外财富经”，《理财周刊》，2012年第34期。

"下班后创业"的缺点也是显而易见的：其一，由于是兼职创业，主要的收入来源是正职，有靠山，有退路，所以在兼职遇到困难的时候就会打"退堂鼓"，这是兼职创业不容易成功最主要的原因。俗话说"置之于死地而后生"，相反，不"置之于死地"却活不长；其二，兼职创业者往往处理不好正职和兼职的关系，把自己搞得筋疲力尽。刘大卫教授建议兼职创业者们应恪守"一业为主，多种经营"的原则——正职中心化、兼职附带化——不要让兼职创业影响本职工作。当然，如果若干年后兼职的副业与正职的主业间的重要性发生了根本的逆转，那么到时兼职创业者可以重新考虑时间和精力的重新分配问题，甚至舍弃原来的"主业"。

到底有没有人毅然放弃到手的工作机会选择自主创业？有的，而且不是个案。笔者选择几个案例供读者参考或玩味儿，说不定你还能从他（她）们身上悟出点什么。

案例1：女白领辞高薪工作开网店 卖旗袍年入2000万元

《重庆商报》记者翁桐2012年6月25日报道（美女辞高薪工作开网店 卖旗袍年销售额2000万元）：马珺玉出身于上海裁缝世家，她是复旦大学金融系毕业的高材生，她曾是一家跨国公司的高级白领……。尽管这些光环和身份在她身上烙下过印记，但现在，她更愿意称自己是"旗袍首席设计师"。短短四年时间，这个上海女孩的淘宝网店"上海印象中国风"，已经成为淘宝上知名的中式女装品牌。旗袍这一具有中国古典文化特色的服饰，不仅为她聚集了超高的人气和高达13万的好评，更让她的网店年销售业绩达到了2000万元。四年前，当马珺玉用"露露"这个ID在淘宝网上挂出自己设计的第一件旗袍时，并没有意识到，这家网店会成为淘宝网上的知名中式女装品牌。

2007年从复旦大学毕业后，她进入了IBM上海公司做起了IT行业的工作，既是世界500强企业，又是热门新兴职业，她成为别人眼中羡慕的高级白领。生活愈稳定，马珺玉的不安感也愈强烈。2008年6月，她决定在淘宝上开网店，卖自己亲手设计、裁制的旗袍。

刚开网店时，设计、制作、拍照、上架宝贝、客服全部由马珺玉一个人承担。由于旗袍具有中国古典文化特色，再加上图片和网页效果突出，不知不觉中积累了一定人气，销量开始稳步增长。“印象最深的是开业2个月后，正值北京奥运会期间，礼仪旗袍的订单大增。”马珺玉说，那个时候，店铺刚开张却已小有名气，奥运会礼仪团队还在她的店里定制了几百件礼仪旗袍。奥运订单不仅让她积累了原始资金，更让她看到旗袍的市场前景。随着网店名气和销量的提升，规模上去了，兼职开网店的马珺玉明显感到分身乏力。2010年，她做了一个大胆的决定，辞去工作，全职开网店，并注册成立“逸红颜”公司，负责淘宝网店的运营业务。

短短四年，马珺玉的网店发展速度让她自己都有些惊讶。收藏店铺的顾客从十几个发展到现在的十余万个，网店也以一年一个皇冠的速度在成长，目前已经获得13万个好评，而2012年的目标是好评20万个、成功晋升5皇冠。更让马珺玉骄傲的，是网店的销售额。“自2010年以来，网店每年的营业额都在成倍增长。按照目前的发展趋势，今年的销售额将突破2000万元。”马珺玉告诉记者，她公司的员工也已经发展到了50人。

案例2：文科状元告别北京回老家种菜 一年成千万富翁

《大河报》见习记者朱建豪2012年12月14日报道（昔日文科状元从京辞职返豫种菜）：29岁的小伙郭可江在河南范县甚至濮阳都是位家喻户晓的人物，2004年，家境贫困的他以全县文科状元的成绩考入中央财经大学。然而，郭可江的惊人之举还不止于此，大学毕业三年后，他放弃在北京的优越工作，回乡种起了蔬菜，当上了农民，再次轰动一方。如今，他种地种出了名堂，成了远近闻名的年轻富翁。

2008年，上了四年大学的郭可江毕业了，进入兴业银行做了一名理财规划师，平时还做股票操盘手。工作三年后，郭可江突然作出了一个让所有人都吃惊的选择——回老家种地。“我这一辈子奔的就是盼望他能跳出农村，到城市生活，他突然说要回老家种地，我当然不同意了！”郭可江的母亲对儿子的决定十分不理解，但因儿子的坚持，只好无奈地同意。谈起为何突然放弃在北京的工作，郭可江告诉记者，大学期间经常有媒体报道“毒豆芽”、“毒鸡蛋”等食品安全事件，他感觉到生产安全蔬菜有巨大的市场，也因为自己在大学期间曾得到在京范县老乡的资助，他产生了回乡创业带富家乡的想法。

郭可江学的是行政管理专业，对蔬菜的生产技术了解不够，他专门到山东寿光聘请了两名农技专家来指导种植蔬菜。通过借钱贷款等方式，郭可江在农场里的投入越来越大，如今他的农场已经超过1000亩，年产蔬菜400吨，还建成了垂钓园、游泳池、餐饮娱乐中心，搞起了生态农业观光园。1年多的艰苦创业让郭可江生出了不少白头发，但他觉得很值得。如今，郭可江的农场有150名村民上班，种地上班两不误，大幅提高了收入。而郭可江的蔬菜每卖出一箱，他都会从中抽出一元钱，资助在校贫困学生，这在当地也被传为佳话。

据记者了解，郭可江在北京海淀、丰台、朝阳等地区设立了4个有机蔬菜销售点，农产品直接用货车送到销售点，不愁销路。他还在北京注册开通了网站，创立自己的“老家菜园”品牌，还请《西游记》中沙僧的扮演者担任形象代言人。

如今，这个年仅29岁的小伙子已经成为远近闻名的千万富翁。

案例3：研究生弃万元月薪回乡养七彩山鸡①

28岁的淮南青年王磊磊研究生毕业后，在上海一家外企供职月薪上万元，但两年前他却出人意料辞职了，回到老家八公山区山王镇南塘村，独居荒山不畏艰难驯养七彩山鸡，通过两年多的艰苦摸索，如今他驯养的山鸡已经达到5000多只规模，山顶上七彩山鸡如飞鸟般，放飞着他斑斓的梦想。王磊磊说，梦想无止境，做自己喜欢的并能坚持下来，也是一种幸福。

当年，王磊磊辞职回老家驯养七彩山鸡的决定遭到家人的极力反对。

① 谷荣、方荣刚：“研究生弃万元月薪回乡养七彩山鸡”，2013年1月13日，中安在线 http：//www. tianong. cn/a/zhuanti/2013/0114/33230. html。

面对父亲的不理解，王磊磊没有过多解释，为此父子俩一度翻脸。王磊磊说，老家的乡亲们大多都以种菜为生，农村人挣钱不容易，他有一个梦想，希望能通过自己的知识带动乡亲们致富。“我大学学的是动物科学专业，研究生学的是胚胎工程，所以下定决心要养七彩山鸡！”

王磊磊回到老家后，在荒山上租了十几亩山场，搞起了养殖。由于头一年没有经验，养了一个多月的鸡苗一次性死掉600多只，他擦干眼泪重新开始试验。孵化小鸡一丁点疏忽就会造成无法挽回的损失，温度相差一两度，小鸡就会互相踩踏死亡。经过两年多的摸索，王磊磊逐渐掌握了七彩山鸡的生长习性和养殖技术，如今饲养规模已经达到5000多只。据养殖协会专家介绍，七彩山鸡味道鲜美，营养价值高，且有很高的观赏性。随着人们生活水平的提高，七彩山鸡的市场前景广阔，王磊磊必将获取丰厚的经济回报。

第10章

“白手起家”——理想能否照进现实

我相信，机会既来自于直觉，也要靠对某个产业或事业狂热追逐的精神。戴尔公司的经验证明，人可以发掘并抓住大家原本以为不存在的机会。想要做到以非传统的方式思考，不必是天才，也不必是先知，甚至不用有大学文凭，所需要的只是一个架构和一个梦想。

——美国戴尔公司董事会主席迈克尔·戴尔（Michael Dell）

白手：空手的意思；起家：创建家业。“白手起家”用来形容人们在没有基础和条件很差的情况下自力更生，艰苦创业，成就一番事业。其实，说“空手”有点儿不确切，创业总是需要一些资金和一些条件的，只不过所需资金较少且条件比较“简陋”罢了。“白手”究竟能不能“起家”，结论是令人振奋的——问题是你有没有挑战自我的远大抱负。

巴拉昂是一位年轻的媒体大亨，在不到 10 年的时间里，迅速跻身于法国 50 大富翁之列，1998 年因前列腺癌在法国博比尼亚医院去世。临终前他留下遗嘱，法国《科西嘉人报》刊登了他的遗嘱。

在遗嘱中巴拉昂说，我曾是一个穷人，去世时却是以一个富人的身份走进天堂的。在跨入天堂的门槛之前，我不想把我成为富人的秘诀带走，现在秘诀就锁在法兰西中央银行我的一个私人保险箱内，保险箱的 3 把钥匙在我的律师和两位代理人手中。谁若能通过回答穷人最缺少的是什么而猜中我的秘诀，他将能得到我的祝贺。当然，那时我已无法从墓穴中伸出双手为他的睿智而欢呼，但是他可以从那只保险箱里荣幸地拿走 100 万法郎，那就是我给予他的掌声。

遗嘱刊登出来之后，许多人寄来了自己的答案。绝大部分人认为，穷人最缺少的是金钱——穷人还能缺什么呢？当然是钱了，有了钱，就不再是穷人了。也有人认为，穷人最缺少的是机会——一些人之所以穷，就是因为没遇到好时机，股票疯涨之前没有买进，股票狂跌之后没有抛出——总之，穷人都穷在背时上。另一部分人认为，穷人最缺少的是技能——现在能迅速致富的都是有一技之长的人。还有的人认为，穷人最缺少的是帮助和关爱。

巴拉昂逝世周年纪念日，律师和代理人按巴拉昂生前的嘱托，在公证部门的监督下打开了那只封存有巴拉昂遗嘱的保险箱，在 48561 封来信中，有一位叫蒂勒的小姑娘猜对了巴拉昂的秘诀。蒂勒和巴拉昂都认为穷人最缺少的是野心，即成为富人的的野心。在颁奖之时，《科西嘉人报》带着所有人的好奇，问年仅 9 岁的蒂勒，为什么想到是野心，而不是其他的。

蒂勒说："我认为野心可以让人得到自己想得到的东西。"

巴拉昂的谜底和蒂勒的回答见报后，引起不小的震动，这种震动甚至超出法国，波及英美。一些好莱坞的著名影星和几位年轻的亿万富翁就此话题接受采访时，都毫不掩饰地承认：野心是永恒的特效药，是所有奇迹的萌发点；多数人之所以贫穷，那是因为他们有一个共同的弱点，即缺乏成为富人的野心。这则故事告诉我们，信心比黄金更有价值，一个缺乏自信的人，不可能做成任何一件事情。

在这个世界上，平民、工薪阶层的人占了绝大多数，富人只是极少数，相信对于每个平凡人来说，不管什么阶段都有一个发财梦吧。财富是不会从天而降的，那么平凡人想要成为富翁，只能白手起家——靠自我奋斗、拼搏实现财务自由的梦想。

根据美国史派克崔姆公司在 2010 年 3 月发布的统计报告，2009 年美国家庭净资产（不包括拥有的自用住宅价值）超过 100 万美元的家庭共有 780 万户，比 2008 年的 670 万户增加了 16%。与此同时，2009 年美国家庭净资产超过 500 万美元的家庭数量比 2008 年增长了 17%，达到 98 万户。而家庭净资产在 50 万美元以上的家庭为 1270 万户。根据有关研究，美国 75% 的富人是白手起家，而投资和储蓄又是他们致富的主要手段。在看待财富上，美国富人中有 91% 的人认为财富给了他们选择生活方式的自由，80% 的人认为财富是辛勤工作的回报，只有 38% 的人认为财富使他们能得到社会的尊重，32% 的人表示他们将用更多财富来做慈善事业。[①]

另有一份数据表明，在美国的亿万富豪行列中，有 80% 至 90% 来自于普通人。[②] 美国是一个老牌的资本主义国家，祖辈的遗产就可以造就千百万个亿万富翁，为什么在美国"白手起家"的富翁会有如此高的比例呢？秘密在于美国的遗产税制度限制了财富的代际传承。美国遗产税税率相当

---

① 乔磊："穷人与富人理财有何不同"，《理财周刊》，2010 年第 36 期。

② 中金在线理财编辑部："身价百万还能叫富翁吗？五秘诀成就亿万富翁"，2009 年 5 月 25 日，中金在线 http：//money. cnfol. com/090525/160，1539，5931616，00. shtml。

高。从1976年开始，美国将遗产税和赠予税合并，采用统一的累进税率，最低税率为18%，最高税率为55%。而对于非美国居民，也要缴纳遗产税，但税率比本国居民优惠，最低税率为6%，最高税率为30%。人们认为，靠继承遗产成为富人，对穷人的后代是不公平的——因为这不是通过你的劳动创造的财富。所以在美国，人们崇尚“白手起家”的创业精神。

2001年，美国国会通过了布什总统提出的10年减税135万亿美元的计划。为了鼓励富人投资，布什政府希望逐步降低直至最终取消遗产税。其取消遗产税、降低赠予税的基本步骤为：从减税法案施行之日起，即将遗产税最高税率由55%降低到50%，以后再降低到45%，直至2010年最终取消遗产税。

但是，当时美国120名顶级富翁联名在《纽约时报》的社论版以广告方式刊登请愿书，要求国会继续保留遗产税。他们的理由是：减掉豁免额之后，死亡后应当缴纳遗产税的人不足美国总人口的2%，表明遗产税高度集中地针对富人征收。征收遗产税不仅有利于促进向社会慈善机构捐赠，更有利于平均社会财富。取消遗产税将导致联邦政府和州政府每年减少300亿美元的税收，迫使当局必须增加其他项目的税率，或者削减医疗保健、社会保障、环保及其他计划的开支。于是百万富翁或亿万富翁的继承人更加富有，但一般靠薪资收入为生的普通家庭的经济利益、社会福利将受到很大的损害。在公平与效率的对决中，美国政府最终选择了前者，保留了联邦遗产税制度。

据英国《金融时报》报道，2013年新年伊始，来自欧洲、澳大利亚和非洲的12名超级富豪公开承诺，将捐出至少一半财产用于慈善事业，由此加入堪称世界顶级精英俱乐部的“捐赠誓约”（Giving Pledge）。在这12位超级富豪中，有两位软件业巨头——印度的阿齐姆·普雷姆吉（Azim Premji）和德国的哈索·普拉特纳（Hasso Plattner），还有一位俄罗斯矿业寡头——弗拉基米尔·波塔宁（Vladimir Potanin）。他们及配偶加入之前92名美国人的行列，跻身于“捐赠誓约”。

“捐赠誓约”由微软（Microsoft）联合创始人比尔·盖茨（Bill Gates）

和投资者沃伦·巴菲特（Warren Buffett）发起，[①] 旨在促进人们对慈善行为展开辩论、并鼓励富人将钱财捐给有益的事业。据《福布斯》（Forbes）杂志估计，新加入誓约的亿万富翁身家总计 610 亿美元，而美国基金会中心（Foundation Centre）运营的监督机构 Glass pockets 表示，参与誓约的美国富翁身家共计 4330 亿美元。该机构估计，捐赠主要集中于医疗、教育和人道服务。[②]

2002 年 9 月 30 日出版的美国《财富》杂志，刊载了 11 位白手起家的百万富翁自述的发家史。这 11 位百万富翁分布在金融、IT、传媒、零售、快递、体育等各个行业，亲身创下的企业如今都已成为世界上赫赫有名的大公司。细读他们的故事发现，这些了不起的创业者有一个共同的特点，即都是靠点子起家，凭着自己的奇思妙想，敢想敢做，作别人认为不可能的事，并且执着于自己的信念。他们创造了百万、亿万的财富，甚至对某些行业和领域的发展产生了至关重要的影响。从挖掘第一桶金的大胆决策到企业快速扩张过程中的经营战略，这些杰出的领袖式人物在创造财富过程中的表现也许会带给人们更深层次的启发。[③]无独有偶。2010 年 10 月，陕西师范大学出版社翻译出版了美国学者盖尔·利伯曼等著的《白手起家》一书，该书描述了 17 位百万富翁白手起家打天下，最终获得成功的故事。他们无一例外，全都是从一文不名、一无所有开始的，他们的成功也给人以深刻的启迪。这说明，在美国，创业思维已深入骨髓，创业文化已蔚然成风。

其实，不仅在美国——就是在全世界——伟大的创业者也已经成为高山仰止的超级巨星。2011 年年初，我应《中国高新区》杂志编辑的约请，

---

① 2010 年 6 月，比尔·盖茨和梅琳达·盖茨夫妇与沃伦·巴菲特启动了“捐赠誓约”（Giving Pledge）行动，旨在号召亿万富翁们承诺，将起码半数的净资产用于慈善捐赠。

② 佚名：“全球 12 位富豪承诺捐半数财产 身家共 610 亿美元”，2013 年 2 月 19 日，中国新闻网 http：//finance. sina. com. cn/money/zcsh/20130219/195014586076. shtml。

③ 张艳丽：“财富是这样创造的——美国 11 位白手起家百万富翁”，《北京青年报》，2002 年 9 月 30 日。

为该杂志撰写了《驰骋在“人性”的王国里》一文（发表于该刊2011年第4期），该篇文章以独到的视角揭示了美国苹果公司和苹果公司的创始人、掌舵人史蒂夫·乔布斯（Steve Jobs）成功的秘密（我个人是这样认为的，呵呵），而乔布斯正是我心目中放射出耀眼光芒的超级偶像。

1955年2月24日，史蒂夫·乔布斯出生在美国旧金山，父母都是在校大学生。刚刚出生，他就被在一家餐馆打工的父亲与潇洒派的酒吧管理员的母亲遗弃了。幸运的是，一对好心的夫妻收留了他。虽然是养子，但养父母却对他很好，如同亲子。学生时代的乔布斯聪明、顽皮、肆无忌惮，常常喜欢别出心裁地搞出一些令人啼笑皆非的恶作剧。不过，他的学习成绩倒是十分出众。

当时，乔布斯就生活在著名的“硅谷”附近，邻居都是“硅谷”元老——惠普公司的职员。在这些人的影响下，乔布斯从小就迷恋电子学。一个惠普的工程师看他如此痴迷，就推荐他参加惠普公司的“发现者俱乐部”。这是个专门为年轻工程师举办的聚会，每星期二晚上在公司的餐厅中举行。就在一次聚会中，乔布斯第一次见到了电脑，他开始对计算机有了难以遏止的渴望。

19岁那年，乔布斯开始在俄勒冈州的里德学院学习，但后来辍学了——虽然他感兴趣的一些科目（如书法）成绩还不错。在里德学院学习期间，在一次同学聚会上，乔布斯认识了他的事业合作伙伴——史蒂夫·沃兹尼亚克（Steve Wozniak），两人一见如故。沃兹尼亚克是学校电子俱乐部的会长，也对计算机有着浓厚的兴趣。退学后，乔布斯在视频游戏公司Atari工作了不长时间后，开始独自到印度旅行，期间做了一些针对发展中国家青少年服用迷幻药的实验，并对佛教产生了浓厚的兴趣。但在印度旅行期间，乔布斯吃尽苦头，只好重返Atari做一名普通工程师。

回到硅谷的乔布斯难舍自己少年时的兴趣，常常与沃兹尼亚克一道，在养父家的车库里琢磨电脑。他们梦想着能够拥有一台“个人计算机”（即PC机），可是当时市面上卖的计算机都是商用的——体积庞大，价格昂贵。个人电脑的核心部件是微处理器，可是当时的8080芯片零售价要270美元，并且不出售给个人。两个人不灰心，仍继续寻找，终于在1976年度旧金山威斯康星计算机产品展销会上买到了摩托罗拉公司出品的6502芯片，功能与英特尔公司的8080相差无几，但价格只要20美元。带着6502芯片，两个狂喜的年轻人回到乔布斯的车库，开始了自己伟大的创新。他们设计了一个电路板，将6502微处理器和接口及其他一些部件安装在上面，通过接口将微处理机与键盘、视频显示器连接在一起，仅仅几个星期，电脑就装好了。

乔布斯的朋友都震惊了，但他们都没意识到，这个其貌不扬的家伙，会给以后的世界带来多大的影响。精明的乔布斯立即估量出这种电脑的市场价值所在。1976年4月1日那天，乔布斯、沃兹及乔布斯的朋友龙·韦恩（Long Wayne）做了一件影响后世的事情：他们三人签署了一份合同，决定成立一家电脑公司。1977年1月，21岁的乔布斯与26岁的沃兹尼亚克在自家的车房里注册成立了苹果公司。后来流传开来的就是那个著名的商标——一只被人咬了一口的苹果。34年后，到2011年8月初，苹果公司市值高达约3371亿美元，超过埃克森美孚（约3333亿美元），成为全球第一大市值的上市公司，也是全球第一大资讯科技公司。乔布斯也因其对资讯科技的巨大贡献而成为这个星球上最伟大的人物之一。

不幸的是，就在笔者的文章发表仅仅半年之后，乔布斯就于北京时间2011年10月6日早6点在其加州帕洛阿尔托（Palo Alto）的家中去世。乔布斯死后，全世界纪念他的声音汹涌澎湃，超过了任何一位政治家或知名艺人或体育明星。人们纪念乔布斯，除了敬仰他的成就，还饱含了一种惺惺相惜的情愫——他是一位彻头彻尾、彻里彻外、地地道道的“草根英雄”。

其实在美国，乔布斯式的白手起家的“草根英雄”俯拾皆是。

拉里·佩奇（Larry Page）和谢尔盖·布林（Sergey Brin）是全球第一大网络搜索公司谷歌公司（Google）的联合创始人。Google搜索引擎源于拉里·佩奇和谢尔盖·布林在斯坦福大学读书时所做的一个研究项目。更确切地说，他们最开始是在佩奇简陋的宿舍搞研究，没多久搬到车库。跟许多发明家的故事差不多，他们最终在小车库搞出了大工程。佩奇说，那时他们俩到处借钱，教授、亲戚、朋友，只要是想得到的人都去借了，幸好，两人“跌跌撞撞”启动的搜索引擎工程一面世，立即得到迅速发展。

1998 年 9 月 7 日，Google 公司在加利福尼亚州的曼罗帕克成立。一个朋友租给佩奇和布林办公的车库在当时看来已经不错了，有一台洗衣机，还有热水器。他们雇用了第一位员工克雷格·希尔弗斯坦，现在希尔弗斯坦是 Google 公司的科技主管。1999 年 2 月他们搬了新的办公室，虽然条件仍然简陋，但比车库好点，一张乒乓桌就作为正式的会议场所，8 名员工在办公室里都转不过身，一个人要出门所有人都得起身挪开凳子才能腾出地方。

目前，Google 被公认为全球最大的搜索引擎，也是互联网上 5 大最受欢迎的网站之一，在全球范围内拥有无数的用户和粉丝（Fans）。Google 允许以多种语言进行搜索，在操作界面中提供多达 30 余种语言选择。除此之外，谷歌还多次入围《财富》100 家最佳雇主榜单，并荣获 2013 年“最佳雇主”称号。2012 年 10 月 2 日，谷歌已经超越微软，成为按市值计算的全球第 2 大科技公司。当日，谷歌股价在纳斯达克常规交易中上涨 7.28 美元，报收于 761.78 美元，涨幅为 0.96%，市值因此扩大至约 2499 亿美元。而到 2013 年，佩奇和布林才刚刚进入“不惑”之年。

美国还有一个乳臭未干的“毛头小子”叫马克·扎克伯格（Mark Elliot Zuckerberg），1984 年 5 月 14 日出生，在美国纽约州白原市长大。这小伙儿是美国社交网站 Facebook（在国内被翻译成脸谱或脸书）的创办人，被人们冠以“盖茨第二”的美誉。哈佛大学计算机和心理学专业辍学生。据《福布斯》杂志保守估计，马克·扎克伯格拥有 135 亿美元身家，是 2008 年全球最年轻的单身巨富，也是历来全球最年轻的自主创业亿万富豪。2012 年 5 月 19 日扎克伯格和华裔女友普莉希拉·陈成婚。

作为牙医和心理医生的儿子，扎克伯格从小就受到了良好的教育，是个电脑神童。10 岁的时候他得到了第一台电脑，从此将大把的时间都花在了上面。高中时，他为学校设计了一款 MP3 播放机。之后，很多业内公司都向他抛来了橄榄枝，包括微软公司。但是扎克伯格却拒绝了年薪 95 万美元的工作机会，而选择去哈佛大学上学。在哈佛，主修心理学的他仍然痴迷电脑。在上哈佛的第二年，他侵入了学校的一个数据库，将学生的照片拿来用在自己设计的网站上，供同班同学评估彼此的吸引力。

黑客事件之后不久，扎克伯格就和两位室友一起，用了一星期时间写网站程序，建立了一个为哈佛同学提供互相联系平台的网站，命名为 the Facebook。the Facebook 在 2004 年 2 月推出，随即横扫整个哈佛校园。2004 年年底，Facebook 的注册人数已突破 100 万，扎克伯格干脆从哈佛退学，全职营运网站。

2012 年 5 月 18 日，Facebook 于美国东部时间周五 11：30 在纳斯达克上市交易，开盘价 42.05 美元，较 38 美元的发行价上涨 10.6%，收盘价 38.23 美元，较发行价涨 0.61%。按收盘价计算，Facebook 市值约 1047 亿美元，市值超过了惠普和戴尔两家公司的总合，也超过了亚马逊，不过其估值仍低于谷歌、微软和苹果（截至 2012 年 5 月中旬，亚马逊市值不到 1000 亿美元，惠普市值 440 亿美元，戴尔市值为 260 亿美元，微软市值约为 2500 亿美元，谷歌为 2040 亿美元，苹果则接近 5000 亿美元）。招股书显示，Facebook 创始人、CEO 扎克伯格持有 28.1% 股份，总计 5.036 亿股，是最大个人股东。按每股 38.23 美元的收盘价计算，扎克伯格的个人身价达 192.5 亿美元。[①]

在中国，白手起家的顶级富翁的比例比美国更高。这是因为，20 世纪 80 年代以前，除港、澳、台以外，大陆老百姓的收入水平都较低，贫富差距很小。改革开放以后，在“一部分人先富起来”的政策指引下，一部分

① 苹果公司、微软公司、谷歌公司、脸谱公司相关数据请参见百度相关词条，由于均为公开数据，来源广泛，恕不一一列出。

“先知先觉”的社会精英抓住了机会，使得个人或家族财富迅速膨胀，从这个意义上说，中国富人超过 95% 以上都是白手起家。

据中国新闻网财经频道 2011 年 9 月 7 日报道，日前胡润研究院发布“胡润百富榜”榜单。全球金融危机背景下，中国企业家的财富增长仍然很快。这次上榜企业家共 1000 位，平均财富 59 亿元，与 2009 年 1000 名的平均财富相比，上涨了 51%，相比 2010 年则上涨了 20%。前 1000 名的上榜门槛从 2010 年的 15 亿元跃升到 20 亿元，比 2009 年翻了一倍。上榜企业家的平均年龄为 51 岁。

中国成为全球白手起家的亿万富豪最多的国家。上榜百亿富豪达到 127 位，比 2010 年增加了 30 位，比 2009 年增加了 62 位。如果加上隐形富豪，全国大约有 300 位百亿富豪。上榜 10 亿美金富豪达到 271 位，比 2010 年增加了 82 位，比 2009 年增加了 142 位。如果加上隐形富豪，全国大约有 600 位 10 亿美金富豪。全国拥有 10 亿人民币及以上的富豪人数从 2010 年的 4000 人增至 7500 人。①

在华人圈里，最为人们津津乐道的白手起家的楷模是“华人首富”李嘉诚先生。

1928 年 7 月 29 日，李嘉诚出生在广东省潮安县府城北门街面线巷一座古宅里的书香世家。1940 年初，11 岁的李嘉诚随家人为了躲避日军侵略，辗转迁徙香港。1943 年，父亲李云经病逝。为了养活母亲和三个弟妹，李嘉诚被迫辍学走上社会谋生。年少时期的李嘉诚做过茶馆的跑堂、舅舅钟表店的伙计、五金厂的推销员。

1950 年夏，22 岁的李嘉诚创立了长江塑胶厂（即长江实业有限公司）。创业初期的一天，李嘉诚阅读一份外国杂志，他注意到一部制造塑料瓶的机器，可以造出较为优质而又适合香港市场的产品。李嘉诚立刻进行市场调查，他发现全香港都还没有这种机器，李嘉诚果断决定自己去钻

① 胡润百富榜：“中国成全球白手起家亿万富豪最多国”，2011 年 9 月 7 日，中国新闻网 http：//www. chinanews. com/cj/2011/09 - 07/3312830. shtml。

研、制造这个机器。经过一段时间努力，李嘉诚终于造出了这种机器。“靠这部机器，在最短时间，令我至少赚了几万元。”李嘉诚日后回忆说。而李嘉诚当时的创业资本仅为5万港元。

1957年春天，李嘉诚揣着强烈的希冀和求知欲，登上飞往意大利的飞机去考察，寻访那家在世界上开风气之先的塑胶公司。他迅速地通过应聘打杂工的机会进入该公司，并向同事请教，很快便领悟了塑胶花制作配色的技术要领。回到香港，李嘉诚快人一步研制出了塑胶花，填补了香港市场的空白。同时，李嘉诚掀起了香港消费新潮流，长江塑胶厂由默默无闻的小厂一下子蜚声香港塑胶业界。1958年，长江公司的营业额达到了1000多万港元，纯利100多万港元。而这一年，李嘉诚刚好30岁。

1951年的香港，人口才过200万，但10年之后其人口数量就逼近300万，增幅近50%。人口增多和经济持续发展，不仅使住宅需求量暴涨，更致使大量的办公楼、写字楼、商业铺位、工业厂房急缺。看准这一时机，1958年，李嘉诚在香港繁盛的工业区——北角购地兴建了一座12层的工业大厦。两年后，他又在新兴工业区——港岛东北角的柴湾兴建工业大厦，两座大厦的面积共计12万平方英尺。大厦落成之际，正遇香港物业价格大涨。李嘉诚断定房地产行业在香港将大有可为。由此，便开始循序渐进地将资金部署到房地产市场。几经辗转腾挪，到20世纪70年代初，李嘉诚已拥有楼宇面积630万平方英尺，出租物业35万平方英尺，每年单是收租，就能赚取400万港元。1971年6月，李嘉诚正式成立了负责地产业务的“长江置业有限公司”。次年7月易名为长江实业（集团）有限公司。彼时香港股市一派兴旺，4个月后，“长实”在香港“骑牛上市”，一跃成为“华资地产5虎将”之一。

实际上，李嘉诚人生的转折点并不是从塑胶行业投身房地产，而是他利用“长实”6.93亿港元的资产，控制了价值超过50亿港元的老牌英资财团和记黄埔。这则“小蛇吞大象”的商业奇迹，让李嘉诚成为首位入驻英资财团的华人，更奠定了李嘉诚在香港企业界教父级的地位。在汇丰银行的帮助下，1980年，李嘉诚在股市上成功吸纳大量“和黄”股票，并最终拥有超过40%的股权。收购和记黄埔之后，李嘉诚很快将其重组，并开始迈向国际化，逐渐在港口、电讯、零售、地产、基建及能源等产业领域成为世界级的企业。

20世纪90年代，李嘉诚转战新经济，意图在3G、互联网、媒体、制药等高新产业领地抢占制高点。1990年后，李嘉诚开始在英国发展电讯业，投资84亿港元组建了Orange电讯公司，并于1996年在英国上市，到2000年4月，他把持有的Orange 4成多股份出售给德国电讯集团，作价1130亿港元，创下香港有史以来获利最高的交易纪录。用短短3年时间便获利逾千亿港元，Orange使李嘉诚的资产暴升一倍。

从20世纪最后10年开始，李嘉诚就牢牢占据香港首富地位。由于业务涉及面广，李氏家族打造了一个坚不可摧、在香港举足轻重的大型综合性财团。目前，李嘉诚拥有多家蓝筹股公司，包括长江实业、和记黄埔、香港电灯及长江基建，占恒生指数的两成比重。截至2012年4月30日，仅是长江集团旗下在香港上市的公司总市值就高达8230亿港元。有人戏称，香港人无法想象没有李嘉诚的生活，600万港人每时每刻都在为他积累财富，交通、电讯、电灯、零售……，除去仰鼻呼吸之外，李氏家族渗透进了香港人生活的每一个方面。①

回溯李嘉诚的成长历程不难发现，他没有显赫的家族，没有继承巨额的遗产，没有闪光的高学历，甚至语不压众貌不惊人。2012年11月22日，84岁的创始人李嘉诚出现在长江商学院10周年庆典活动的现场。李嘉诚回忆说：“我14岁那年，一位会看相的同乡对我母亲说：你儿子眼眸无神，骨柴瘦弱，未来恐难成大器。他安分守己，终日乾乾，勉强谋生是可以的，但飞黄腾达，恐怕没有他的福分！”但李嘉诚用自己的行动回答了那位“算命先生”，他用实践告诉人们：你的命运掌握在你自己手中。②

---

① 崔玲：“财富李的前世今生”，《英才》，2012年7月刊。

② 茜茜：“李嘉诚忆70年奋斗：14岁时被人说眼眸无神难成大器”，2012年11月23日，财富赢家网 http：//stock1. cf8. com. cn/news/20121123/583483. shtml。

2007年4月20日，发家于顺德的广东著名民营企业碧桂园正式在香港主板挂牌上市，以收市价7.27港元计算，持有95.2亿股（占扩大后股本的59.5%）碧桂园股票的25岁大股东杨惠妍当天身家为692.104亿港元，逼近700亿港元，取代玖龙纸业的张茵成为内地女首富已无悬念。同年10月10日，2007胡润百富榜公布，碧桂园大股东杨惠妍以1300亿元位居第1位，其在2006年的排名是281位，财富仅为12亿元；张茵家族以770亿元位居第2，其2006年曾以270亿元位居第1位。人们在感叹资本市场巨大魔力的同时，也不禁张大迷惑的眼睛：杨惠妍何许人也？为什么年纪轻轻就戴上了“中国首富”的桂冠？

原来，杨惠妍不过是一个初掌碧桂园权杖的“富二代”，碧桂园真正的创始人是其父杨国强，只因为公司上市前杨国强将自己名下的股权转让给二女儿杨惠妍代家族持有，才使杨惠妍“竖子成名”。

在中国房地产界，提起杨国强无人不晓。说起杨国强阴差阳错进军房地产开发业，还有一段有趣儿的故事呢！

杨国强曾以耕田维生，其后从事建筑工作。他24岁时在家乡的北滘房管所任施工员，6年后升任为区建筑队队长，到1989年，已是镇政府旗下建筑公司——北滘建筑工程公司的法定代表人兼经理。1993年之前的杨国强，一直在自己的建筑事业路上顺风顺水，在建筑行业挖得了人生的第一桶金。1993年初，杨国强与杨二珠等另外4名同乡，以3395万元人民币，向北滘镇政府收购北滘建筑工程公司，并转为私营。

1993年6月，顺德的碧江之畔、桂山之侧崛起一座新的楼盘——碧桂园。碧桂园坐落于顺德与番禺的交界地，前不着村，后不靠镇。尽管投资逾亿的开发商——顺德三和物业发展公司反复宣传此地为“金三角的交汇点”，又请在广东颇得民心的前省长叶选平亲笔题写园名，前来看楼买房的人仍是屈指可数。屋漏偏遭连夜雨。1993年年中，国家突然收紧银根，加大宏观调控，失控的经济列车被重新拉回轨道，耀眼的“经济泡沫”在阳光下开始破灭，房地产大势转弱——“飞流直下”。碧桂园这个号称面积最大的烂尾楼盘工地，如同当时广东境内上百个花园别墅楼盘一样，处于“死火”状态——一千多亩土地陷于死亡的边缘。4000 户只卖出了 3 户，几乎成了烂尾楼。

此时的杨国强并不是碧桂园的开发商，而是建筑商——杨国强的建筑公司为三和公司垫资建造了这近 4000 套别墅。当杨国强向开发商索要工程所垫费用时，开发商却让杨国强销售已经盖好的别墅，以销售收入核销建筑成本。建房建成了房东——杨国强由建筑商转变为了开发商，杨国强无奈上了开发商这条“贼船”，无意中成就了一家优秀的房地产开发企业。

2012 年年底，碧桂园发布业绩称，截至 2012 年 12 月 4 日，其全年销售额已经突破 430 亿元，完成全年销售任务。而碧桂园在广州旗下楼盘近期也是销售火爆。12 月 15 日碧桂园天玺湾盛大开盘，创下 2012 年广州楼市单日销量冠军，当天在不到 4 小时内，卖了 1000 套房子，取得了逾 11 亿元的成绩，相当于开盘每 15 秒就卖出一套房子。而在同一天，碧桂园位于东莞的观澜碧桂园也一口气卖了 10 亿元的房子，这些业绩都尚未计算进 430 亿元的销售任务之中。[①]现任碧桂园集团董事局主席杨国强在接受记者采访时透露，碧桂园将会把中国滨海项目成功的开发及经营经验，以及“五星级居住理念”带到马来西亚金海湾项目，势必会引领当地的市场。在未来，碧桂园也计划在马来西亚长远发展，希望在马来西亚更多的地区发展，让更多马来西亚人体验到“五星级的家”，过上美好的生活。作为碧桂园集团的领军者，杨国强在地产界掀起一股进军海外房地产市场的新的旋风。

2011 年 4 月 23 日，碧桂园集团董事局主席、北大“国华杰出学者奖”设立者杨国强先生应邀到北京大学发表演讲，与北大学子亲切交流，讲述自己历经风浪的创业之路，分享引人深思的人生体悟。杨国强深情表白：“我是一无所有的农民出身，25 岁前的贫穷不可想象，18 岁前没有穿过鞋、没有穿过袜子，23 岁时衣服上打的补丁已经完全掩盖衣服原有的颜色。当时我家的房子没有房间让我住，我有一个哥哥在当老师，我就在他

---

① 陈齐：“碧桂园杨国强：中国地产人的海外雄心”，《新快报》，2012 年 12 月 28 日。

的宿舍借宿。我几乎就在不知道明天会怎样的情况下，过完了青春期。当我18岁读完四年中学出来工作时，每天的工钱是5毛钱。我问我哥哥杨国华，这一辈子怎么过，每天五毛钱，一年也就200块钱左右，即便我工作50年，也才一万块钱，我如何盖房子？如何成家？我哥安慰我说，社会会变好的。”①

在碧桂园采访，几乎所有人都会提到关于杨国强的“两元钱的故事”。

故事的情节大致是这样的：少年时的杨国强没钱读高中，面临的是回家放牛的命运。这时他家乡的中学免了他的7元钱学费，还给了他2元钱助学金。“这是我一生最重要的两块钱，也是最让我感动的两块钱！”杨国强在多个场合都一再地提及，“为了这两块钱，我付出多少都觉得值得”。

怀着这种朴素情怀的杨国强创业之后，就开始报恩。截至2011年上半年，杨国强为教育、扶贫、医疗、赈灾等公益事业捐款超13亿元，但是由于刻意的低调，外界知道的并不多。

在现实生活中，白手起家的故事俯拾皆是，多伟大的企业也都有从丑小鸭向白天鹅蜕变的过程。本章想告诉读者的是：白手起家不是少数人的专利，而是人类财富创造历史中的必然规律；心有多大，你的天地就有多大；绝大多数人所缺乏的不是金钱、不是机会、不是技术、也不是人脉，而是一颗跃跃跳动的“野心”。

① “追求成功人生，致力民族复兴——杨国强先生在北京大学演讲”，2011年7月11日，大洋房产 http://life.dayoo.com/house/201107/11/95261_17886363.htm。

第11章

自主创业的“10条军规”

随时留意身边有无生意可做，才会抓住时机、把握升浪起点。着手越快越好。遇到不寻常的事发生时立即想到赚钱，这是生意人应该具备的素质。

——“华人首富”、香港长江实业集团董事局主席李嘉诚中国的高等教育广受诟病。在就业市场上，经常出现新毕业的大学生受到排挤、研究生冒充本科生、职高毕业生薪酬超过本科生等令人啼笑皆非的现象；毕业生缺少创新能力，也是国内外有识之士贬损我国高等教育弊端的口实之一。其实，这种现象并不为我国所独有，美国有那么多 IT 巨子辍学后创业成功，说明美国的高等教育也存在问题，只不过没有中国严重罢了。

大学注重科学知识的传播，注重智商的培育没有错，但缺少了人文精神，在一定程度上欠缺对受教育者情商和财商的关注，教育内容缺乏，教育手段落后，深度和广度都成问题，致使教育对象离开学校后无法融入现实社会，缺乏生存技能，沦为就业市场上的“弱势群体”。2013 年 2 月 24 日，万科董事长王石在亚布力论坛王石时间大谈 60 岁上哈佛的经历，他说，在美国考驾驶照不难，但是考驾驶照让我知道了什么是文明人，什么是野蛮人。王石说，在中国考驾照，考官会用各种很复杂问题来刁难你，往往两次三次四次考试都通不过，而在美国，主要考你会不会尊重行人、尊重规则和尊重生命——而这就是野蛮人与文明人的区别。①

2012 年 8 月 1 日，教育部办公厅向各地区教育主管部门、部属各高等学校印发了《普通本科学校创业教育教学基本要求（试行）》的通知（教高厅〔2012〕4 号）（以下简称《通知》）。《通知》中指出：为深入贯彻落实《国家中长期教育改革和发展规划纲要（2010—2020 年）》以及《教育部关于全面提高高等教育质量的若干意见》（教高〔2012〕4 号）精神，推动高等学校创业教育科学化、制度化、规范化建设，切实加强普通高等学校创业教育工作，我部制定了《普通本科学校创业教育教学基本要求（试行）》（以下简称《基本要求》），现印发给你们，请遵照执行。

教育部要求，各高校要把创业教育教学纳入学校改革发展规划，制订专门计划，提供有力教学保障。各高校应创造条件，面向全体学生单独开

① 王石：“在美国考驾照 才让我知道什么是文明人”，2013 年 2 月 24 日，凤凰网财经频道 http：//finance. ifeng. com/news/special/ybl2013/20130224/7694764. shtml。

设“创业基础”必修课；明确职能部门，负责研究制定创业教育教学工作的规划和相关制度，统筹协调和组织学校创业教育教学工作；根据专任为主、专兼结合的原则，按照学生人数以及实际教学任务，合理核定专任教师编制，配备足够数量和较高质量的创业教育专任教师。《基本要求》中明确，把创业教育教学效果作为学校本科教学评估的重要内容，作为本科人才培养质量的重要指标，并体现在学校本科教学质量年度报告中。[①]虽然有些迟，虽然尚不完善，虽然尚不配套，虽然有行政命令色彩，但我国高校的生存技能教育、财商教育毕竟开始起步了，这对广大莘莘学子而言是一种福音，对我国的高等教育事业而言也是一种福音。

其实，“白手起家”就是创业的一种通俗叫法。上一章笔者鼓励读者“心有多大，你的天地就有多大”，是想让读者坚定信心，走自己的路——不管别人说啥。但如果真的走上创业之路了，还会有数不清的困难和挫折在等着你。成功的创业者头上都罩着光环，让人觉得成功唾手可得。其实，“一将功成万骨枯”，没有哪一个企业不经过“九九八十一难”而随便成功的。华为公司总裁任正非常说：什么是成功？经过九死一生才叫成功，华为还谈不上成功，最多是成长。微软创始人比尔·盖茨有一句名言：微软离破产永远只有 18 个月。虽然听起来像天方夜谭，但却道出了创业和守业的艰辛，稍不留神，前功尽弃，便“一夜回到解放前”。

为了帮助读者朋友的创业之路走得稳一点儿、顺一点儿、快一点儿、远一点儿，作者总结了前人创业成功的经验和失败的教训，归纳出成功创业的“10 条军规”，供朋友们创业时参考。这些规范和要点如果能对朋友们自主创业有些许帮助，作者将感到莫大荣幸。

第 1 条军规：马上就做。

如果你下定决心走自主创业之路，立马就应该付诸行动。有的朋友一

① 教育部办公厅：关于印发《普通本科学校创业教育教学基本要求（试行）》的通知（教高厅［2012］4 号），2012 年 8 月 1 日，教育部网站 http：//www. moe. gov. cn/publicfiles/business/htmlfiles/moe/s5672/201208/xxgk_ 140455. html。

谈到自主创业，总是先摆出一大堆困难或不利条件，瞻前顾后，彷徨困惑，久而久之，原来的一点冲动和锐气消磨殆尽，使创业计划胎死腹中。困难和不利条件是客观存在的，没有哪一个创业者不面临着数不清的困难和不利条件，创业之路就是克服困难、披荆斩棘之路，不利条件可以逐渐转化成有利条件，如果你不付诸行动，困难永远存在，路是人走出来的，没有什么困难是不可以战胜的，关键是你的决心和行动。与英国作家狄更斯和萨克雷齐名的英国小说家乔治·艾略特（George Eliot，1819—1880）有一句名言：世界上没有一个伟大的事业是由事事都求稳操胜券的犹豫不决者创造的。

下面的这个故事可能不甚贴切，但道理是相通的。小李和小王是大学同学，家庭条件也差不多。2005 年两人大学毕业后均选择了在北京发展，月薪也均在 4000 元左右。当时租房每月在 1500 元左右，他俩就商量在北京买房——效果不错，每人得到了家长 60 万元的资助。小李用这笔钱在丽泽桥附近买了一套 90 平米的住宅，每平米 6500 元。小王拉着小李到处看房，就是下不了决心买。转眼到了 2007 年，北京的房价超过了每平米万元，小王的 60 万元只能买到 60 平米的房子了，而且位置还不能太好。小王不甘心，决心再等等。2008 年北京房价小幅回调，小王希望房价再降一降，终于没有出手。2009—2010 年北京房价飙升，丽泽桥附近的房价上涨到每平米 30000 元，此时，小王手中的 60 万元只能买到 20 平米的房子了，而小李的房子则升值到 300 多万元了。真是一步赶不上，步步赶不上，每当小哥俩一起喝酒时，小王总是唏嘘不已。实际创业也是如此，做不到只争朝夕，就难免会皓首叹息。

有人说过这么一句话，挺经典的：世界上从来就没有绝世武功，也没有什么成功宝典、发财秘籍，如果有的话那么只有一个词就是 Do（做或行动），如果还要再加上一个词，那么就是 Now（现在或马上）。

第二条军规：持之以恒。

在世界上要做成一件事情，恒心或毅力是必不可少的。荀子的《劝学篇》我们小的时候就能背诵，但有多少人能将其化为自己的行动呢？“积土成山，风雨兴焉；积水成渊，蛟龙生焉；积善成德，而神明自得，圣心备焉。故不积跬步，无以至千里；不积小流，无以成江海。骐骥一跃，不能十步；驽马十驾，功在不舍。锲而舍之，朽木不折；锲而不舍，金石可镂。蚓无爪牙之利，筋骨之强，上食埃土，下饮黄泉，用心一也。蟹六跪而二螯，非蛇鳝之穴无可寄托者，用心躁也。”荀子说得多好啊！绝大多数人之所以在创业的道路上夭折，缺少的正是“再坚持一下”的努力精神，最终的结局是“常引英雄泪满襟”。

中国企业界有一个奇人，也是唯一一个有人把他同苹果的乔布斯相提并论的人，他就是巨人网络集团的创始人史玉柱。两人都蔑视陈规陋俗，两人都喜欢特立独行，乔布斯的标志性服装是黑色套头衫配牛仔裤，而史玉柱的行头是光头配红白运动衫。他俩都有着与生俱来的商业嗅觉，是真正的跨界高手。乔布斯在 PC、音乐、电影、手机等多个领域都证明了自己的能力，而史玉柱则在软件、房地产、保健品、网游、金融投资等战场纵横驰骋。无怪乎阿里巴巴老板马云感慨道：“我认为全世界只有两个人跌倒了能爬起来，美国是斯蒂夫·乔布斯，中国是史玉柱。”马云打趣道，“两个人都姓史。”①

史玉柱，1962 年出生在安徽北部的怀远县城。1980 年，史玉柱以全县总分第一，数学 119 分（满分 120 分）的成绩考入浙江大学数学系，毕业后分配到安徽省统计局，时年 24 岁。由于工作出类拔萃，被作为第三梯队，史玉柱被送往深圳大学进修。

1989 年，27 岁的史玉柱刚刚从深圳大学研究生毕业就投入到了下海创业的大潮。当时的计算机指令均为英文，中国人用起来特别不方便。抓住这个机会，史玉柱开发了一款被他命名为“M－6401 桌面文字处理系统”计算机指令汉化软件。1989 年 8 月 2 日，史玉柱利用《计算机世界》报先打广告后收钱的时间差，用仅有的 4000 元做了一个 8400 元的广告：“M－

① 乐天：“马云：全世界只有史玉柱乔布斯能跌倒爬起来”，2009 年 12 月 18 日，腾讯科技 http：//tech. qq. com/a/20091218/000171. htm。

6401，历史性的突破”。13天后，史玉柱即获得15820元的销售收入，史玉柱又悉数投放给广告商；一个月后，M-6401的销售额达到10万元；四个月后，100万掉进了史玉柱的口袋儿。在其时的中国，企业界的广告意识并不强烈，很少有人可以像史玉柱一样孤注一掷，置自己于死地而后生。适销对路的产品，强悍激进的营销策略，使史玉柱的事业扶摇直上。这一年，史玉柱产生了创办公司的念头。美国的国际商用机器公司即IBM是国际公认的蓝色巨人，也是史玉柱的偶像，他的公司要成为中国的IBM，于是史玉柱将自己创办的公司命名为“巨人公司”。到1993年，巨人公司销售额突破了3.5亿元，成为中国第二大民营高科技企业。刚刚把公司总部从深圳迁移到珠海的史玉柱，也成为了珠海市政府重金奖励的第二批知识分子之一。

成功来得太突然、太容易了。像他同时代的许多企业家一样，史玉柱难抑日益膨胀的野心，迅速切入计算机软件、生物制药、保健品和房地产开发等多个行业。1995年，巨人发动“三大战役”，把12种保健品、10种药品、10多款软件一起推向市场，投放广告费高达1亿元人民币。这一年，史玉柱被《福布斯》列为大陆富豪第8位。

所谓乐极生悲，企业发展太快并不一定就是好事。1994年史玉柱开始修建巨人大厦，史玉柱的噩梦也随着巨人大厦拉开了序幕。为了制造“中国第一高楼”的轰动效应，经过层层加码，史玉柱把巨人大厦的层高由18层最终增加到78层。为此史玉柱砸进去了巨人所有的手持现金外加投资者购买巨人大厦“楼花”的预收款。1996年，巨人大厦资金告急，此前不屑与银行打交道的史玉柱告贷无门，巨人集团风雨飘摇。1997年，不堪重负的巨人集团和史玉柱终于被巨人大厦拖垮。此后，史玉柱开始消失在人们的视线之中，巨人大厦也成为了中国最为著名的烂尾楼之一。

在国外，企业宣布破产，并不意味着企业消亡。紧跟着破产的两个字是“重组”。所谓重组就是重新安排债权债务关系，调整股权结构，既包括业务重组（如卖出分、子公司、卖出资产、卖出设备再租回、大幅度裁员等）也包括财务重组（如债权人放弃部分债务或利息、债权人同意债务延期、债权转股权、债权人增加新的投入等）。企业宣布破产重组可以达到减轻债务负担、调整业务结构、消减冗员等目的。股东和债权人为什么会接受重组呢？因为重组后企业还有起死回生的希望，不重组他们会输得更惨——这和被绑架还得交赎金是同一个道理。

人们以为史玉柱从此会销声匿迹了，也没有人指望能从倒闭的巨人集团拿回欠款。但奇迹发生了：三年之后的 2001 年，史玉柱出现在媒体面前，宣布将“借款”1 亿元清偿当年修建巨人大厦所欠债务。过去人们以为中国没有“爷们儿”，结果还就真得出了一个“爷们儿”。史玉柱随后也被誉为“最富有责任感”的商人，这极大地提升了史玉柱的知名度和美誉度。

兵败巨人大厦之后，受到重创的史玉柱在人们的视野中消失，但人并未消失。史玉柱的人格魅力你不得不佩服——原公司 20 多人的管理团队，在最困难的时候没有一个人离开，而是“蛰伏”到了上海的一块不显山不露水的地方、易名为上海健特公司继续从事保健品经营业务。1998 年，山穷水尽的史玉柱找朋友借了 50 万元，开始运作脑白金。就是那个连续 10 多年被评为“最差广告”的“今年过节不收礼，收礼只收脑白金”中的脑白金，让史玉柱有了偿还历史旧债的勇气。有人说脑白金是骗人的，史玉柱回应：不可能吧？脑白金连续 10 多年全国销量第一，怎么会是骗人呢？骗一年行，骗两年也行，连续骗 10 多年，那消费者也太好骗了！①

老史精着呢！有人说史玉柱还历史旧账是“有责任感”，我吃不准是不是这档子事儿。我只知道，老史如果还想在中国做点事儿，还债是“必须的”。你想啊，欠债不还，挪个窝又卖“脑白金”、“脑黄金”、“黄金搭档”或者是网络游戏来了，谁买呀？还一个亿的旧债，就当打广告了——

---

① 黄柳：“史玉柱：故事狂人”，《中国高新技术企业》（综合版），2010 年第 1 期；申音：“美国没有史玉柱，中国没有乔布斯”，2009 年 5 月 10 日，UCDCHINA 网 http：//ucdchina. com/snap/3411。

比打广告的效果好一千倍，从此有“信用”了，有“责任感”了，树立了老史个人良好的社会形象，一石三鸟——何乐而不为呢?

持之以恒，意思就是“抗击打能力”要强。真正做到“百折不挠”，你离成功就不远了。

第三条军规：选一个好项目。

选准一个好的创业项目，就奠定了创业成功的基础。相反，项目选择不当，则有可能“赔了夫人又折兵”——可见，创业项目的选择是创业的重中之重。我的一个小朋友，早年做贸易赚了钱，就注册了一家投资公司，我苦口婆心地劝他要“规范运作”，他觉得太规范不能赚钱，就醉心于放高利贷、倒卖票据，赚了5万元，被罚50万元，老婆也离婚了，本人追悔莫及。所以我主张，一般不要抱着投机的心态去创业，最好是想好了再做。

近代国学大师王国维在《人间词话》中说：古今之成大事业、大学问者，必经过三种之境界：“昨夜西风凋碧树。独上高楼，望尽天涯路。”此第一境。“衣带渐宽终不悔，为伊消得人憔悴。”此第二境。“众里寻他千百度，蓦然回首，那人正在，灯火阑珊处。”此第三境。其中以“独上高楼，望尽天涯路”最为重要。他的意思是说，要想成就大事业、大学问，必须先选好项目、选好路径，经过百折不挠地艰苦奋斗，方能到达理想的彼岸。

好的创业项目有如下特征：

第一是社会需要。产品不是自己用的，只有客户或消费者需要，才能在市场上实现由商品向货币“惊险地跳跃”。有的人单纯凭个人兴趣儿去创业，以为自己喜欢别人必然喜欢，这就大错而特错了。乔布斯和史玉柱的成功，关键就是揣摩透了消费者的消费心理，从而生产出了消费者喜爱的产品。

史玉柱当年在运作脑白金时有一个著名的“江阴调查”：大热天，史玉柱穿着体恤衫和拖鞋，走街串巷和街道、乡村的大伯大妈拉家常。史玉柱问：有一种保健品，能改善睡眠，润滑肠道，缓解便秘，您想不想吃?

老年人的“亚健康”就突出表现在睡不好和大便不通畅，谁不想用这样的产品呢？但问题来了，老年人想吃但舍不得钱买，于是就有了那句“臭名远扬”的广告词：今年过节不收礼，收礼就收脑白金。老人故意把脑白金的空盒放在显眼的地方，提醒子女接着买。可见，产品适销对路才是脑白金经久不衰的根本原因。

第二是力所能及。创业受资金、场地、技术、人力、经验等各种条件的限制，在刚开始创业时最好不要好高骛远，贪大攀比，否则有可能使创业项目夭折。五年前，我的一个做房地产起家的朋友，看到做软件产业很赚钱，就开了一家做煤矿安全软件的计算机软件公司。我对这个项目不看好，可他有一大堆理由认为自己可做好这家公司。五年下来，公司没有赚到 1 分钱，倒是赔了 400 万元。原因是他自己不懂计算机软件，被手下的员工牵着鼻子走，对行业的潜规则也一窍不通，无奈才关闭了这家企业。

还有一个朋友也是做软件的，他自己懂软件技术，但苦于资金不足——软件是一个“烧钱”的行业，没有几年时间的培育很难成功，这就需要有大笔资金储备。由于资金短缺，只能招到每月 3000 元薪酬的不入流的软件开发人员，一个简单的程序调试，这些人两个星期都做不完，朋友气得乱蹦，却也无可奈何。这样的企业倒闭只是迟早的事儿。

创业是有很大风险的，所以“量力而行”特别重要。本来能挑 80 斤，非要挑 100 斤，累趴下是理所当然的。什么是好的创业项目？高科技、大手笔、回报率高于你而言未必是好的创业项目，好的创业项目一定是你可以驾驭——hold 住的项目。

第三是别出心裁。创业某种程度上也是创新。所谓别出心裁，就是应该在选择创业项目时尽量避开竞争白热化的“红海”，而选择竞争相对不太激烈的“蓝海”，也就是美国管理学者迈克尔·波特提出的“差异化战略”。实现差异化战略可以有许多方式：如设计或品牌形象、技术特点、外观特点、客户服务、经销网络及其他方面的独特性。别出心裁、与众不同能给人留下深刻的印象，从而起到宣传产品的作用。

开炸油条店是再简单不过的一种餐饮组织形式，但要在竞争中取胜也不是一件简单的事情。据《现代快报》(记者丁宇) 2012 年 6 月 5 日报道，小巷陋店，购买油条的人络绎不绝——扬州一家油条店买油条顾客的队伍竟长达二三十米，而店主也不得不用上了“限购流水号牌”来维持购买秩序。这家看上去并不起眼的油条店开业才 2 个多月，每天能卖出 3000 根油条，月销售额 13.5 万元，净利润约占 1/3。这家油条店为什么这么火?

记者了解到，油条店的老板叫黄德宏，扬州人称他为“诚信油条哥”。油条店用油都是从大超市进的桶装好油，面粉也是一级面粉，炸油条坚持用新油，旧的油都倒进桶子里，给人家回收去做香皂。新油都是在早上 4 到 5 点钟开门做生意的时候，当着顾客的面倒下去，此外油条里面还添加草鸡蛋、芝麻等原料，油条是用老面粉和鸡蛋发酵，不放明矾和其他的食品添加剂，从而保证了油条加工的营养、卫生、绿色、环保。由此，“放心油条”声名远播。

2012 年 8 月 31 日 新浪财经给读者讲述了一个 80 后“全美第一 CEO”的传奇故事。

Tom Szaky 是一个 80 后，出生在前社会主义国家匈牙利，他是普林斯顿大学退学生，靠养蚯蚓、收粪便起家，专注有机回收创业。现如今，超过 2500 万人在全球 20 多个国家，10 万多个回收站点参与、加入或受益于他公司的回收链。2011 年，他的公司创收 1420 万美元，连续三年盈利。

2001 年，Tom 从多伦多来到常青藤联盟之一的普林斯顿大学，开始了他在美的留学生涯。就读名校，却不安分。Tom 听说，蚯蚓的粪便可以当做肥料，促进土豆、西红柿等瓜果植物的生长，于是，他在学校开始养起蚯蚓、收集蚯蚓粪便，将其转化成肥料。而喂养蚯蚓的食物就是学校食堂的剩菜剩饭。

2002 年，读大二的 Tom 选择了退学，全身心投入到有机养料事业和他创建的公司——TerraCycle。对于 Tom 来说，创建 TerraCycly 已是他第 7 次创业了。在他年仅 14 岁时，就曾通过成立网络设计公司获得 5 位数的第一桶金。在经历了多次创业后，他清晰地知道，在当下事业与学业孰轻孰重。哪怕是在多伦多的父母对Tom的选择产生怀疑，Tom的回应也很决绝，“家人可以怀疑，但我不在乎。”

TerraCycle的经营模式就是与非营利性组织和大公司（尤其是包装成本投入大的食品公司）直接合作，回收其可再生或可重生（Upcycling）资源，在环保的前提下对这些回收原材进行加工（如再设计、物质分解融合等），使之“变废为宝”再被利用，并从中获利。

2004年，TerraCycle实现突破，与著名零售商沃尔玛等成功合作，销售其蚯蚓粪便制成的有机肥料，这也让他被人们熟称为“玩蚯蚓粪便的小伙儿”。

2006年，TerraCycle被Inc.杂志评选为“全美最酷小型创业公司”，Tom也被评为“30岁以下全美第一CEO”。

2007年，TerraCycly不再只做有机肥料产品销售，而向垃圾回收再利用方向扩大。Tom直言，创业扩大思路是与业界前辈精英讨论的结果。在他看来，年轻人创业，有人指导、给出有价值的建议至关重要。“是他们让我意识到靠蚯蚓粪便制造的有机养料并不是创业全部，整个过程中——化腐朽为可持续并适合购买的有价值之物才是我创业的价值和革新！”Tom如是说。

面对美国众多80后、90后大学生或毕业生就业难的困境，有人问责教育体制，有人抱怨经济大环境不佳，生不逢时之感油然而生。而包括中国在内的全球同龄人群也面临这个难题。在Tom看来，无论如何，不要抱怨现状。“人生本不公平，埋怨或许可以让你获得同情，除此之外，一无是处。”Tom激动地说，“抱怨真的是我认为最愚蠢的行为！说到头来，解决问题的还是靠你自己。”①

第四是从兴趣儿出发。俗话说，热爱是最好的老师。只有热爱，你才能忍受风餐露宿，汗流浃背；只有热爱，你才能做到废寝忘食，披肝沥

---

① 罗绮梅：“蚯蚓粪起家的80后‘全美第一CEO’”，2012年8月31日，新浪财经http：//finance.sina.com.cn/chuangye/interview/20120831/200413015739.shtml。

胆；只有热爱，你才能全身心投入，“衣带渐宽终不悔”。如果能把自己的兴趣和创业项目结合在一起，可能会产生事半功倍的神奇效果。比如，史玉柱是一个“骨灰级”网络游戏玩家，他现在把巨人网络的经营权下放给职业经理团队，自己专职“测试游戏”——一边玩游戏一边挑毛病，这项工作使史玉柱过上了神仙一样的日子。

14 岁的美国少年 Hart Main 对人造香味蜡烛情有独钟，2010 年 11 月在俄亥俄州的马里斯维尔开店，销售男人香味的蜡烛，获得了成功。

有一次，姐姐为学校慈善活动义卖蜡烛，Main 嘲笑这种蜡烛的“女人味”，还说有“男人味”的蜡烛才酷。他说：“我认为，草、熏肉、木屑、皮革的味道才有男人味。”一开始姐姐认为他只是开玩笑，Main 说，“她没有想到我会真的去做一些事情。”为了证明他是认真的，Main 投入 100 美元，他的父母也投入大约 200 美元，但有一个条件——如果卖蜡烛的收入不够偿还这 200 美元，他必须用送报的收入来还父母。销售男人香味蜡烛 1 个月后，他就买了一辆自行车。

什么是男人味？Main 已开发的蜡烛味道包括锯末味、咖啡味、刚剪过的鲜草味、篝火味、熏肉味、爷爷的烟筒味、新手套味、纽约比萨味和污垢味。据 Main 介绍，新味道的开发大多来自客户要求，也有过一些奇怪要求，比如牛粪味（当记者问他是否有满足这个要求时，他说：“嗯……没有。”）。

一开始，Main 只是走进马里斯维尔的各种商店，说我做了这些蜡烛，问他们是否有兴趣进行代销，Main 说，“很多人都同意了。”Main 没有花太长时间就说服一些当地以及 60 家全国其他地区的商店代销他的产品。大多数网上批发订单来自私营小企业，Main 介绍道：“客户是各种各样的商店，包括鞋店和汽车修理店等。”截止 2011 年 10 月，他已经在全美国范围内售出大约 9000 支蜡烛。客户通常是成年人，男女比例相当。ManCan 蜡烛的零售价为 9.50 美元，批发 20 个以上有折扣价。一开始主要是家人帮忙制作蜡烛——大豆蜡混合物。现在制作已经外包给俄亥俄州的蜡烛制造商，Main负责监督制作流程，当起了名副其实的小老板。

“事情比我想像得要多，但我很高兴迈出了第一步。”他说，“这是很好的学习机会，让我学到了很多关于创业以及我感兴趣的事情的经验。”①

2011年12月7日，大学生创业网以“80后老板的创业传奇，一年营业额700万”为题，报道了张帅辍学开网点的故事，也给以人以启迪。

上学期间张帅最喜欢上网、玩游戏。2004年，他从酒店管理学院中专毕业后，自考考上了青岛大学，选择了人力资源管理专业。可是，刚上了1年，他就在学校待不住了，辍学出来创业。张帅说：“当时主要觉得自考学历出来也不好找工作，而且我的兴趣就在网络上，认定能养活自己。”

2005年11月末，张帅第一次遇到淘宝网。当时，他喜欢玩网络游戏，但买游戏卡点很不方便，且价格贵。有朋友就告诉他说，到网上买直接能充值，并且价格便宜。就这样，张帅注册了淘宝，开始了第一次的网购之旅，同时也打起了开网店的主意。

张帅一开始卖女性饰品，但由于进货渠道不畅、选商品不对路，走过不少弯路，也赔了不少钱。谈起当初的“入行”，张帅坦言自己走了不少弯路，“开始什么都卖，首饰、点卡，能想到的货物，都去进货来卖。”最后只剩下一台电脑，投入的1万多元血本无归。2006年6月，张帅搜集了各方面的信息，经过反复思考，寻找自己人脉关系的优势所在，决定从事小家电业。起初因为没有任何实力，他不得不天天跑到经销商那里，谈价格、谈账期，甚至连续4天每天只在早上6时至8时睡觉，经销商被他的诚意打动，愿意给一周的账期。

由于他卖的小家电直接来源于厂家，质量有保证，而且价格比国美、苏宁等还要低两成，所以在网上销路一下子就打开了，特别是东北、西部缺少大型家电商场的地区，销量特别好。而他也顺势扩大了供货商渠道，联系到了九阳豆浆机、超人剃须刀等加盟。很快，张帅的“良品生活网络

① Michelle Juergen（万婧译）：“一个14岁少年的创业灵感”，《创业邦》，2011年第10期。

销售中心”的销量开始爆炸式增长，每月销售额在50万元左右，多的时候能做到60万元。张帅也把电脑从家里搬了出来，租了房子办公，还组建了一个工作小组。

2008年，张帅的“良品生活”被评为中国10大零售网商之一，淘宝网销售额Top10的皇冠卖家。“良品生活”所售产品均为全新正品全国联保，可以以最低的价格买到与商场同样的产品，且可获得比商场退换时间更长更优质的售后服务，这些都是“良品生活”核心竞争力所在。2011年，“良品生活”的营业额已经达到700万元。

张帅一直没忘，他的目标是从生意人到企业家的转变。他对采访他的记者说：越有成就的企业家，人格魅力、社会责任感、道德修养水平也就越高，所以自从店铺达到一定规模之后，自己的观念也逐渐开始向知名企业家看齐。[①]

总结一下，不一定科技水平有多高，不一定投入有多大，社会需要、力所能及、新颖别致、自己又兴趣盎然，这样的项目就是好项目。这四条结合在一起，就奠定了创业成功的基础。

第四条军规：设计一个好的商业模式。

说到商业模式，有的朋友可能一头雾水：什么是商业模式？商业模式说简单也简单，说复杂也复杂。

商业模式（Business Model）就是商业要素组合的方式。简单地说，商业模式就是公司通过什么途径或方式来赚钱。只要有赚钱的地儿，就有商业模式存在。那么，商业要素到底有多少呢？有的人列出8个，有的人列出9个，还有人列出10个。很显然，要素越多，其组合越复杂。例如，泰莫斯定义的商业模式包含8个核心要素：（1）价值主张（Value Proposition）：即公司通过其产品和服务所能向消费者提供的价值。（2）成本结构（Cost Structure）：即所使用的工具和方法的货币描述。（3）核心能力

① 王慧敏：“80后老板的创业传奇　一年营业额700万”，2011年12月7日，大学生创业网 http：//www. iceo. com. cn/chuangye/60/2011/1207/236461_ 4. shtml。

(Core Capabilities)：即公司执行其商业模式所需的能力和资格。(4) 价值配置 (Value Configurations)：即资源和活动的配置。(5) 合作伙伴网络 (Partner Network)：即公司同其他公司之间为有效地提供价值并实现其商业目标而形成合作关系网络。(6) 收入模型 (Revenue Model)：即公司通过各种收入流 (Revenue Flow) 来创造财富的途径。(7) 分销渠道 (Distribution Channels)：即公司用来接触消费者的各种途径。(8) 客户关系 (Customer Relationships)：即公司同其消费者群体之间所建立的联系。

这8个要素看起来是不是头多大？实际上他说的问题并不复杂，概括起来无非是企业以什么样的产品或服务满足消费者需要、投入的钱怎么来、有什么竞争对手不具备的绝招、如何生产、需要和谁合作、怎么赚钱、怎么销售产品、客户是谁以及如何与客户接洽，等等。选择好的项目解决的是“干什么”的问题，选择好的商业模式解决的是“怎么干”的问题。学者的特点是把简单的问题复杂化，而专家的特点是把复杂的问题简单化。笔者虽然谈不上专家，但“一直在努力”。

《中国商业评论》有一项中国企业最佳商业模式评选活动，共包括7大类指标：即创新性 (20)、赢利性 (15)、客户价值 (15)、风险控制 (15)、后续发展 (15)、整体协调 (15)、行业领先 (5) (指标后数字代表评价权重)，也可以近似看作商业模式的要素。

美国管理学大师彼得·德鲁克 (Peter F. Drucker) 曾经说过：当今企业之间的竞争，不是产品之间的竞争，而是商业模式之间的竞争。德鲁克为什么这么说呢？原因在于“干什么”的问题相对容易解决，而“怎么干”的问题却非常棘手。20世纪后半期开始，产品市场已经发生了由卖方市场向买方市场的逆转，几乎哪一个行业的竞争都十分激烈。要想在竞争中取胜，靠的就是与众不同且先进的商业模式。因此，商业模式问题从20世纪90年代开始，成为企业家们密切关注的问题。

我们以网络游戏行业为例，2004年巨人网络游戏公司成立之前，主流的网游公司盈利模式是会员制——先交钱成为会员后玩游戏，巨人网络推出了免费模式。玩游戏免费如何赚钱呢？史玉柱的办法是卖装备及其配件。要想在网络游戏中呼风唤雨、所向披靡，你必须有最尖端的装备，装备又是由众多配件组合而成的——配件也有多种材质，金的银的铜的铁的塑料的，价格相差悬殊。

如何取得配件呢？两种方法：一是在游戏中通过“挖宝”、“打拐”等完成特定任务的方式获得，但这种方式速度特慢；另一种方式是向别的玩家购买，——用真金白银买游戏币，用游戏币买配件，用一组配件换一套装备。配件和装备的卖家是史玉柱（网络公司豢养的专门“挖宝”、“打拐”的“黄金农夫”），经过这样一转换，大沓的人民币就装进史玉柱的腰包了。巨人的“征途”游戏同时在线人数最高时达160万人。老史算了一笔账：“征途”游戏玩家中有钱、有闲的“骨灰级”玩家占8%的比重，每人每年用于购买配件和装备的支出约为5万元，以100万玩家计算，这样掏钱买装备的“骨灰级”玩家就有8万人，每人每年支出5万元，巨人网络的销售额可以达到40亿元。老史的数学你不得不佩服。

商业模式的核心是盈利模式，史玉柱的网络游戏盈利模式就让我们大开眼界。其实你仔细观察，即使是同一类企业，其盈利模式也是有区别的。比如，同样是餐馆，有的卖的是产品，有的卖的是服务；同样是饮料，有的卖的是糖水，有的卖的是品牌；同样是房子，有的卖的是质量，有的卖的是位置。如果你做一家企业，你就必须要考虑卖什么、怎么卖、卖给谁、资金如何取得、原材料怎么买、生产和销售如何组织、涉及哪些上下游环节等等一系列问题，这是什么？这就是商业模式。

第五条军规：善于整合资源。

前面我们分析过，任何一个创业者都不会在所有的创业条件都具备的情况下才开始创业，而是“借船出海”、“借鸡生蛋”，在整合外部有用资源的前提下，实现自己的创业目标。整合资源是创业的一种手段，也是一种创业的理念——而且是很重要的一种理念。人们常说：不求所有，但求所用。指的就是资源整合给自己带来的优势。

但我们要注意，所谓整合资源是指在拥有自身独特资源的前提下，整合外部有用资源为我所用，而不是完全依赖外部资源。比如，2003年12

月在美国纳斯达克上市的携程网，是一家在线旅游服务公司，其主要业务是帮助旅客预订车、船、飞机票，宾馆、酒店房间，以及相关的咨询服务。携程自己没有车、没有船、没有飞机，也没有宾馆和酒店，它的独特资源是国内超过 5000 万的会员单位、与汽运公司、轮船公司、码头、火车站、航空公司、飞机场、酒店、宾馆无缝衔接的电子网络系统及合作关系，订票手续费收入、订票折扣、床位费折扣等是携程收入的主要来源，从这个角度看，携程是“寄生”在旅游服务这个大产业中，但从另外一个角度看，携程又是不可替代的，这就是整合资源的绝佳案例。

现代企业运营中，业务“外包”越来越受到企业经营者的重视——除了核心业务环节以外，其他事情都外包给别人去做。有的时候业务外包不单是钱的问题，还涉及工作质量和专业化程度。我的一个朋友是作高端餐饮行业的，海鲜档的管理始终是一个非常棘手的问题。活海鲜和死海鲜价格有天壤之别，高档海鲜养死了，要不要处罚？如果要处罚，下边的各部门就不敢上报，而是偷偷加工后出售，死海鲜一旦被客人发现就会投诉酒店，影响酒店声誉——甚至是自掘坟墓；不处罚就可能造成更多的高档海鲜死亡——用于做员工餐，也会给酒店造成越来越大的损失。就是这么一个棘手的问题，外包以后被彻底解决了。海鲜佬与酒店是买卖关系，死海鲜酒店是不会买的，而且由于人家是专业养殖，海鲜死亡的概率大大降低。尝到甜头后，朋友又将红酒、茶饮、花卉、清洁统统外包给专业公司去做，既减少了成本又提高了工作效率。

初创的企业不是缺“东”就是少“西”，其实也没有必要什么都自己做。比如有的企业把加工环节外包出去，有的企业设备是租来的，甚至会计都可以找兼职的，用工也可以外包，只要你守住“核心竞争能力”——别人偷不走的优势，一切 OK!

第六条军规：不冒过大的风险。

一般而言，创业企业资金少，规模小，盈利能力不强，抗风险能力弱。在这种情况下，不应冒太大的风险，应守住安全边界。损失 100 万元，对于一家大型企业而言，相当于掉了一根头发，而对于一家初创企业而言，则可能是致命的。

我的一个亲属辛辛苦苦攒了30万元钱，听人说开矿赚钱，就跟几个朋友到陕西想投资一个小煤矿。他们在那个地方跑了半年，投入超过300万元，花的都是冤枉钱，最后采矿证没办下来，几个人灰溜溜地回到老家，亲戚的30万元打了水漂——他还是几个人中损失最小的。

第七条军规：慎重选择合作伙伴。

商业模式一旦确定下来，创始人就应该积极物色合适的合伙人。道理很简单，一个CEO什么工作都亲自包揽，一定会累得像一条狗。但是选择合作伙伴时一定要慎重再慎重——因为这关系到你事业的成败。

你选择的合作伙伴最好符合以下条件：其一，你和他或她共过事且比较了解，对方在人品上没有瑕疵；其二，有不可或缺的专业技能或能在公司中独挡一面；其三，他或她考虑得更多的是你们之间共同的利益，而不仅仅是他或她个人的利益；其四，敢于承担责任和面对风险；其五，能把主要精力放在创业这件事上。有了这些条件，彼此的合作才能长久。此外，最好不要在你的团队里有你家庭成员的影子。

第八条军规：重合同守信用。

尽管有人不断提醒我们：不要轻易相信合约或合同，但我认为，作企业最重要的品德还是重合同守信用，一个翻手为云、覆手为雨、视信用为儿戏的人，不会愿意有人跟他做生意，他的事业也不会长久，所以有人说：小胜靠智，大胜靠德。做百年老店最重要的就是信誉。

私营企业、家族企业、合伙企业的经济纠纷绝大多数是因为缺少一纸合约。许多人考虑是哥们儿、家人、朋友或亲戚，不好意思在钱的问题上“金是金，两是两”，觉得没有必要签订正式合同，结果往往在这些问题上发生纠纷，最后成为敌人。其实作企业和家庭不一样，作企业必须规范，所谓规范就必须遵守契约精神。每个人注资多少，占多少股份，什么时间股权生效，股利如何分配，负债如何分担，剩余财产如何分割，薪酬如何确定，等等，这些问题一定事先说清楚并形成协议，避免事后出现麻烦。

在企业经营中，对员工、对经销商、对供货商、对客户，在工资、奖金、代销、采购、服务等各个方面也需要形成纸面协议，避免“口头合同”，白条顶账，从一开始就做规范，才能保证企业做长久。

第九条军规：有钱大家赚。

所谓有钱大家赚，就是创业者不要太吝啬，当企业盈利的时候，要让股东取得合理回报，员工取得合理收入，供应商、销售商取得合理利润，而不要总想着把钱尽可能多地装进自己的腰包。

蒙牛创始人牛根生说过：财聚人散，财散人聚。这个道理非常浅显，但也非常深刻。有许多生意人或企业家，赚钱后忘乎所以，克扣消费者，克扣员工，克扣供应商、销售商，偷税漏税，表面多赚了钱，但却丢了信誉，丢了人心，最后丢了企业——赚钱的工具。物质利益原则是人类社会的首要原则，人的一切行为瞄准的都是物质利益。商品经济社会里，你只有首先满足别人的利益，才能最终取得你应得的利益。你不让消费者得到利益，谁买你的产品？你不让股东赚钱，谁给你投资？你不让员工赚钱，谁给你干活？你不让供货商赚钱，谁卖给你原材料？你不让销售商赚钱，谁卖你的产品？没有消费者、股东、员工、供应商和销售商，你的企业还能办下去吗？

所以一定要记住：有钱大家赚——特别是你的合作伙伴。

第十条军规：找一个或几个资深顾问。

其实找咨询顾问也属于“整合资源”范畴，只是显得对咨询顾问不太尊重。在现实生活中，我们不可能什么都懂，比如，财务、营销、法律、技术，等等。但我们又不能养这些所谓专家——其实也养不起。怎么办？办法就是聘一个或几个咨询顾问，既可以请正式的，也可以请非正式的；既可以是付费的，也可以是“撮一顿”就可以打发的；既可以是长期的，也可以是一次性的。所谓的专家，也包括你的家人、朋友、亲戚甚至同事，只要具备专门领域的知识，就可以成为专家。你会从他们身上获得取之不尽、用之不竭的营养。

有了这十条，齐了。

第12章

投资的世界精彩纷呈

投资是依据详尽的分析——本金安全和满意回报有保证的操作。不符合这一标准的操作就是投机。

——美国"证券分析之父"本杰明·格雷厄姆

(Benjamin Graham)

投资的概念有广义和狭义之分。从广义上讲，投资实业和投资金融资产都可以称为投资。两者的区别是：前者的回报来源于运作实体企业带来的利润，后者的回报是利息、股息、租金等形式的收益。创业就是实业投资（向别人创办的企业投资一般称为财务投资）。从狭义上看，投资是指对金融资产的投资，比如股票、债券、基金、期货、黄金、外汇等，这类投资的特点是“坐等食利”、“以钱生钱”，由于投资者不参与运作实体经济活动，所以称为金融投资或财务投资。值得注意的一点是，绝大多数的实体企业均参与金融投资或财务投资活动，企业财务意义上的投资即指此类投资。本章所讲的投资也仅指金融投资。

企业为什么参与金融投资或财务投资呢？这首先是企业多元化经营的一个产物，尤其在财务投资收益水平远高于实业投资收益水平的情况下，拿出一部分资金进行财务投资就成为企业普遍的选择。有相当数量的企业，财务投资收益多于实业经营利润，这种示范效应促使人们更多地加大财务投资的比重，从而弱化了实体经营，久而久之会造成“产业空心化”，这是一种极其恶劣的社会倾向，是一国的产业政策出了毛病。其次，如果企业在正常生产经营中，有部分暂时闲置的资金，为了提高资金使用的效率，也会阶段性地加入金融、财务投资的队伍，这在经营实践中无可厚非。

根据中国国家统计局有关专家的解释，我国现行统计中的“人均可支配收入”，由四部分构成，按照占比大小分别是：工资性收入（工资等）、转移性收入（养老金等）、经营性收入（商业买卖收入等）和财产性收入。“财产性收入”一般是指家庭拥有的动产（如银行存款、有价证券等）、不动产（如房屋、车辆、土地、收藏品等）所获得的收入。它包括出让财产使用权所获得的利息、租金、专利收入等；财产营运所获得的红利收入、财产增值收益等。在“人均可支配收入”中以“工资性收入”为主，大约占到70%左右。财产性收入占比重较小，占比大约在2%左右。[1]所谓“财产性收入”，在外延上与金融投资或财务投资收入的范围相当。中共十七大报告中首次提出“创造条件让更多群众拥有财产性收入”，提法新颖，标志着我国劳动分配观念和制度的重大历史转折。

在投资理财领域，有一种普遍的观点认为：穷人与富人的区别就在于后者比前者拥有更多的投资。如美国著名理财专家大卫·金恩就认为，如果一个人能够有效地管理自己的钱财，合理地节省并有效地投资，他的财富就会一点点增多，而善于管理钱财的人最后自然会比不善于管理钱财的人富有。[2]金融投资为什么可能使人致富？这是因为金融投资是效率最高的一种投资方式——除了投入金钱以外投资者不必参入创造价值，“被动地”坐收渔利；华尔街有一名言叫“money never sleeps”（金钱永不眠）——当你睡觉的时候，你投资的钱并没有睡觉，它们还在辛苦地为你赚钱。

金融投资的对象主要是有价证券，包括股票、债券、基金、外汇、银行储蓄凭证等，这些金融产品本身没有使用价值，只以价值凭证的面貌出现，人们之所以交易有价证券，是因为它们所代表的价值。由于金、银在历史上就以货币的面目出现过，也是目前比较常见的储藏手段，所以金、银也是金融投资的对象。商品经济的发展，使交易的范围扩大，交易的概念深化，大宗商品、房地产、某些稀缺商品也进入人们的视野，成为金融投资的对象。这些对象与有价证券不同，它们本身既具有价值也具有使用价值，之所以成为金融投资的对象，是因为此时人们并不关注它们的使用价值，关注的是它们的价值以及价值增值的潜力。对于金融投资者而言，一笔钱究竟是投资股票还是投资房地产，起决定作用的是两者的升值潜力谁更高，而与房子的居住价值无关。期货也具有相同的性质。收藏品是一种特殊类型的金融投资对象，既有收藏、欣赏、愉悦身心的特点，又有保

---

① 张旭东、刘铮：“十七大词典：财产性收入”，2007年10月17日，新华网 http://news.xinhuanet.com/newscenter/2007-10/17/content_6894286.htm。

② 佚名：“从穷鬼到富豪　揭秘美国人理财十大秘诀”，2011年6月29日，中国证券网 http://money.jrj.com.cn/2011/06/29141510325099.shtml。

值、增值、投资的特性。复杂的金融衍生品是伴随着金融经济的繁荣出现的，其交易额占期货市场 95% 以上的份额，是大型机构间斗法的手段。金融投资的对象可以统称为金融产品。

金融产品之所以成为金融投资的对象，是因为它们有一个共同的特点：潜在的价格的波动性。如果有一种东西价格是永远不变的，它就不会成为人们交易的对象。人们预期某种金融产品价格上升就会买进，预期某种金融产品价格下跌就会卖出。由于对价格走势的判断不同，就形成了交易和市场。价格的波动性也就是交易风险的来源：当你的预期与市场走势一致时，你可以获利了结；当你的预期与市场走势相背离时，你将遭致亏损。——市场风险始终伴随着交易。

对金融投资进行分类研究，可以深化我们对金融投资的认识。

(1) 固定收益类产品投资和非固定收益类产品投资。固定收益类产品指预先约定利率、股息率等回报率水平的金融产品。银行储蓄存款、国库券、国债券、部分公司债券、优先股等一般是固定收益类产品，这类产品的收益率水平是预先确定的，一般而言投资风险较小。但是在金融投资领域，风险与收益水平往往是正相关关系，即风险越低收益水平越低，风险越高收益水平越高。风险性的对立面是安全性，金融产品的安全性与收益性是负相关关系。

固定收益类产品投资风险较小，是不是意味着没有风险呢？也不是。正如前面所说明的，只要投资就会有风险。固定收益类产品投资的风险表现在两个方面：一是固定收益类产品收益率水平变化带来的风险。比如，后期利率或股息率提高，就会给前期投资者造成损失；二是通货膨胀因素的影响，如果固定收益类产品的收益率低于通货膨胀率，也会给投资者造成损失。

非固定收益类产品是指除固定收益类产品以外的金融产品，这类金融产品数量众多，市场庞大，它们的共同特点就是收益率水平事先不确定，随行就市，水涨船高，因此投资风险较高。非固定收益类产品投资的收益率一般高于固定收益类产品投资的收益率，其差价称为“风险溢价”，投资理论的解释是“投资者因承担投资风险所要求的风险补偿”。但你必须了解的是，这种风险补偿机制是针对全体投资者而言的，而不是针对个别投资者而言。也就是说，如果1年期银行存款的利率为3%，股票投资的平均回报率是8%，不意味着你投资股票必然比银行存款多获得5%的回报，有可能获得20%的回报，也有可能把老本赔光。

（2）长期投资和短期投资。根据投资期限的长短，可以把金融投资区分为长期投资和短期投资两种类型。其实长期和短期是相对而言的，不存在着绝对的区分标准。但为了表述时所传达的意思是一致的，大家同意把1年作为区分长期和短期的一个时间界限，即期限在1年或1年以内的投资称为短期投资，期限超过1年的投资称为长期投资。一般而言，投资期限越短投资风险越小，投资期限越长投资风险越大，因此，长期投资的回报率水平高于短期投资的回报率水平。

长期投资和短期投资在金融产品、金融市场上表现不同。短期金融产品主要包括活期存款、1年期定期存款、国库券、大额可转让存单(CDs)、商业票据、回购协议、现汇、货币市场基金等，交易短期金融产品的市场称为货币市场。

在这些短期金融产品中，最适合普通投资者投资的是货币市场基金。所谓货币市场基金是一种主要投资央行票据、记账式国债、金融债、协议存款等稳健型金融产品的开放式基金，因为它不像其他开放式基金一样有认购和赎回费用，所以投资者可以把它当成“活期储蓄”，但收益水平高于活期储蓄，可随时购买和赎回，从发出赎回指令到可以取现一般只需要2至3个工作日。其次，国库券也可以考虑。最不可取的方法就是存入银行，因为活期储蓄的利率很难跑过通货膨胀。

长期金融产品林林总总，琳琅满目，包括信托贷款、委托贷款、股票、国债券、公司债券、黄金、贵金属、期汇、期货、期权、房地产、共同基金、风险投资、对冲基金、私募股权基金、房地产信托基金、金融租赁、公司股权、收藏品等，交易长期金融产品的市场称为资本市场。投资期限长，产品种类多，价格变化快，某些金融产品相当复杂，资本市场的投资风险远高于货币市场。

（3）直接投资和间接投资。有的人认为，直接投资和间接投资的区别是看投资是否经过金融中介，这种认识是肤浅的，没有抓住问题的本质。实质上，直接投资和间接投资的区别是看投资决策最终是由谁作出的，而通过或不通过金融机构并不是决定的因素。所谓直接投资，是由投资者作出投资决策的投资，而间接投资是由金融机构作出决策的投资。从这一点上看，直接投资也可以称为“主动投资”，而间接投资也可以称为“被动投资”。

以股票投资为例，如果是投资者直接在股票交易系统上投资，买那只股票、什么时间买、什么价位买、买多少都是投资者自己决定的，这就是直接投资。虽然，在购股过程中股票经纪商——证券公司操盘手起了中介作用，但交易决定是你自己作出的，是你“主动”的行为。相反，如果你投资股票基金，虽然同样是买股票，但买那只股票、什么时间买、什么价位买、买多少你一样也说了不算，这就是间接投资，在这个过程中你是“被动”的。相同的道理，银行存款是间接投资，而委托贷款、信托贷款、房地产投资、收藏品投资、期货、绝大多数基金的投资都属于直接投资。

直接投资，投资者自担风险，金融机构责任不大；间接投资，金融机构负第一位责任，所以，每一个国家都要对银行、共同基金等中介机构进行严格的监管，这是因为这些机构“外部性特征”① 明显，而对私募基金等的监管相对薄弱，是因为这些机构的“外部性特征”不甚明显。

不同的金融产品在流动性（变现性）、收益性、安全性（风险性）、期限性等方面有不同的表现。一般而言，期限短的金融产品流动性高，安全性高，收益性低；期限长的金融产品流动性低，安全性低，收益性高。所以，在投资实践中应合理匹配。

2012 年 6 月 11 日《成都商报》曾刊登一篇题为《财富多久能翻一

---

① 外部性（externality），经济学名词，又称为溢出效应、外部影响或外差效应，指一个人或一群人的行动和决策使另一个人或一群人受损或受益的情况。

番?》的报道，记者运用“72法则”（72 ÷（投资收益率×100）= 本金翻一倍所需年限）测算了7种金融投资品使本金翻番的时间。其结论是：

（1）储蓄：最少需14年，最长要22年。

央行规定1年期定期存款基准利率为2.25%，并放宽了上浮幅度。在实际执行中，大多数银行对1年期定存利率作了上浮，上浮幅度有两种，而少数银行执行基准利率，这样一来，1年期定存形成了3档利率。按照“72法则”计算后发现，要使本金翻一番，银行储蓄整存整取所需时间，最长要22年多，最少14年多。

（2）货币市场基金：需要20年。

在2011年股、债双杀的背景下，股票基金和债券基金大面积亏损。截至2012年3月29日，已经披露年报的43只货币基金平均年收益率3.60%。如果我们按照此年均收益率计算，本金翻一番所需时间为20年。

（3）人民币理财：一般需要18年。

目前，不少银行推出的人民币理财产品，也成为市民一大投资渠道。一般而言，人民币理财产品要高于1年期定存年利率，若以年收益为4%计算，本金翻一番所需时间为18年。

（4）国债：至少需近12年。

国债多数是3年和5年期。2012年4月10日，财政部向个人投资者公开发行2012年第一期凭证式国债，最高年利率达6.15%。按照此利率计算，本金翻一番所需时间为11.7年。

（5）开放式基金：乐观的话要9年。

当前开放式基金业绩良莠不齐。据业界介绍，如果选择一只好的基金，其回报率可达8%左右。如按此计算，本金翻一番所需时间为9年。

（6）信托：乐观估算8年多。

信托产品之间彼此的年利率相差也较大。目前信托产品年利率较高的达8.5%，照此乐观计算，若购买信托产品，本金翻一番所需时间为8.47年。

（7）炒股：风险大难以预算。

炒股收益率可能特别高，但风险也特别大。选对了也许一夜暴富，但是没选对就是血本无归，基本上难以预算。我们暂且按照 15% 年利率计算，炒股投资本金翻一番所需时间为 4.8 年。

上述计算有时间段固有特点，但大体上可以说明不同的金融产品其收益率水平是不同的，投资者可以根据自身的情况加以选择。

《新京报》记者黄锐 2013 年 3 月 5 日报道："巴菲特去年业绩跑输大盘"。2013 年 3 月 2 日，巴菲特旗下的伯克希尔·哈撒韦公司公布 2012 年四季度和全年财报，"股神"也发表了一年一度的致股东信。"1965 年，我合伙成立伯克希尔，那时候我做梦都没想到过，我们 1 年赚上百亿美元却还没达到标准。"——巴菲特在一年一度的致股东信中这样说。尽管旗下伯克希尔哈撒韦公司去年赚得 241 亿美元，每股账面价值增长 14.4%，但身兼董事长和 CEO 职务的"股神"显然并不满意，认为"相对于标普 500 指数其表现落后了。"——同期标准普尔 500 指数的总体回报率为 16%（其中包括股息）。

"我们一年赚钱 241 亿美元还是没有跑赢大盘，但它确实发生了，2012 年就是表现欠佳的一年。而和美国股市的反弹相比，公司的表现没有达标。"巴菲特称。据悉，在巴菲特执掌该公司的 48 年中，这是第九次表现落后，但却是四年来的第三次，因此外界对伯克希尔·哈撒韦公司的五年平均回报能否继续跑赢标普 500 尚存疑问。

这个故事说明什么？说明没有人能够始终战胜市场——即使是全世界最伟大的投资家巴菲特也不例外。这个现象涉及一个著名的经济理论——有效市场理论（Efficient Markets Hypothesis，EMH）。EMH 是西方主流金融市场理论，又称为有效市场假设，该理论是预期学说在金融学或证券定价中的应用，是现代金融学理论的重要基石，资本资产定价模型（CAPM）、套利定价理论（APT）以及期权定价模型（OPT）都是在有效市场假设之上建立起来的。

如果说资本市场是有效的，是不是意味着资本市场的走势是可以预测的？——和一些人的想象刚好相反，资本市场有效的结论恰好说明资本市场是不可预测的。有效市场理论的集大成者、美国芝加哥大学著名教授尤金·法玛（Eugene Fama）认为，在资本市场上，如果证券价格能够充分而准确地反映全部相关信息，便称其为有效率。也就是说，如果证券价格不会因为向所有的证券市场参加者公开了有关信息而受到影响，那么，就说市场对信息的反映是有效率的。对信息反映有效率意味着以该信息为基础的证券交易不可能获取超常利润。

“有效市场理论”起源于20世纪初，这个假说的奠基人是一位名叫路易斯·巴舍利耶的法国数学家，他把统计分析的方法应用于股票收益率的分析，发现其波动的数学期望值总是为零。1964年奥斯本提出了“随机漫步理论（Random Walk Theory）”，他认为股票价格的变化类似于化学中的分子“布朗运动”（悬浮在液体或气体中的微粒所做的永不休止的、无秩序的运动），具有“随机漫步”的特点，也就是说，它变动的路径是不可预期的。1970年，法玛在《商业学刊》（Journal of Business）上发表的一篇题为《证券市场价格行为》的论文中也认为，股票价格收益率序列在统计上不具有“记忆性”，所以投资者无法根据历史的价格来预测其未来的走势。“有效市场理论”不仅敲响了技术图表派的丧钟，也从根本上否定了依靠历史信息预测股市未来走势的可能性。——也许正因为如此，巴菲特、所罗斯等投资大师级人物都对预测股市涨跌不“感冒”。

资本市场不可预测，并不意味着在资本市场上的操作没有任何原则。在总结投资大师们成功经验的基础上，结合本书读者群的特点，笔者总结出普通民众金融投资的8个基本原则，——如果能对读者产生一些启迪，作者就心满意足了。

第一，不熟不做，选择自己熟悉其投资机理的投资项目。投资世界琳琅满目，投资什么？投资自己熟悉、了解的投资项目，这是巴菲特投资成功的“秘籍”之一。

20世纪八九十年代，新科技革命在美国风起云涌。互联网革命吹大了IT、互联网上市公司的泡沫，纳斯达克指数像火箭一样飙升。许多传统的投资机构纷纷加入这股热潮，而巴菲特就是不为所动。有一些人嘲笑“巴菲特老了”、“反应迟钝”、得了“不适应症”等等。而当世纪之交互联网泡沫破裂时，又有人推崇巴菲特有先见之明。而巴菲特的解释则既简单又实在：

记者问：你为什么不投科技类的产业？现在，科技公司非常多，发展也很快。

巴菲特：它不是我的优势。对科技公司认识最深刻的人，我可能在全世界的前一千、前一万名都排不到。……我不是天才，但是我在某一些领域比别人更聪明更有见解。我觉得对一个人来说，最重要的，就是呆在那些你有优势的领域，不要随便走到别的领域去，你一定要“Focus”（聚焦），要“Stay Around”（坚守）。①

受2008年美国金融危机的影响，铜线的价格从2008年年初的每公斤65元左右下降到2009年年初的每公斤20多元。我的一个作矿山机电矿长的朋友觉得太不可思议了，倾其所有买了10吨铜线存放在家里。2011年年初，铜线价格回调到每公斤70元左右，朋友将铜线售出，短短两年赚了大约50万元，投资回报率约为250%。

相反，金融危机过后也暴露出来一些内地客户，因投资香港“有毒”金融衍生品巨亏的案例。大约从2007年开始，高盛、摩根斯坦利、汇丰等国际投行，向香港和大陆投资者销售一款名为KODA（Knock-Out Discount Accumulator）的金融衍生品。KODA是一项跟股票挂钩的风险极高的复杂金融衍生品，翻译成中文的意思是“累计期权合约”，其特点是收益有限，风险无限。在国际上，打折股票被称为“金融鸦片”；而在香港，Accumulator则被形象地解读为“I Kill you later（随后我会杀了你）”。2007年，香港的GDP总量也才1600亿美元，但投行出售的累股期权值就高达1000多亿美元。据香港投行人士分析，这些合约一半以上都卖给了内地投资者，

① 杨琳桦、闫萌：“对话股神巴菲特：你所能犯的最大错误”，2010年4月24日，《21世纪经济报道》。

特别是民营企业家和企业高管群体，使得他们的数百亿财富化为泡影。中国富豪们通过银行理财，不但自己的上亿身家赔得干干净净，更欠下银行巨额债务。内地商人郝婷倒欠星展银行9000万港元，中国女首富杨慧妍亏损12亿人民币，前中国证监会首席顾问梁定邦被花旗追讨970万港元。这些被血洗的投资客，不乏在资本市场翻手云覆手雨的精明玩家，现在却只能被这些投资机构宰割。[①]

许多投资人抱怨，国外投行有关KODA的说明文件太厚、太繁、全英文、风险提示在角落里并且用小号字，客户经理只谈潜在的收益不谈风险，投行存在欺诈，等等。我却认为，投资者也有责任。你不熟悉、不了解为什么要买？可见，“不熟不做”应该成为投资者投资的首要戒律。

第二，做好投资之前的“功课”，不盲目跟风。“羊群效应”是资本市场投资失利的罪魁祸首之一。有的投资者没有主见，没有投资哲学或以别人的投资哲学为自己的投资者学，偏听偏信所谓“小道消息”，巴菲特说过：百万富翁破产的最好方法之一，就是听小道消息并据此买卖股票。

为什么“跟风”和迷信“小道消息”会导致投资失利？原因是中国古人说的：月满则亏，水满则溢。资本市场牛熊转换天经地义，价格上涨到一定程度就会下跌，下跌到一定程度就会上涨。因此，华尔街老牌分析师、备受尊敬的鲍勃·法雷尔（Bob Farrell）曾提出过一个投资基本原则：当所有专家、所有的预期都达成一致时——相反的事情将会发生。——也就是说，选择自己看好的投资项目——不要选择时下流行但已大幅上涨的投资项目——记住他这句话没有坏处。这是因为，有效市场理论告诉我们，当前的价格已经囊括了所有促使股票价格上涨的因素。

作投资是科学，而不是撞大运——天底下没有免费的午餐。仔细想想：巴菲特们用几个亿、十几个亿做一只股票，散户用几万、几十万做十几个股票；巴菲特们做一个股票要用一年甚至几年、十几年，散户做一个

---

① 佚名：“汇丰银行衍生品血洗富豪　女首富杨慧妍亏损12亿”，2010年5月14日，中国经济网 http：//news.sohu.com/20100514/n272114095.shtml。

股票只用一周甚至几天；巴菲特们一年作一二只股票就大功告成，散户一年做几十只股票还心有不甘；巴菲特们在做一个股票之前要对该股票的基本面、技术面做长时间的调查研究，并且制定周详的计划方才行动，散户看着电脑屏幕、听听小道消息，三五分钟就决定买与卖。要想知道输赢的原因吗，这就是差距。

第三，价值投资——关注投资对象的内在价值。理财学中讲，无论是资产的价值还是企业的价值，都有三种表现形式：即账面价值、市场价值和内在价值。

账面价值是企业财务报表或会计账簿中所表现出来的价值。由于采用“历史成木法”（按资产采购或建造时的价格）记账，以及提取“折旧”的影响，账面价值与市场价值和内在价值并不一致，——有时甚至相差甚远。比如，“商誉”作为无形资产是要“摊销”的，但像可口可乐这样的品牌价值在摊销为零后，照样可以给企业带来巨大的收益，——摊销商誉就低估了企业的价值。由于账面价值“滞后”的特性，就给“每股净资产”、“市净率”、“净资产收益率”（ROE）等财务指标带来模糊性。

市场价值是指资产或企业在交易中所确定的价值，最简单的就是“市值”——发行在外的股份数乘以每股收盘价。就上市公司而言，市场价值是最容易取得的财务指标，也是变动最频繁的财务指标，宏观、中观、微观环境的任何一点风吹草动都可能反映在股票价格中，使之“翻手为云，覆手为雨”。美国花旗银行的股价在金融危机前为每股91美元，金融危机后下跌为每股0.97美元，即使金融危机前后花旗的资产价值有所变化，但变化的幅度决不会如此之大，所以，金融领域是“蝴蝶效应”展现最充分的领域。

内在价值是指资产或企业“公允的”内涵价值，或者说是不含偏见的各方评估认同的合理价值。从理论上讲，内在价值是真实价值，但也是最难确定的价值。

所谓的价值投资，就是在市场上发现其市场价值低于其内在价值的资产或企业，买进并持有，待其市场价值恢复到接近其内在价值时售出获利；或者是在市场上找到其市场价值高于其内在价值的资产或企业，并以“卖空”手法售出，待其市场价值回归到其内在价值时买进并交割，进而从中获利。

巴菲特等投资大师，通常用几年的时间在研究一家企业，他们在研究什么呢？他们研究的就是企业的内在价值。

第四，量力而行——规避无法承受的投资风险。对于普通投资者而言，可供投资的资金不多，风险承受能力弱，所以非常忌讳无视风险孤注一掷式的所谓投资。投资大师格雷厄姆所定义的投资是“本金安全和满意回报有保证的操作”，他认为不满足上述条件的投资实质上就是投机。投资和投机虽然仅一字之差，但其内涵相去甚远。尽管投资和投机都有风险，它们的区别在于：投机所面临的风险远高于投资——与投资相比，投机就是赌博。

举个例子来说吧，老李有 300 万元积蓄可用于投资，现在他面临着两种选择：一是投资平安银行的一款信托产品，年化收益率为 9%；二是投资民间高利贷，月利 2 分，合年利率 24%。从收益水平来看，当然是放高利贷更赚钱，但投资风险远高于信托产品。信托产品有担保或有抵押，投资者所需要担心的主要是利率风险（如果市场利率提高，本项投资的收益相对减少），而不是本金的损失；而民间高利贷则面临着本息皆失的较大风险——债主破产、倒闭、意外死亡、跑路、资不抵债等等。投资信托产品可以看成是投资，而投资高利贷其实就是投机。老李的这笔钱如果是后半生的活命钱，就不应该投入到高利贷的赌博中去。

我认识的一对年轻夫妇，原来是我家的邻居。男的在某 IT 企业供职，女的在一家企业作会计，收入不菲。2005 年前后，小两口迷上了炒股票，不久，男的辞职在家专业做股票。2007 年大赚了一笔，他们觉得炒股票赚钱比上班来得容易得多，就把原来住的 150 多平米的房子卖了，用于追加股票投资，租住到一个 50 平米的小房子里去住了。但自从搬到小房子之后，用男的的话说：运气没了——买啥啥赔，原来赚的钱又都退还给股市了。小两口不甘心，到处借钱企图翻本，借不到就骗——连自己的亲姐姐也不放过，女的还涉嫌挪用公款，但夫妇俩越陷越深，负债高达900万元。假设这小两口每年能偿还10万元欠债，也得还90年。无奈，小两口双双走进派出所自首，老邻居们叹息不已。

其实，适度的举债投资也没有什么不可以，但要掌握的原则是投资必须安全——投资收益一定要高于举债成本。理财专家给出的建议是：工薪阶层要将储蓄分成3份：1/3用于保障家庭必要支出；1/3购买具有较高流动性、资金安全有保障的固定收益类产品；1/3用于具有较高风险的投资——尽管比较保守，但可以保证家境的经济安全。

第五，控制盈利水平——收益率过高的钱不赚。投资就是为了盈利，为什么收益率高的钱反而不赚呢？这个看似愚蠢的投资策略其实是有道理的。一项投资如果收益率过高，就必须问一个为什么？比如，有的高利贷达到3分利，合年利率为36%，还有更高的年率达到200%。他给你3分利，他自己还要赚钱，他赚的应该比你赚的还多，干什么能赚这么多钱呢？所以投资者一定要警惕高得离谱的投资收益率，一定要搞清楚他的高得离谱的收益率是怎么来的，有没有可行性，风险有多大。

一个作企业的朋友，别人拉她投资一项文化产业私募基金，承诺的收益率为每年30%，她就委托我帮她研究一下。我仔细研究一下朋友给我提供的有关资料，发现这支基金的旗下有一个文化产业园，而文化产业园拟在美国纳斯达克上市，承诺给投资者的回报是上市后资本增值——故事编得还不是太离谱。但我登陆公司网站后发现，该公司计划登陆纳斯达克的时间是2006年，朋友委托我调研的时间已经是2012年，6年的时间都过去了，又没有任何文件可以证明该公司可以在近期登陆美国资本市场，不是诈骗是什么？退一步讲，假设该公司在美国上市成功，就这样一家普通的物业公司能创造资本市场的神话吗？如果股票卖不掉怎么办？如果上市价跌破发行价怎么办？如果被强制退市又怎么办？所以这样的高收益率的诱惑还是离得越远越好。

第六，不要与机构为伍，采取与机构相反的投资策略。活跃在投资领域的无非有两种人：机构投资者和个人投资者。与个人投资者相比，机构投资者占有资金、人才、信息、研究能力、市场影响力等各种优势，它们是资本市场的“强势群体”，而个人投资者是“弱势群体”。机构投资者和个人投资者是什么关系？是共生关系，是博弈的双方，是猎人与猎物的关系，但绝不是互利共赢关系。说“机构投资者和个人投资者是共赢关系”，纯属骗人的鬼话，就好像说狐狸和小鸡儿是互利共赢关系一样荒谬。在金融市场上，个人投资者就是机构投资者的猎物，按照丛林法则，狐狸不吃鸡吃什么？所以，鸡的生存法则不同于狐狸的生存法则。

被称为“金融大鳄”的所罗斯曾经说过：羊群效应是我们每一次投机能够成功的关键，如果这种效应不存在或相当微弱，几乎可以肯定我们难以成功。这句话翻译过来，就是机构的成功靠的是普通投资者的愚蠢跟风。“股神”巴菲特说：要想成功地进行投资，你不需要懂得什么有效市场、现代投资组合理论、期权定价或新兴市场，事实上，大家最好对这些东西一无所知。因为这些理论是为机构投资者服务的，如果你像机构投资者一样思考，你被“捕获”的概率就会高得多。

投资组合理论几乎是投资界的金科玉律，理财学中要费很大的劲儿去论证这种理论的正确性，但这种理论对于个人投资者而言却没有一点用处。所以巴菲特说：分散投资是无知者的自我保护法，对于那些明白自己在干什么的人来说，分散投资是没有意义的；一个人一生中真正值得投资的股票也就四五只，一旦发现了，就要集中资金，大量买入；应该把“所有的鸡蛋放在一只篮子里，然后小心地看好”。

第七，要掌握一些财务金融知识，否则你可能逢战必败。笔者在2011年出版的《解析现代金融十大迷局》（中国金融出版社2011年11月版）的封面上，写过这样一段话：21世纪有许多新的特征，其中的一个是：“金融盲”无法生存。用不了多久，本书所传播的现代金融知识就会成为有素养公民的一种常识。知识就是力量。知识改变命运。投资不是少数人的专利，而是一种大众理财工具，要理财你能离得开财务金融知识吗？

财富增长的秘密是复利，你知道什么是复利吗？你知道复利和单利的区别吗？你在投资时考虑过利率计算方法对投资回报的影响吗？

彼得·林奇（Peter Lynch）生于 1944 年 1 月 19 日，是一位美国卓越的股票投资家和证券投资基金经理，曾被誉为“全球最佳选股者”，并被美国基金评级公司评为“历史上最传奇的基金经理人”。到 1990 年 5 月辞去基金经理人的职务为止的 13 年间，麦哲伦基金管理的资产由 2000 万美元成长至 140 亿美元，基金投资人超过 100 万人，成为富达的旗舰基金，并且是当时全球资产管理金额最大的基金，其投资绩效也名列第一，13 年间的年平均复利报酬率达 29%。在任基金经理期间，林奇“每年要访问 200 家以上的公司并阅读 700 份年度报告”①，才优中选优，确定投资对象。你知道什么是财务报表吗？你能看懂财务报表吗？你知道财务报表有什么用吗？你能从财务报表中看到别人看不到的信息吗？

巴菲特的选股能力极强，奠定了伯克希尔·哈撒韦公司业绩辉煌的基础，但你知道巴菲特选股的方法吗？你知道准确评估一家公司的内在价值在投资时至关重要，但你知道如何评估吗？你知道评估的核心要素是什么吗？巴菲特特别关注公司的“自由现金流”，你知道“自由现金流”如何计算吗？评价一家公司的财务状况，巴菲特常用的一个财务指标是“利息保障倍数”，你知道什么是“利息保障倍数”吗？你知道“利息保障倍数”为什么可以用于评价公司的财务状况吗？投资既是科学，也是艺术。没有一定的专业知识，不可能成为金融市场上的常胜将军。如果有人说，投资时“知识无用”，那是蒙人呢。

第八，把握好投资的底线，不急于求成。投资的底线是什么？投资的底线是“不亏本”。有的人宁愿把钱存在银行（准确地说，把钱存在银行不叫投资，应该叫储蓄）也不去投资，实际上就是在坚守“不亏本”的底线。但这种做法不应该成为通常的做法，只有在确实找不到合适的投资机会时的一种“权宜之计”，因为储蓄不仅不赚钱，反而亏钱。

“把握好投资的底线，不急于求成”，本质上是要求投资者稳健投

---

① ［美］彼得·林奇、约翰·罗瑟查尔德，刘建位译：《战胜华尔街》，机械工业出版社 2007 年版。

资——不追求高回报，不过度冒风险。但这样做，积累财富的速度就会放慢，解决的办法是持之以恒，坚持不懈。比如，选择那些收益率较高的固定收益类产品，持有那些持续持派发高股息的成长型股票等，这需要“定力”。

“把握好投资的底线，不急于求成”，还有另外的一层意思，就是当投资向不利于己的方向转变时及时“止损”——止损也需要“定力”。

威廉·江恩（Willian D. Gann）是20世纪美国最著名的投资家之一。在股票和期货市场上的骄人成绩至今无人可比，他所创造的把时间与价格完美地结合起来的理论，至今仍为投资界人士所津津乐道，倍加推崇。江恩为自己的投资制定了止损线：每次入市买、卖，损失不能超过所投入资金的1/10——到达止损位立即平仓止损。江恩纵横金融市场45年，用自己投资哲学赚取了5000多万美元，相当于现在的10亿多美元。

下面是一个很“逗”的故事，看能不能说明某些投资者赚不了大钱的原因：

有一个猎人设计了一个捉火鸡的装置。他在一个大箱子的里面和外面洒了些玉米，箱子有一道门，门上系了一根绳子，他抓着绳子的另一端躲在暗处，等到火鸡进入箱子，他就拉扯绳子，把门关上——火鸡就被活捉了。

一天，有12只火鸡进入箱子内，然后有一只偷溜了出来。猎人想：等箱子里面有12只火鸡后，我就关上门。然而他在等第12只火鸡回到箱子里时，又有一只火鸡跑出来了。他想：我等箱内有11只火鸡后，就拉绳子好了。可是他在等待的时候，又有3只溜出去了……最后，箱内一只火鸡也没剩——猎人空手而归。

第13章

房子——买还是不买

房子不是简单的居住场所，也不仅仅是投资品，它还承载着国人无法摆脱的复杂情愫——没有自己的房子，人们就会觉得没有家。

——作者题记

让多数中国人最纠结、最闹心的事儿是什么？答案是："房事儿"——买房还是不买房。中国房地产市场一向不缺少雷人的判断，其中一句"丈母娘推高了中国房价"当属典范，当然这也概括出了当今普遍的社会现象：要嫁女，先看房。网上流传的"丈母娘择婿的N条标准"，哪一个版本也不能缺少"有住房"这一标准。想想也是，作为丈母娘，为了女儿婚后的幸福或没有那么大的压力，找一个"解决了基本生存需要"的女婿，于情于理都没什么不妥。女人找夫婿是"第二次投胎"，既然这次"投胎"是自己可以把握的，为什么不把命运掌握在自己手中呢？如果这个道理大家都认同，陷入绝望的就是那些有爱情但无住房的男光棍儿了——在网上发牢骚的可能多数是这帮人。

其实，"自有住房"不仅是中国人的情节，世界各国人都差不多。前总书记胡锦涛在多个场合多次谈到：我们要"努力使全体人民学有所教、劳有所得、病有所医、老有所养、住有所居，做到发展为了人民、发展依靠人民、发展成果由人民共享"。在美国前任总统小布什和现任总统奥巴马对"美国梦"的表述中，都离不开"帮助人民购买住房"这一内容。小布什执政期间最钟爱的一句口号是：建设一个"所有者社会"，鼓励私人拥有住房是这个"所有者社会"的一个重要基石。布什甚至宣布每年6月为美国的"全国住房所有权月"，力图使美国拥有自己住宅的家庭在2010年前增加550万。[①]在人们心目中，房子不是简单的居住场所，也不仅仅是投资品，它还承载着无法摆脱的复杂情愫——没有自己的房子，人们就会觉得没有家。租住别人房子的人把自己想象成"寄居蟹"，总有一种在云端飘着的感觉。所以房子总会在各国人民的"梦"中出现。

许多年轻人对这一段历史肯定很陌生——在20世纪80年代之前，我国没有房地产市场。那个时候，农村居民自建住房，城市居民实行住房供给制——由职工所在单位分配住房。住房是生活资料，不是商品，所以不

① 参见郭恩才：《解码金融——金融危机与美国梦》第10章"'美国梦'终结了吗"，中国金融出版社2009年版。

能在市场上交易，因此也不可能有房地产市场。中国的城市住房改革是从 1980 年开始的，当年 6 月中央提出准许私人建房，私人买房，准许私人拥有自己的住房，正式推行住房商品化政策。说来有趣儿，我国住房商品化政策的实施，还是“改革开放的总设计师”邓小平亲自推动的。

1978 年 9 月，城市住宅建设会议在京召开，会议传达了复出一年多的邓小平的一次谈话。邓小平说，“解决住房问题能不能路子宽些，譬如允许私人建房或者私建公助，分期付款，把私人手中的钱动员出来，国家解决材料，这方面潜力不小。”此时，距十一届三中全会的召开还有 3 个月时间。

十一届三中全会召开后，针对住房问题，邓小平再一次指出，“城镇居民个人可以购买房屋，也可以自己盖，不但新房可以出售，老房子也可以出售，可以一次付款，也可以分期付款，10 年、15 年付清。住宅出售后，房租恐怕要调整，要联系房价调整房租，使人们考虑到买房合算，对低工资的职工要给予补贴。”①

然而，在计划经济已经实行了近 30 年的中国，城镇职工自己建房、购房向来被认为是发展私有制，在整个国家的经济航向逐步转向商品经济甚至市场经济的时候，要让人们接受住房也是一种商品的观念，要让老百姓习惯自己掏钱租房、买房并不是一件容易事儿。由福利分房向住房商品化的转变，大约用了 20 年的时间。

万科董事长王石在他的回忆录《道路与梦想——我与万科 20 年》（中信出版社 2006 年 1 月版）一书里，记录了 1997 年 11 月，他和时任国务院副总理的朱镕基的一次有趣谈话。

1997 年，朱镕基到深圳调研，万科董事长王石受邀向他汇报工作。王石对朱镕基说，“我不认为 2 到 3 年内，住宅行业能成为国民经济的支柱产业。”

王石说这句话的背景，是当时正在爆发的东南亚金融危机和中国启动

① 刘薇：“上海市民一家变迁折射中国住房改革 30 年”，2008 年 10 月 20 日，《京华时报》。

内需的经济政策，学术界很多专家认为，在钢铁和汽车均不可行的情况下，应该把住宅当作启动内需的支柱产业来发展。王石并不赞同这种观点，他的一个重要理由是，虽然中国的房改已经进行了近20年，但房地产市场并不完善，住宅中商品房的比例仅占30%多，60%以上是各级政府的福利房，这会成为房地产业发展的一个障碍。片刻沉默后，朱镕基反问，"如果取消福利房分配制度，房地产行业能成为支柱产业吗?"结果不到一年，朱镕基的假设就变成了现实。

为刺激内需，推动住房制度改革，1998年7月，国务院下发《关于进一步深化城镇住房制度改革加快住房建设的通知》，在这份中国房改的标志性文件中，明确提出要停止住房实物分配。在中国沿袭了约40年的福利分房制度寿终正寝，中国房改向着市场化的方向迈进。置之死地而后生。一纸文件，粉碎了人们福利分房的残梦——中国住房商品化正式起航。

中国房地产市场有何诡异之处？为什么能吸引全国人民的眼球？为什么官员、学者、专家甚至黎民百姓都踊跃参与这场旷日持久的大辩论？其实，都是高房价惹的祸。以北京为例，内城四区楼市价格从2000年的每平方米4300元，上涨到2010年的每平方米55000元，10年间上涨近12倍。据《羊城晚报》记者统计，10年左右的时间，北上广深等一线城市的平均房价分别上涨了2.33~5.00倍。参见表13-1。

表13-1　　一线城市一手楼平均房价涨幅比较表

城市	基年	基年房价（元/平方米）	报告年	报告年（元/平方米）	涨幅（%）
广州	2003	3888	2012	14044	261
北京	2003	4456	2012	20700	365
上海	2001	3500	2010	21000	500
深圳	2003	5680	2012	18900	233

资料来源：赵燕华：全国房价十年仅涨143%，2013年2月28日《羊城晚报》。

房价居高不下，引起社会公众的强烈不满。早在 2009 年，就有网友公布了一项令人心酸的统计数据，告诉人们：你要不是三类“大人物”（大官、大腕、大款）而想在北京买套 100 平方米总价 300 万的房子（正常 3 万/平方米），社会部分阶层所付出的代价：（1）农民：种 3 亩地每亩纯收入 400 元的话要从唐朝开始至今才能凑齐（还不能有灾年）；（2）工人：每月工资 1500 元需从鸦片战争上班至今（双休日不能休）；（3）白领：年薪 6 万，需从 1960 年上班就拿这么多钱至今不吃不喝（取消法定假日）；（4）抢劫犯：连续作案 2500 次（必须事主是白领）约 30 年；（5）妓女：连续接客 10000 次，以每天都接一次客，需备战 10000 天，从 18 岁起按此频率接客到 46 岁（中间还不能来例假）。段子虽有辛辣的讽刺意味，却也淋漓尽致地表达了老百姓对高房价的强烈不满。所以房价问题已不单纯是一种商品的价格问题了，演变成了政治问题，社会是否“安定团结”的问题——我猜中央三令五申抑制房价过快增长，主要是基于后一方面的考虑。

有一句话叫“形势比人强”，意思是说：一旦社会群体形成博弈的合力，是任何人的力量也无法改变的——中国房价上涨的趋势就是“形势比人强”。从 2003 年 18 号文开始到 2013 年 2 月 20 日新“国五条”止，中央对房地产调控已经经过十年的风雨历程。但“十年九调控”的结果却是房价越调越高。2013 年 3 月 12 日，国家统计局公布了当年 1－2 月全国房地产市场运行情况，1－2 月开发投资 6670 亿元，名义同比增长 22.8%；新开工面积 2.3 亿平方米，同比上升 14.7%；商品房销售面积 10471 万平方米，同比增长 49.5%，销售额 7361 亿元，同比增长 77.6%。同时，房价创历史新高，同比涨幅为 18.8%：1－2 月商品房售价为 7030 元/平米，同比涨幅 18.8%，商品住宅售价为 6637 元/平米，同比上涨 20.6%，商品房、商品住宅房价均创了历史新高。而历史上，商品住宅均价 20% 以上的涨幅，仅在 2009 年下半年出现过。分区域来看，东、中部区域房价涨幅均超过了 15%，环比去年 12 月涨幅也超过了 20%，幅度强于历史季节性，显示重点区域房价存在较大上行压力。楼市新政首月中国房价排行榜：

（1）北京 33288 元/平米；（2）上海 26825 元/平米；（3）三亚 23210 元/平米；（4）温州 22716 元/平米；（5）深圳 22218 元/平米；（6）杭州 19938 元/平米；（7）厦门 19559 元/平米；（8）广州 17488 元/平米；（9）南京 15529 元/平米；（10）青岛 14282 元/平米。①有人戏称“10 年 9 调控，越调越涨”可以成为一个经典的“国际笑话”。

但是平心而论，这种揶揄理由不充分。中央历次调控房价，从来没有说过房价不能涨只能跌，而是“抑制房价过快增长”，增长可以，但不能“过快”。从调控实践来看，尽快有人指责“调控政策只是抑制需求”却忽略了增加供给，但调控效果还是明显的，房地产市场还处于正常运行状态。现在的问题是：目前的房地产价格是否过高？房地产市场是否存在泡沫？这个问题搞清楚了，调控效果的判断就容易多了。

房地产价格是否过高和房地产市场是否存在泡沫，是一个问题的两个侧面，如果房地产价格过高，则房地产市场就存在泡沫，否则就不存在泡沫。关于这个问题争论得相当激烈，其实这也牵涉到房地产市场是否有投资价值的问题。

“泡沫论”者的一个依据是房价收入比。房价收入比是指房屋总价与居民家庭年收入的比值，不同机构可能采用不同的统计指标和不同的计算方法。尽管房价收入比是一个全球通用的指标，但其合理范围却没有严格界定。在一些发达国家，房价收入比超过 6 就可视为泡沫区。按照这个标准衡量，我国大城市的房地产市场确实存在泡沫。来自上海易居房地产研究院的“2011 年全国 35 个大中城市房价收入比排名”显示，35 个大中城市有 33 个房价收入比达到或超过 6.0，由此佐证了“泡沫论”。②

但也有一些事实和论据不利于“泡沫论”。2004～2005 年间，我国就爆发过一次有关“房地产市场是否存在泡沫”的大辩论。经济学家谢国忠

---

① 中金公司房地产行业研究报告（作者：宁静鞭）：“房地产行业：房价历史新高 调控难言放水”，2013 年 3 月 12 日，证券之星网 http://stock.stockstar.com/JC2013031200001682.shtml。

② 杨金霞：“全国 35 个大中城市近 7 成房价收入比不合理”，《新快报》，2012 年 5 月 22 日。

曾经信誓旦旦：上海地产泡沫难闯 05 年关，但七年过去了，上海的房地产“泡沫”并没有破裂，谢国忠却留下了笑柄。有专家指出：什么是泡沫？一戳即破就是泡沫，死缠滥打都不破，就意味着没有泡沫。“十年九调控”，房地产“泡沫”没有破，是否也说明中国房地产市场没有泡沫呢？

中国的房价收入比偏高，是否意味着房价偏高，我觉得无法简单下结论。无论是房价收入比，还是基尼系数、恩格尔系数、托宾 Q 值等经验数据，并不是“放之四海而皆准”的，每个国家都有自己的国情，只能参考，不能照搬，否则就是教条主义。假如美国的房价收入比为 6.0，中国高一些如北京为 11.6，也不能说明北京房地产市场就有泡沫。美国人口 3 亿多，中国人口 13 亿多，这么多人口中一部分人向往到北京发展，希望在北京成家立业，由此推高了北京的房价，这有什么不能理解吗？何况披露的统计数据只是若干大城市的数据，如果美国的数据是全国平均的数据，我们用大城市的数据去对比人家的平均数，这种比较有意义吗？特别可惜的是我们没有全国的房价收入比数据，如果有，我认为肯定会低于 6.0，这时候我们是否就认为我国房价偏低了呢？

2013 年 2 月 24 日，网上一则“盘点十年房价”的微博引发网民热议。独立经济学家、现任中企资本主席杜猛在微博表示，中企资本周刊“盘点十年房价”显示，2012 年全国城镇平均房价 5791 元，2007 年为 3445 元，五年上涨 68%，年均递增 10.9%；2003 年平均房价为 2381 元，十年上涨 143%，年均递增 10.3%。“事实证明，我国若干年内平均房价持续上涨是客观规律。调控正确与否或调控不调控，长期结果大致都是一样。或许数据能帮人清醒。”杜猛在微博中直言。一向看跌房价的财经评论员牛刀则表示：“这十年，货币贬值了 600%，房价才上涨 350%，房价真实水平其实下降了 250%。”同样是从宏观角度观察，“地产大嘴”任志强日前坚持认为，中国的房价必将继续上涨，从住房制度改革之前算，中国货币增长了 50 倍，可中国房价近十年涨差不多 5 倍。[①]

---

① 赵燕华：“全国房价十年仅涨 143%”，《羊城晚报》，2013 年 2 月 28 日。

仔细盘点房屋市场的需求方，主要由三部分人组成：即刚需族、改善族和投资族。

所谓刚需，是刚性需求的简称。中国人讲究“先成家后立业”，所谓成家，就包括拥有属于自己的住房。孩子长大了，参加工作了，要结婚了，首先要考虑的就是买一套房子——没有房子，结婚这事儿就挺悬。这就是所谓的“刚需”。这一部分的住房需求弹性较小，这就是不管房价多高都有人买房的原因。

中国人口多，许多新毕业的年轻人向往北上广深等大城市，人扎堆，钱扎堆，就推高了大城市的房价。2011 年的时候，我的一个亲属在沈阳浑南买了一套恒大绿洲精装修的商品住房，每平方米只有 4000 多元，亲戚们都大呼便宜，和北京动辄四五万元每平米的价格相比简直就是“白菜价”，但有多少年轻人愿意放弃在北京的优越环境转而去沈阳工作呢？沈阳一个副省级大城市尚且如此，就更别提三四线城市了。供求规律使然，大中城市房价高，普天之下同此一理。大中城市的基础设施完善，也都是钱堆出来的，你享受这些优越的条件，也是需要付出成本的。一方面你要享受优越的环境，另一方面你又要求享受三四线城市的房价，世界上不会有这样的好事儿。北上广深具有稀缺性，在一定时期内是“不可再生资源”，大城市寸土寸金，房子也是不可再生资源，房价只能越来越贵，区别在于上涨的速度是快一点还是慢一点，降价的可能性几乎为零。

还有的人指责现在的年轻人过于浮躁，年纪轻轻就想自己买房，自己收入不够只好“啃老”；看人家外国人，年轻人租房的比例有多高，工作多少年以后才能买房，等等。这种指责对于教育年轻人也没有什么不妥，但现实就是这样残酷：几乎所有的家长都在为子女的房子奔波忙碌，没房搞不着对象不能结婚，你还站在那里指手划脚有意义吗？

再来说说改善族。所谓改善族，是指原来有住房，随着收入水平和生活条件的改善，需要改善住房条件的那部分购房者。改善族的住房需求弹性较大，但需求的深度和广度却无法测量。比如，小一点的房子换成大一点的房子；位置不好的房子换成位置好一点的房子；环境不好的房子换成环境好一点的房子；郊区的房子换成市内的房子；平房换成楼房或楼房换成平房；非学区房换成学区房（幼儿园、小学、初中、高中有可能换多次），原来只有一套居住房还想增加一套独家房……几乎没有止境。

住房和城乡建设部政策研究中心综合研究处处长赵路兴在接受《经济参考报》记者采访时表示，中国现在所处的阶段决定了中国的购房需求，一方面数量庞大，另一方面需求构成复杂。赵路兴分析说，在国外，不会像国内情况这么复杂。“事业单位是我国一个较大群体，有数千万人，他们中很多人在 20 世纪 90 年代时买房改房，虽然当时还不错，但从现在来看不仅社区老旧，而且户型小，缺乏绿化及相关配套设施，因此发展到现在，这种房子便满足不了他们的需求，产生了大量改善性需求，国外就不会出现这种情况。”正因为如此，近年来连续房地产调控后，自住买家已成为楼市购买的主力。此外，根据相关统计机构的预判，2012 年全国新增商品房住宅需求为 10 亿平方米，预计 2011 年至 2020 年十年间全国全部新增商品住宅需求约 120 亿平方米。在结构上，该机构认为，前五年首次置业的刚需客户仍是主力，后五年改善型需求占比将超过刚需客户。按富力地产总裁张力的说法，目前国内房市“改善型购房占 6～7 成”，他们将成为房市后起之秀。①

根据联合国人口署预测数据，2010 年至 2020 年我国新增城镇人口前 20 名的城市中，北上广深均位列其中，同时另有 10 个城市位于其周边可辐射范围内，上述 14 个城市共计将新增约 3990 万人，按人均 35 平方米计算，新增住房需求共计 14.0 亿平方米，约占 10 年间全国新建住房总需求的 9%，占全国新增人口带来的首置需求的 23%。②

投资族是购房群体中名声最坏的，一般的说法是“炒房族”，意思是说这一部分人把房子当成了像股票一样的投资品，靠贱买贵卖房子来赚

---

① 孙朝方：“富力地产总裁：政府银行若能让利房价必降”，《羊城晚报》，2013 年 3 月 14 日。

② 高伟等：“中国式买房热：人扎堆钱扎堆投资房子最靠谱”，《经济参考报》，2013 年 3 月 12 日。

钱。中国的统计数据是很稀缺的，比如，中国的炒房族究竟有多少人，占购房者的比例是多少，所购房屋的比重有多大，等等，都缺乏详细的统计数据。质是由量来说明的，量变达到一定的程度就会引起质变。如果炒房族所占比例较大，房地产市场的性质就变了。但温州炒房团也好，山西煤老板也好，房叔房婶房姐房妹也好，炒房的队伍没有媒体渲染得那样庞大，因为中国的有钱人是有数的，况且他（她）们又不都是只炒房，不干别的。所以笔者认为，大中城市的高房价并不是“炒”出来的。

如果有一种投资，风险比股票小，收益比股票高，你要不要投资？这项投资就是房地产投资。其实，尽管政府不鼓励，但投资房地产业不是什么见不得人的事情——资本总是流向风险小、收益高的投资“洼地”。况且在中国，许多人当初买房的时候也不见得有投资意识，不过是误打误撞，买房子赚钱了。除了“刚需”、“改善”之外，相当一部分投资者是为了抵御通货膨胀、为了保值而买房子的，结果十年、二十年之后，他们自己大吃一惊——房子增值了——尽管是纸面财富。

2012 年 5 月 26 日《海峡都市报》发表了一篇该报记者采写的报道，题目是：过去八年炒房好过炒股存银行，房价不涨时间仅两年。报道说：有了钱，有人简单地存银行，有人去炒股，也有人去炒房。哪种方式最好？从社科院的一份研究报告看，至少在过去八年里，炒房好过炒股和存银行。

报告称，过去八年，中国的物价与资产价格有两个轮番上涨的周期。第一个周期为 2004 年 10 月至 2008 年 9 月，第二个周期为 2009 年 7 月至 2011 年 10 月。报告称，这两个周期的典型特征是：房价先涨，接着股价涨，然后是 CPI 上涨。如果不去炒房和炒股，光是把钱存银行，是非常吃亏的。2004 年 6 月至今的 8 年时间里，只有约两年的实际存款利率是正的，在其余约六年里实际利率都是负的。而在这八年的时间里，大约有六年的时间，房价一直在涨，房价不涨的时间只有两年。过去八年，对于炒股者来说，也不见得很完美。上证 A 股高于 3000 点视为股票价格过高，而这样的时间只有 18 个月。总体而言，炒房最好，炒股其次，存银行最差。

2012 年 8 月 27 日，《城市信报》一篇报道的题目是：100 万变 1600 万：那些年我们一起炒过的房子。文章说：尽管“炒房”多少有点挑战公众社会情感的意思，尽管“炒房”是被宏观调控“点明”打压的行为，但就炒房的个体而言，行为不仅合法合理，也确实制造了财富，也让受益者拥有了致富的幸福感。报道讲述了刘先生等人的买房故事。

2000 年前后，刘先生的一个老同事给刘先生打电话，说是她女儿在石老人那边一个楼盘卖房子，让刘先生帮帮忙。正好那时候刘先生手里有点闲钱，想想闲着也是闲着，帮帮朋友就是了。她女儿那个小区房子不错，但是当时有点偏，房子市价 3000 元/平方米左右，带精装修和家电。女孩儿给刘先生推荐的房子 200 平方米左右，内部优惠大概 2500 元/平方米多一点，刘先生决定买一套。结果那个女孩儿说，那个房子很合算，将来肯定升值，她还劝刘先生不要付全款，按揭，多买几套。刘先生也不太懂，就让老婆和女孩儿谈，后来俩人商量的结果是买 4 套，现款 100 万元，贷 100 万元。买房子怎么还背上债了，刘先生有点想不通，不过他老婆是干财务的，她觉得没问题，刘先生也没说什么，后来房子就涨价了。

到 2005 年前后，就要 7000、8000 元/平方米，刘先生一算，好家伙，这 4 套房子市值也 600 多万了。这期间，刘先生自己家住 1 套，剩余的 3 套出租，租金 1 套 1 年七八万元，3 套就 20 多万元，还贷款足够还能剩十多万元。到了 2009 年，刘先生的房子涨到差不多 2 万元/平方米，市值 1600 多万元，这还不算，刘先生养房还贷还多赚了 100 多万元。

2012 年 11 月 19 日《北京青年报》以“盘点三代房奴：第一代已成千万富豪，80 后最惨”为题回顾了我国的“房奴”的变迁。报道说，从本世纪初开始到 2003 年前后，我国迎来第一波房贷高潮。当时的住房贷款期限基本以十到十五年居多，如今十年即将过去，有媒体说“首代房奴”即将“翻身得解放”。但记者调查发现，实际上所谓的“首代房奴”应该被称为“第一代贷款购房人”，他们中的绝大多数早已经提前还完款，也享受到了资产爆炸式增长带来的财富，他们只能被称为“最幸福的房奴”，这部分“房奴”以70后为主。

中国真正意义上的房奴主要集中在80后这一代，他们中运气好的赶在了2009年至2010年房地产暴涨之前入市，虽然房子总价不高，但收入增长乏力，整天疲于奔命。运气差的集中在上述两年买房，房价高企，几乎要用70%的收入偿还贷款，成为典型的房奴。

2012年11月30日《新民晚报》记者冯燕也采写了一篇报道，报道的题目是：购房十年财富翻10倍：当初没买房现在更买不起。报道说，20世纪90年代末首批贷款买房的自住购房者，在捱过了多年的还款压力期后，纷纷成功上岸，由“房奴”跃升至“房主”。而他们最终收获的，不仅仅是一个居所，更有因置业而带来的资产倍增。

记者冯燕讲了这样一则故事：

A、B两位上海白领，2002年月工资5000元，年工资60000元，之后十年工资收入按照每年12%递增。2003—2012年累计工资收入每人约120万元，设定其中一半用作生活等必要消费，剩余部分，A用来贷款买房，B用做银行储蓄。

2002年A买入闵行某楼盘100平方米左右两房一套，当时总价50万元，首付10万元，二十年期贷款40万元。2002年11月第一次还款；2012年11月提前还清贷款，总计还款额59万元左右（按照2012年7月6日利率下限85折计算，与2002年利率基本吻合）。A所拥有的房产如今在二手市场上的参照成交价格大约在300万元左右。也就是说，通过贷款买房，他的个人财产在十年间净增加了290万元左右。

与A选择贷款买房不同，B认为目前租房住同样可以满足需要，没有必要背负欠款的经济压力与精神压力。于是，B选择将每月工资收入的半数存入银行，十年间，按照最高定期利息计算本息收入（利息取5%），B通过工资节余储蓄，个人财产净增加了69万元左右。

知名媒体评论家童大焕在自己的博客中写道：如今，全世界都已经进入提前预支未来的信用消费时代，但我们还有一大批人，思维方式还停留在一分钱恨不得掰作两半花的小农经济时代，把信用按揭消费视若洪水猛兽，把向他们贷款的银行视作无恶不作的周扒皮，“按揭，就是把你按倒在地，然后揭掉你身上的皮！”我要说的是，不敢按揭买房的人，可能要一辈子受穷甚至一辈子买不起房！不要想着按揭有多么恐怖，要多想想不按揭有多么恐怖：就算你的收入能赶上或超过物价上涨，等你攒够钱再全款买房，那房价也已经赶上或超过物价上涨。你的工资基数高，还是房价总价的基数高？显然是后者，那么，不用按揭，你怎么去追房价？

随着城市化的进程，越来越多的人进入城市，住房立刻成了全民的焦点问题。政府的廉租房建设只能解决基本的居住需求，指望政府给每个人分配拥有产权的住房是不可能的事情。房奴是大多数人拥有自主资产的必由之路。经过年轻时的奋斗，终于获得一套资产，这是一种成就，而不是痛苦。[①]

如果不是“睁着眼睛说瞎话”，大概人们都认同“房地产投资是中国老百姓最靠谱的投资渠道”这句话，因为许多人实实在在地尝到了投资的甜头。问题是：在国家严控房地产投资的今天，普通老百姓还有没有投资的机会？我的答案是肯定的——只要你用心，机会总是有的。

有人从新增就业人口的角度分析购房需求，认为随着中国人口老龄化，新增就业人口会减少，因此新购住房需求会下降，由此房价会随之下降。更有人言之凿凿地判定：“即使政府不调控，房价 2012 年前后筑顶几乎不可避免。”[②] 笔者不赞同此种判断，理由有四个：

其一，假设未来十年我国新增就业人口下降，不会影响住房需求量增加，原因是“改善型”需求潜力巨大。这种改善不局限于小房子换成大房子，到一线城市、旅游城市购置“度假房”可能会成为一种新的潮流。北上广深、杭州、厦门、青岛、大连、三亚等城市房价居高不下，这个因素

---

① 童大焕：“不敢做房奴的人可能终生受穷”，2012 年 11 月 26 日，财经网 http：//www. caijing. com. cn/2012 - 11 - 27/112314424. html。

② 东方夜谭：“人口结构与经济周期以及房价”，2011 年 3 月 1 日，东方财富网博客 http：//blog. eastmoney. com/dongfangyetan/blog_120617033. html。

起了很大的作用。异地度假房已经不是达官贵人们的专利，随着人们收入水平的提高，越来越多的中产阶层也加入这支大军，如果不是限购政策，这些城市的房价会更高。在吸引外来人口（尤其是富裕阶层）这一点上，地方政府和中央政府是同床异梦的，这一点你查一查各城市的落户政策就一目了然了。

其二，人往高处走，水往低处流。中国处在高速城市化进程当中，随着工业化不断深入，中国经济持续增长，如今广大农村的青壮年劳动力几乎都被城市吸纳，农村已经变成空巢，很多年都是老人和孩子的天地了。这些在城市做生意或打工的农民子弟，挣钱后主要的消费就是在镇上、县城、省城甚至北京、上海这些大城市买房。于是，人群沿着乡村——集镇——三、四线城市——二、三线城市——一线城市——国外的顺序迁徙流动，这种流动并无止境，由此造成城市的房价居高不下。

其三，党中央实施强国富民政策，要创造条件增加老百姓的“财产性收入”。怎么才能增加“财产性收入”呢？靠银行存款肯定是不行了——通胀都跑不赢；靠投资股票更不靠谱——投资者“一赢二平七亏”；靠投资收藏品——老百姓缺少专业知识。合计来合计去，这些年也就投资房产赚了些钱，房价宏观调控是政府遇到了难处，政府不会总跟老百姓过不去的，所以房地产目前仍然是最好的投资渠道。

其四，投资房地产也是最理想的保值途径。房子具有普通商品和金融产品的双重属性，既有价值又有使用价值，既可以居住还可以出租，不怕偷、不怕抢、不腐烂、不变质，这个特点与其他普通商品或金融产品形成鲜明的对照。比如黄金、钻石、玉器、古董吧，几乎没有使用价值，放在家里睡不着觉，储藏多了还要花保管费。期货、外汇、金融衍生品风险过高，从来就不是老百姓玩得起的。许多金融产品（如股票）的价格波动幅度太大，心脏病人根本受不了。就说中石油吧，刚回归 A 股时最高价为 48.62 元（2007 年 11 月 15 日），2013 年 3 月 15 日开盘价为 8.85 元，跌剩下一个零头了，怪不得有人说：问君能有几多愁，恰是满仓中石油。房子的价格也可能跌，但绝不会跌到只剩下一个零头。

著名财经作家吴晓波 2010 年 6 月曾在新浪博客上发表一篇短文，短文的题目是：中国人的买房情结。作者当年搞田野调查时到了徽南农村，看到无数高檐大宅，富丽辉煌，无比惊诧。在震惊之余，他却被一个问题给“缠”住了：这些大宅子的主人当年都是在淮扬一带显赫非常的盐商、茶商，贩盐卖茶在明清两代是最为暴利的产业，因为需要政府的牌照，相当于专卖的性质，那么为什么，这些盐商茶商不把钱拿去扩大再生产，却要把银子运回偏僻的老家，盖这些好看不中用的大宅子，买一大块产出效率很低的红壤地？有人解释说，这是中国人叶落归根的传统，是显耀乡里的宗族思想在作怪。作者不以为然。

作者从司马迁研究到近代，得出的结论是：因为中国的治国者是全世界智商最高的人，他们最早明白工商业比农业更能敛聚财富，所以早早地就把这些产业收归国有化。这个有多早呢？说出来吓你一跳，早在公元前 770 年，齐国的管仲就把盐业和铁业收归国营化，那时候，欧洲的铁器还没有普及，美洲还在猎人头玩。从此以后，秦、汉、唐、宋、明、清、民国，只要是能赚钱的工商业，国家无不收归国营，从盐铁，到茶酒，到漕运，到对外贸易，到矿山铁路，到银行电信，现在，我们还有一个部门叫国资委，专管此事。

当国家把工商业控制住后，私人资本在其中的角色就很微妙了，人人都知道那里的钱比农业多，可是谁也不敢往大里玩，因为千年以来的教训告诉大家，你搞得稍微大一点，一定会与“国家利益”冲突，一博弈，要么灭家要么抄产。结论居然是：在千年中国，土地（以及土地上的房子——本书作者注）其实不是由泥巴构成的，它是一种“类货币”，是资产阶层逃避政府力量的一个避险性工具。[①]

其实，投资房地产也不是瞎买一气，我琢磨着应遵循以下原则：

第一，在可能的情况下（比如不限购），选有升值潜力的城市或地区，

---

① 吴晓波：“中国人的买房情结”，2010 年 6 月 28 日，新浪博客 http://blog.sina.com.cn/s/blog_5d877cc60100jwru.html?tj=1。

不能只看绝对价格高低。

第二，房子要有“买点”（相对于卖点而言），如，是不是学区房（按居住地就近入学的政策短期内不会改变）；是不是稀有品种（如别墅，政府将限制开发，从而现有别墅成为稀缺资源）；是不是核心地段或商业地产（不可再生的稀缺资源）；政府规划未来土地用途；近期有无整体搬迁可能，等等。

第三，考虑自己的经济承受力。比如，首付、按揭条件是否具备，税费的缴纳标准，租金与房贷的比例，价格下跌的承受能力等等。投资房产有两大缺陷，一是总价较高；二是流动性差——卖房比较麻烦且所用时间较长。这些问题必须考虑清楚，投资以不影响正常生活为底线。

2010 年的时候，我儿子在北京看中了一套房子，想买下来。我当时考虑还贷的压力较大，不主张他买。儿子告诉我，老爸，有两点：一是如果房价上涨的幅度超过银行利息，买房就是合适的；二是如果收入水平预期会不断提高，还贷的压力会越来越小。

不知道有幸还是不幸，两条都被他说准了。

第 14 章

股票——碰还是不碰

投资者应考虑企业的长期发展，而不是股票市场的短期前景。价格最终将取决于未来的收益。投资过程如同打棒球，要想让记分牌不断翻滚，你就必须盯着球场而不是记分牌。

——美国金融投资家、“股神”沃伦·巴菲特

股票是个好东西，股票是个坏东西，两种说法你选哪一个？选前一种说法，你可能在股市上赚钱了；选后一种说法，你可能在股市上亏了钱。如果不带任何偏见，我们还是得承认：股票其实是一个好东西。英国著名经济学家约翰·梅纳德·凯恩斯（John Maynard Keynes 1883 - 1946）曾经说过，股份制是人类最精巧的设计。为什么？因为股票是股份公司发行的股权凭证，有了股票才能把天量的、分散的资金聚集在一起，才有了如今的大企业、大工程、大项目，才有了现代工业社会，才极大地解放了生产力，才有了琳琅满目的高科技，才有了我们今天的一切。所以，股票在人类社会的发展史上居功至伟。

有了股票就有了股票市场。放眼小小寰球，"规模以上"的国家都建立了自己的股票市场[①]，有的国家甚至建立了若干个股票市场。比如美国，股票市场由区域性市场和全国性市场组成，其中全国性交易所市场有纽约证券交易所（NYSE）、美国证券交易所（AMEX，2008 年被纽交所收购）和纳斯达克（NASDAQ）三家；区域性交易所有芝加哥证券交易所（CHX）、费城证券交易所（PHIX）、太平洋证券交易所（PCX，1956 年由洛杉矶和旧金山证券交易所合并而成）、辛辛那提证券交易所（CSE）和波士顿证券交易所（BSE）等五家。全国性市场是美国金融业和大型企业上市的首选市场，区域性市场是规模较小的区域性企业的上市融资平台。美国国土面积和我国差不多，人口是我国人口的一个零头，却建立了七八家证券市场，可见美国证券交易的发达程度。我们的近邻日本，国土面积不到 38 万平方公里（比我国的云南省还小一点），2012 年人口为 1.26 亿（我国人口最多的广东省 2010 年人口数为 1.04 亿），却有东京、大阪、名古屋、京都、广岛、福冈、新泻、札幌等八家证券交易所（2013 年年初，东京证券交易所和大阪证券交易所合并为日本交易所集团）。我们的另一

① 股票市场，顾名思义是交易股票的场所，但有时其含义等同于证券市场。历史上，许多交易所都以 Stock Exchange 命名（如纽约证券交易所 - New York Stock Exchange，NYSE），而 Stock 的原意是股份、股本、股票，所以 Stock Exchange 的原意为"股票交易所"。随着交易范围的扩大，各种债券和基金也开始进场交易，股票交易所就演变为证券交易所了。

个近邻、人口数仅次于我国的印度，除孟买证交所和国家证交所两个全国性证券交易市场外（两者都位于孟买），还有分布在各邦或直辖区（印度有 28 个邦和 7 个中央直辖区）的 21 个区域证交所，有些邦甚至有两个证券交易所。

为什么各国对股票市场都青睐有加、爱不释手呢？原因在于股票市场关系到一国经济发展的全局，是用市场化手段优化经济发展格局的必由之路。从表面上看，股票市场不过是企业融资的一个场所：上市公司将大量分散的资金集聚在一起，用于扩大生产和基础设施建设。但在这个过程中，蕴含着社会经济发展与进步的两大机制：储蓄转化为投资的机制和优化资源配置的机制。

先说第一个机制。储蓄转化为投资的机制，也就是资金转化成资本的机制。资本是经济学中一个非常重要的概念，不是所有的钱都是资本，钱只有进入企业、参加资本周转（即 G—W—G'或 G—W…P…W—G'），钱才能转化为资本，也就是说钱不能带来价值增值，只有资本才能带来剩余价值。一国钱转化为资本的比例越高，这个国家资本积累的速度越快，所创造的剩余价值越多，这个国家经济发展的速度就越快。而股票市场恰恰是资金向资本转化的“转换器”。这就是为什么资本市场发达的国家，也就是经济发达的国家的主要原因。美国建国约百年后的 1870 年，美国的 GDP 相当于英国的 75.3%，而后开始了经济起飞。1870 ~ 1913 年 GDP 年平均增长率为 3.9%，同期英国为 1.9%。美国的工业生产在 1895 年超过英国，1900 年美国 GDP 首次超过英国，到 1913 年，美国人均 GDP 已超过英国人均 GDP 水平，也是在这一年，纽约取代伦敦成为全球第一大金融中心，就是因为纽约的资本市场超越了伦敦。人类社会从此进入“美国世纪”。①

有一本书，是一国主政者必读的一本书，这就是秘鲁著名经济学家赫

① 参见郭恩才：《解析现代金融十大迷局》第 4 章“证券市场为何翻云覆雨”，中国金融出版社 2011 年版。

尔南多·德·索托（Hernando De Soto）2000 年出版的一本著作——《资本的秘密》（The Mystery of Capital：Why Capitalism Triumphs in the West and Fails Everywhere Else，中文版由华夏出版社 2007 年 1 月翻译出版）。索托的这本著作只有大约 20 万字，却振聋发聩，《财富》杂志曾将索托评为 20 世纪 90 年代最杰出的世界 50 位思想家之一。

人们耳熟能详的索托名言是：繁荣的要领，在于洞悉资本的秘密，建立使资产转化为资本的所有权机制。把这段学术味道很浓的话“翻译”成日常用语就是：一个社会想要繁荣，实现物质的极大丰富，就需要投入更多的资本——因为资本可以带来价值增值。在索托眼里，资本并不简单等于钱或物质，而是一种超越具体物质的无形权利，是一整套的经济运作模式，所谓“资本的五大秘密”（信息的遗漏、资本如何产生、政府认知与作为、国家与国民意识、法律缺陷），核心就是如何建立广泛、正式的产权法，通过法律创造资本的转化过程。

再说第二个机制——优化资源配置的机制。所谓的优化资源配置，听起来很神秘，实际很简单。中国经济运行中最大的问题是什么？是经济结构不合理。按照系统论的观点，结构决定功能，只有结构合理，功能才能得到充分的发挥。比如猪为什么没有马跑得快，结构不合理——肚子太大腿太短。所谓的经济结构不合理，就是指产业结构不协调、技术结构不协调、再生产各个环节相互脱节，等等，这就造成了经济发展速度达不到预期水平，质量不高、消耗过大、环境破坏等问题。根据“木桶原理”——木桶里水的容量是由最短的那根木条决定的，所以经济增长受到国民经济中最薄弱环节的制约。

以电子芯片产业为例，其应用范围覆盖了军工、民用的几乎所有的电子设备。相关数据显示，中国是全球最大的电子制造产业基地。到 2014 年，中国手机产量将达到 11.15 亿部，占全球总产量的 50%；中国笔记本电脑产量达到 3.28 亿台，占到世界总产量的 80%——iPad 的集成电路成本占到整部机器的 50%。但是中国集成电路芯片 80% 依靠进口，在这方面消耗的外汇超过石油，成为第一外汇消耗大户。[①] 类似的情况在我国比比皆是，它们就是"木桶"的短板，大力发展类似的产业，使其与相关产业的发展相互适应，就是经济结构调整的内涵。

那么如促进类似产业的超常规发展呢？选择这样的企业上市融资，这是第一步——这涉及到 IPO（Initial Public Offering，即首次公开募股，简称 IPO）制度。第二步是通过上市融资，企业取得生产所需资金。由于这类企业发展前景好，预期的经济效益好，预期的投资回报高，因此股票价格也高，能筹集到更多的资金发展企业，从而"拉长"了短板，使国民经济的综合效率得以提升。相反，那些产能过剩、污染环境、技术落后、行将淘汰的产业和企业，预期经济效益会很差，股价低迷甚至无人问津，或不能上市融资，或丧失了配股权，逐渐退出经济领域。股市的这种机制自然就起到了优胜劣汰、优化资源配置的作用，经济结构逐步优化了，经济发展的速度就好了，质量就高了。至此，你就知道了，为什么世界各国对股票市场都格外钟情了。

但是，股票市场优化资源配置的功能不是天生的——股市不必然优化资源配置和产业结构，甚至可能"劣化"资源配置和产业结构。那些不具备上市条件、弄虚作假、产能过剩、污染严重、技术落后的企业"混"进了上市公司行列；那些资不抵债、问题成堆、作奸犯科的"堕落"上市公司得不到清理；投资者热衷于爆炒"垃圾股"，好公司却无人问津、门可罗雀，这样的股票市场能"优化资源配置"吗？可见，我国股票市场的制度完善和严格监管还任重而道远。

雷锋如果还活着，会不会炒股票呢？这是一个很有趣儿的问题，也是一个不可能有答案的问题。但有一点可以肯定：炒股票的肯定没有雷锋。人们为什么要投资股票？是为了取得投资回报，而且是为了取得比银行存款、买国库券、国债、公司债券回报率更高的投资回报。大家在买股票的

---

① 佚名："集成电路：国内产业发展速度落后于市场需求"，《上海商报》，2011 年 4 月 27 日。

时候，可能没有几个人考虑到“优化资源配置”或“调整经济结构”的问题——你毕竟不是总理，但客观上起到了这个作用，这就是经济机制的神奇效果，从经济运行的角度看，科学发展观就是尊重经济运行规律。违背经济发展规律，就可能像房价“十年九调，愈调愈涨”一样，给世人留下笑柄。

股市的投资功能实际上是一个派生的功能，但也是股市正常运行的保障，如果投资者只有付出没有回报，或早或迟，总有一天他们会抛弃股市的——因为他们毕竟不是雷锋。如果从1602年创建的荷兰阿姆斯特丹股票交易所算起，股票市场已经有400多年的历史了。400多年来，西方的股票市场已经完成了由“赌场”向市场的转变，由此具备了投融资、分散风险、公司治理和优化资源配置等功能，成为国民经济增长的强大推动力。华尔街对美国经济发展巨大的推动作用，就充分地证明了这一点。这一转变是如何实现的？靠的是股市持续为股东创造价值。人们投资股票市场，是企图从股票市场获得回报。

美国艾伯特森协会（Ibbotson Association）的研究结果表明，从1926年到2003年，美国大型公司股票的平均报酬率为12.4%，小型公司股票的平均报酬率为17.5%，远高于长期公司债券的6.2%、长期政府债券的5.8%和国库券的3.8%。

美国沃顿商学院教授、著名金融学家杰里米·西格尔（Jeremy J. Siegel）在《股史风云话投资》（Stock for the Long Run，中译本清华大学出版社2004年5月版）中得出的结论是：在过去的200年内，美国各种普通股的投资组合的复利实际年回报率为6.9%（被称为西格尔常量），而且表现出极不寻常的长期稳定性。在三个主要阶段1802～1870年、1871～1925年、1926～2001年，股票的实际总体回报率分别为7%、6.6%、6.9%。西格尔教授还指出德国、英国在1926～2001年的股票实际回报率为6.44%、6.01%；1970～2001年这32年的时间里，世界上主要股票市场的回报率相差无几，英国为11.97%，美国为11.59%，日本为11.12%，德国为 10.88%。[①]

股市的投资功能虽然是一个“副产品”，但却是股市健康运行的保障。正因为股市有投资功能，才有越来越多的资金源源不断地注入进股市，否则股市早“黄铺”了。关于中国股市，多数投资者怨恨有加，讽刺、挖苦、谴责甚至谩骂，无所不用其极。著名笑星周立波曾经讽刺过股市：最可怜就是那些麻雀。证券公司门口那个大屏幕从来就没有红过，一直是碧绿碧绿的。麻雀又不懂，它们以为森林公园到了，一只只朝大屏幕上冲！一只接一只地冲！到下午 3 点收盘，阿姨扫麻雀。可怜呐，麻雀何罪之有啊！我们的股市不仅玩人，而且玩鸟。连鸟都被你们玩了，那我们还玩个鸟？

大家对中国股市怨声载道，为什么？因为中国股市不赚钱。为什么中国股市不赚钱？因为上市公司很少分红或分红很少。为什么市公司很少分红或分红很少？因为缺少回报投资者的股市文化。股市健康运转所需的条件并不复杂：上市的公司是好公司；上市公司给投资者以合理的回报。而我国的股市恰恰就做不到这两点，中国股票市场建立以来，股市投资者整体上看是亏损的，这样的股市怎能不遭忌恨呢！2012 年 6 月底，在 2013 年“两会”上刚刚谢幕的原证监会主席郭树清在第一届基金业年会暨基金业协会成立大会上的讲话中披露了一个数据：据统计，截至 2011 年年底，投资者累计缴纳印花税 6900 亿元，各种交易费用 6200 亿元。两项相加为 1.31 万亿人民币，但郭主席没有披露在此期间上市公司发放了多少红利。其实只有上市公司发放的红利少于 1.31 万亿，投资者整体就是亏损的。

在上述讲话中郭树清披露，根据有关市场机构的计算，2001 年到 2011 年，购买股票的年化平均投资收益率是 7.8%，公司债是 6.7%，国债是 3.6%。[②] 好靓丽的数字！简直可以和“国际接轨”了！郭树清引用这个数

---

① 参见郭恩才：《解析现代金融十大迷局》第 7 章“回眸中国股市 20 年”，中国金融出版社 2011 年版。

② 郭树清：“A 股不是零和游戏 两原因致散户亏损”，2012 年 6 月 29 日，证监会网站 http://finance.eastmoney.com/news/1366,20120629216548230.html。

据，就说明证监会没有自己的数据，也没有其他的官方数据可供使用。但这组数据与人们的感觉相距遥远。

2007年是中国股市发展史上史无前例的大牛市，沪综指最高达到6124.04点。大牛市中投资者赚钱了吗?《中国证券报》与大智慧信息技术有限公司联合举办的“2007年度投资者收益情况网上有奖调查”结果显示，有48.65%的投资者在股市获利，大约有16.88%的被调查者表示其2007年度的投资收益率在20%～50%之间，这是获利者中最大的份额，另有13.51%的投资者获利在10%左右，11%的被调查者获利在50%至100%之间，以上三个群体占据了被调查者中的41.39%。但仍然有高达51.36%的被调查者没有获利，这其中有18.61%的被调查者表示其年度亏损在20%到50%之间，有16.61%的人亏损在10%左右，更有2.44%的被调查者表示其亏损超过了50%。在此次调查中，对于2007年中国股市整体情况表示“非常满意”者为3.05%，“比较满意”者仅占35.33%，而明确表示“非常不满意”者为12.52%，“比较不满意”者为27.68%。

为什么会出现这种情况呢？全国政协委员、中央财经大学证券期货研究所所长贺强的解释是，2007年征收的股票印花税几乎相当于前16年总额，高印花税率提高了交易成本，降低了交易效率，极大地增加了股民的投资风险。据贺强统计，2007年上市公司分红的总额大约是1800多亿元，印花税2000多亿元，因此，造成了大牛市资本市场仍是零和交易（准确地说，应该是“负和”——本书作者注），而零和交易的条件下投资者入市不能以获取上市公司的分红收益为目的，因此，只能博取差价——短期操作。①

2013年的人大、政协“两会”，有一个人物颇为“抢眼”，他就是第6任证监会主席郭树清。2011年10月29日，郭树清正式履新证监会主席，在党的“十八大”上当选中央委员。“两会”后郭树清卸任证监会主席，

---

① 何鹏：“税负过重交易成本高 政协委员建议单边征收印花税”，《上海证券报》，2008年2月25日。

网传将赴地方任行政职务。郭树清的离任，有人叫好，有人惋惜。著名财经评论家水皮发表文章：让“郭子弹”再飞会，好给投资有个交代（2013年3月16日《华夏时报》）。郭树清履职一年半的时间，是任职时间最短的证监会主席。他大刀阔斧推进证券市场改革，IPO制度改革、退市制度改革、红利发放制度化改革被称为资本市场改革“三板斧”，此外也推动了完善券商法人治理结构、严打内幕交易、长期资本入市、投资者保护等项重点工作，一年时间就推出70项政策，密度之大史无前例。不管是赞成也好，诋毁也好，郭树清的锐意改革让股民看到了资本市场的曙光。

其实客观地看，中国的资本市场一直在趔趄前行，每一任证监会主席对我国资本市场的发展都作出了自己的贡献。资本市场的问题其实是“成长中的烦恼”。我国的资本市场只有二十几年的历史，而发达国家的股市已经绵亘了数百年，现在我国资本市场上所有的问题西方国家都经历过，所以我们不应失去对中国股市的信心。

中国股市应不应该被“边缘化”，或者说投资者应不应该抛弃中国股市？我的回答是否定的。我们可以掰着指头算一算，中国老百姓的投资渠道除了银行存款、买房、投资股市、买国债、基金或投资银行理财产品，还有什么？上述投资渠道中，除了投资房地产，其他投资的收益率都低得可怜，不投资股票投资什么？有人主张中国人“远离毒品，远离股市”，散户“任何时候都不要碰股票”，我觉得是因噎废食。问题的关键不在于投资不投资股票，而在于怎样投资股票——是否掌握了股市投资技术。第5届中国股市民间高手大赛总决赛冠军苏佩雄2013年3月中旬表示，经济数据逐渐企稳，A股将在2到3年内迎来长期牛市，期间，将重点投资金融、券商类股票。但目前仍将主力关注的或是成交量忽然放大、K线在五日均线上的股票。据了解，苏佩雄于2010年全职投身股票投资，曾以4万本金3年创造450万元的收益。[①]苏佩雄能做到，我们为什么做不到？除了

① 阳获雯：“杨玲：未来五年是长慢牛 远离股票会伤透心”，《京华时报》，2013年3月18日。

应该持续改善的制度因素外，差距恐怕还是在本事上。

散户为什么不赚钱？郭树清分析其原因，认为有两点值得关注：一是个人投资者往往喜欢频繁买卖，支付了大量的市场交易成本。由于个人投资者在整个市场的交易量中占比达到85%左右，实际相应承担了超过八成的税费；二是个人投资者常常倾向于高买低卖，市场热的时候容易跟进，市场冷的时候又急于退出，这样就把账面亏损很快转化成了实际亏损。一些个人投资者还热衷于炒新、炒小、炒差，那就更容易导致损失。从经济理论来分析，说到底是因为信息不对称，因为一般居民个人对市场情况、公司处境的了解总是非常有限的，而专业化的机构或企业就很不一样。郭树清说，我们无意要求个人投资者远离股市，但是数以千万计的居民家庭可能不宜直接理财。因此，要大力发展专业投资，鼓励和引导个人投资者主动改变财富管理习惯，通过机构的专业理财来分享资本市场的成长收益。这是投资者的根本利益所在，也是我国资本市场持续健康发展的基础。①

如果要用一个词来概括我国的股市文化，那就是“投机”——投机与投资只一字之差，结果相差甚远。股市投资在中国称为“炒股”，上市公司在股市上融资被称为“圈钱”，股票投资者在中国被称为“股民”。就凭这几个词儿，你就知道中国股市的投机意味儿有多浓郁。

巴菲特坚持价值投资，有人不以为然，甚至认为如果是在中国巴菲特也许什么都不是。我不这样看。巴菲特投资一只股票，必须对该股票进行长时间的跟踪研究，直到把其内在价值研究透方才出手，而我国许多股民热衷于道听途说的小道消息，往往10分钟就可以作出投资决策；巴菲特对投资对象制定了严格的财务标准，而我国许多股民对财务知识一无所知；巴菲特投资“好公司”（如非金融企业的利息保障倍数一般高于7倍）②，

---

① 郭树清：“A股不是零和游戏 两原因致散户亏损”，2012年6月29日，证监会网站 http://finance. eastmoney. com/news/1366，20120629216548230. html。

② 刘建位：“巴菲特是怎样选股的”，《中国证券报》，2011年4月28日。

而我国许多股民对有重组题材的“垃圾股”（ST 或 PT 股票）青睐有加；巴菲特买进好公司股票并长期持有，而我国许多股民偏好 T + 0 或 T + 1——热衷于“炒”。据统计，2012 年年底自然人投资者持股占比仅为 25%，但在 2012 年，他们却贡献了全市场交易金额的 80% 以上——说明我国个人投资者深得“炒”之精髓。[①]而“炒”的结果呢，把一部分投资者“炒”成了“负翁”。

谈到投资理论，主要有两大门派：一个是价值投资学派，一个是技术分析学派。价值投资学派前面介绍得比较多，这一派格雷厄姆是始祖，巴菲特、所罗斯、林奇等投资大师均为这一派的代表性人物，其核心理念是“价值投资，长期持有”。股票技术分析是以预测市场价格变化的未来趋势为目的，通过分析历史图表对市场价格的运动进行分析的一种方法。股票技术分析也是证券投资市场中非常普遍应用的一种分析方法。

股票技术分析的理论基础是“空中楼阁理论”，这是英国著名经济学家凯恩斯于 1936 年提出的一种理论。该理论认为，投资者之所以要以一定的价格购买某种股票，是因为他相信有人将以更高的价格向他购买这种股票。至于股价的高低，这并不重要，重要的是存在更大的“笨蛋”愿以更高的价格向你购买。精明的投资者无须去计算股票的内在价值，他所须做的只是抢在最大“笨蛋”之前成交，即股价达到最低点之前买进股票，而在股价达到最高点之后将其卖出。凯恩斯有一个著名的理论——“选美”理论。凯恩斯说：投资者在选股时像选美一样，不是你认为能赚钱的股票是好股票，而是多数人认为是好股票的股票才是好股票。这与价值投资一点关系都扯不上。

股票技术分析理论的主要的代表有道氏理论、波浪理论、江恩法则等。主要分析方法有 K 线（日本线）理论、切线理论、形态理论、量价关系理论。主要的分析指标包括：趋势型指标、超买超卖型指标、人气型指标、大势型指标等内容。波浪线、趋势线、3 日、5 日均线、蜡烛图等是

① 午言：“散户离场 不应该只‘叫好’”，《人民日报》，2013 年 3 月 18 日。

技术分析常用的方法。技术分析学派的代表性人物是美国投资家威廉·江恩（William Dilbert Gann，1878－1955），他是20世纪最伟大的投资家之一，也是最具传奇色彩的技术分析大师，纵横证券、期货市场达45年，他一生中经历了第一次世界大战、1929年的股市大崩溃、30年代的大萧条和第二次世界大战，在那个动荡的年代中赚取了5000多万美元利润，相当于现在的10多亿美元。

两大学派各有数不清的、顶礼膜拜的“信徒”，相互“缠斗”了半个多世纪的时间，谁也说服不了谁，时而爆发激烈的争吵。有的信奉价值投资的股民揶揄道：牛市中20%的技术指标正确，80%的技术指标不正确；熊市中2%的技术指标正确，98%的技术指标不正确。有的信奉技术投资的股民反唇相讥：价值投资中的价值就像水中月、镜中花——可望不可及。平心而论，价值分析比技术分析更复杂，涉及范围更广，把握难度更大。技术分析更适用于短期炒作，价值分析更适用于长期持有。两种理论均有大量成功的先例佐证，说明两种理论的基础都比较牢固。关键要看，你是短线操作还是长期持有，应根据自己的需要选择合适的方法。

就作者本人而言，是铁杆儿的价值投资信徒。尽管有人诋毁巴菲特等投资大师，但他们的投资业绩有目共睹。据媒体统计，从2011年3月开始，史玉柱在民生银行A股和H股的增持共包含85次单笔交易，合计耗资约55亿元。最让投资者津津乐道的是，2012年9月，多家外资投行接连发布报告，唱空银行股，民生银行的A股、H股的股价也双双重挫，A股甚至于去年9月5日创下5.39元的年内最低点。然而，史玉柱在一片质疑声中不断唱多民生银行，并自2011年8月29日以来，多次公开承诺长期投资，三年内不会抛售民生银行A股。2013年2月6日民生银行盘中再创新高，史玉柱13个月来浮盈已经超过60亿元。[①]史玉柱是我国价值投资的典范。

2012年11月12日，《投资快报》刊发了一篇报道，介绍一位化名为

---

① 杜雅文：“史玉柱浮盈60亿被封股神”，《中国证券报》，2013年2月8日。

“千股风流”的小股东“半年跑遍200家上市公司”，进行股市调研的故事。他形容自己是取西经的唐僧，独自一人的旅途，披星戴月般地寻觅那投资的真经。

“千股风流”是一名价值投资者，投资理念是寻找“便宜货”买进，然后等待市场高估时卖出。他觉得，走访公司就像女士逛商场一样，多走、多试穿、多对比价格，才能买到价廉物美的东西。

“千股风流”认为，自己所说的“便宜”，就是价值投资学说里面常常谈到的“安全边际”。他认为，股价就像在大海波浪上随波逐流的“浮瓶”，时高时低很难捉摸；有一天，它一旦沉没到海底的烂泥里，那你可判断它未来上涨的概率是远远高于下降的概率。从烂泥层再往下沉就是岩石层，最坚硬的支撑点，当股价触到岩石层时，就不容易往下掉了。

他说，判断股价所处位置是不是岩石层的方法有几种，一种是看股息率，像现在的少数B股和蓝筹股，有的股息率已超过6%了，投资者买入后收取股息的收益已高于国债收益，这时高股息率会对股价起到很强的支撑力。另一种则是看它的每股净资产，像现在的银行股，你花一元钱买入它价值一元多钱的净资产，同时还能分享这家优秀银行往后的经营收益，就是一笔不错的交易，股价到了这个阶段往往跌幅就不大了。总的来说，价值投资者是以投资实业的态度去买卖股票，要求投资者对财务会计、行业知识、经济环境、公司运营有全方位的了解。

“当你对一家公司充分了解后，自然而然知道它值多少钱，买入后持有是一种很舒服的感觉，而且股价越跌你越开心，意味着可以加仓了。”“千股风流”总结说。①

还有一个问题想跟读者讨论：就是要不要委托理财或要不要投资股票基金？投资股票有两种方法：一种是直接投资，即成为股市上的个人投资者，直接到股市上去搏杀；另一种是间接投资，即购买股票基金，把钱交

---

① 方进新：“股痴半年跑遍200上市公司2006年后仅一笔交易亏损出局”，《投资快报》，2012年11月12日。

给基金经理由其代为投资股票。前者也称主动投资，因为你投哪一只股票、什么价位投、投多少、什么时间投、什么时间卖、什么价位卖、卖多少完全是你自己说了算，你拥有投资的决策权，券商的操盘手不过是执行你下达的指令。基金投资你也拥有选择权，如选择基金的类型、选择基金公司、选择基金经理等等，但投资股票的环节你说了不算，这是由投资经理决策的，因此，投资股票基金属于被动投资。在美国，50%以上有行为能力的人都投资股票，但绝大多数人选择被动投资，所以美国的共同基金（即证券投资基金）行业十分发达。

投资股票基金的优势是专家理财，投资风险相对较小；缺点是要向基金公司支出代理费用，盈利水平相对不高。投资者应根据自己的具体情况加以选择。我认为，有两类人可以做直投：全职投资人和具备一定程度投资知识的人。股票投资是要做许多“功课”的，还需要具备一定的投资知识，比如金融知识、理财知识。这两类人有时间去研究上市公司和股票市场，又有专业知识作保障，胜算的概率较高。非职业投资人事务繁杂，没有时间去打理自己的股票，或者是不具备股票投资的相关知识，这样的人适合投资股票基金。上述判断对信奉技术分析的投资者更适用。

如果你是“价值投资”的信徒，尽管不是“全职投资人”，也可以选择主动投资。花些精力和时间去研究和选择少数几种你认为值得长期持有的股票，买了以后就不去理它，若干年后它可能会给你以惊喜——毕竟，随着时间的推移，股票市场是上涨的趋势。

“在投资这一行积累20年的经验使我确信：任何一位头脑正常的投资者，只要稍微动动脑筋，其成就即使不超过华尔街的专家也能够达到和他们一样的水准。如果你稍加留意，就可以在华尔街的专家之前，从自己工作的地方或者邻近的购物中心之类的行业中选出一些前景不错的股票。”说这句话的人呢，是美国著名投资大师彼得·林奇。①

① “投资骄子彼得·林奇语录”，2011年5月6日，基金网 http：//fund. cnfol. com/110506/105，1489，9812197，00. shtml。

第15章

基金——投还是不投

不管使用什么方法挑选股票或基金，成功与否取决于一种能力：即抗干扰且坚持到成功的能力，——决定成功与否的不是头脑而是耐力。“聪明”的投资者往往过于敏感，经受不住外部环境不经意的打击，因而被赶出了市场。

——美国著名投资家、前麦哲伦基金投资经理彼得·林奇基金（Fund），就是出于某种目的集合在一起的一笔钱，通常要由专门的机构进行管理。基金有专项用途的非投资基金（如福利基金、慈善基金、捐赠基金等）和投资基金之别，所谓金融业四大发明（货币、银行、股票和基金）中的基金指的是作为金融投资范畴的投资基金。但目前这两类基金的区别已日渐模糊。为什么呢？因为无论哪一个国家，物价始终是上涨的，如果基金不能增值就会相应贬值（如受金融危机影响，2012 年的诺贝尔诺奖就由以往的 1000 万瑞士法郎缩水至 800 万瑞士法郎），结果可能会无法实现基金的使命，所以，非投资基金也越来越多地加入了投资基金的行列。例如，美国大学捐赠基金还是美国证券市场重要的机构投资者。

人们通常所说的基金，即指投资基金。对于基金有狭义和广义两种理解：狭义的基金是指证券投资基金，这种理解在中国有市场，你在搜索引擎中输入“基金”两个字，十有八九说的是证券投资基金的事儿；广义的理解，基金是指将分散的资金集中起来，由专门机构负责投资运作，风险共担、利益共享的一种投资方式。粗略地计算一下，投资基金大概就有几十种。其最简单的分类就是按其投资对象分类，比如分成证券投资基金、产业投资基金、商品投资基金、房地产投资基金、外汇投资基金、黄金投资基金、混合投资基金、基金中的基金（以其他基金为投资对象），等等。按照这种理解，基金投资的对象就不仅仅是证券了，而是包罗万象的，正因为如此，投资基金是一个非常庞大的家族，把这个家族梳理一下，就成为笔者所定义的“基金谱系树”。①

本章所讨论的“基金”即指证券投资基金。

证券投资基金，是由基金经理等专业金融从业者管理，向社会投资者公开募集，投资于证券市场的营利性投资机构。证券投资基金在美国称为共同基金（Mutual Fund）或信托基金，英国及我国香港地区称其为“单位信托”，在日本则称“证券投资信托”。应当说明的是，本章所说的证券投

---

① 参见郭恩才：《解密私募股权基金》第 3 章“PE 私密档案”，中国金融出版社 2008 年版。

资基金指的是公募的证券投资基金，还有一种私募证券投资基金，其投资标的与公募基金别无二致，只是募集的范围和方法不同。

公募（public offering）和私募（private placement）是两种不同的基金募集方式。公募须经过国家证券监管部门审查批准，向不特定投资者公开发行受益凭证，并须按相关法规以公告的形式定期作信息披露，投资范围、运作方式、利润分配须符合行业规范。私募实际上就是在相互认可的基础上委托他人理财。所谓的“阳光私募”，是指以私募方式组建的证券投资基金。私募不必经过国家证券监管部门审查批准，到证券投资基金业协会注册后即可组建（基金管理人须具备资质），不用到工商局注册，不用缴税。私募面向特定投资者，不要求作公开信息披露，政府不干预基金的运作和利润分配。由于公募基金吸纳的是公众的资金，“外部性”[①]特征明显，所以各国政府都对其实施比较严厉的管制，其组建、信息披露、交易、资金结构变化和解散都受到法律法规限制。

基金主要有如下 5 个特点：

（1）基金是“专家理财”——由专家运作、管理并专门投资于证券市场（投资的对象包括股票、债券、商业票据、商品或衍生性金融商品等）。基金管理公司配备了大量的投资专家，他们不仅掌握了广博的投资分析和投资组合理论知识，而且在投资领域也积累了相当丰富的经验。

（2）基金是一种间接的证券投资方式。投资者是通过购买基金而间接投资于证券市场的。与直接购买股票相比，投资者与上市公司没有任何直接关系，不参与公司决策和管理，享有公司利润的分配权。

（3）基金具有投资小、费用低的优点。在我国，每份基金单位面值为人民币 1 元。共同基金最低投资额一般较低，投资者可以根据自己的财力，多买或少买基金单位、从而解决了中小投资者“钱不多、入市难”的问题。

① 外部性（externality）：一个经济主体的经济活动对另一个经济主体所产生的有害或有益的影响。

基金的费用通常较低。根据国际市场上的一般惯例，基金管理公司就提供基金管理服务而向基金收取的管理费一般为基金资产净值的1% ~ 2.5%，而投资者购买基金需缴纳的费用通常为认购总额的0.25%，低于购买股票的费用。

(4) 基金具有组合投资、分散风险的好处。根据投资专家的经验，要在投资中做到起码的分散风险。投资学上有一句谚语："不要把你的鸡蛋放在同一个篮子里"。然而，中小投资者通常无力做到这一点。如果投资者把所有资金都投资于一家公司的股票，一旦这家公司破产，投资者便可能尽失其所有。而基金通过汇集众多中小投资者的小额资金，形成雄厚的资金实力，可以同时把投资者的资金分散投资于各种股票，使某些股票跌价造成的损失可以用其他股票涨价的盈利来弥补，分散了投资风险。

(5) 基金流动性强。基金的买卖程序非常简便。对开放式基金而言，投资者既可以向基金管理公司直接购买或赎回基金，也可以通过证券公司等代理销售机构购买或赎回，或委托投资顾问机构代为买入。国外的基金大多是开放式基金，每天都会进行公开报价，投资者可随时据以购买或赎回。

基金有许多种类。例如，按基金投资对象的不同，可以分为股票基金、指数基金、混合基金、债券基金、货币市场基金、黄金基金和衍生证券基金等；按基金投资策略的不同，可以分为成长型基金（追求基金资产的长期增值）、收入型基金（以获取当期的最大收益为宗旨）和平衡型基金（在短期与长期回报间取得平衡）等。但最基本的类型是封闭式基金和开放式基金。

封闭式基金是指基金的发起人在设立基金时，设定了基金单位的发行总额，筹集到这个总额后，基金即宣告成立，并进行封闭运作，在一定时期内不再接受新的投资。基金单位的流通采取在证券交易所上市的方式，投资者日后买卖基金单位都必须通过证券经纪商在二级市场上进行竞价交易。封闭式基金与普通股票类似。

开放式基金是指基金管理公司在设立基金时，发行基金单位的总份额不固定，可视投资者的需求追加发行。投资者也可根据市场状况和各自的投资决策，或者要求发行机构按现期净资产值扣除手续费后赎回股份或受益凭证，或者再买入股份或受益凭证，增持基金单位份额。为了应付投资者中途抽回资金，实现变现的要求，开放式基金一般都从所筹资金中拨出一定比例，以现金形式保持这部分资产。这虽然会影响基金的盈利水平，但作为开放式基金来说，这是必需的。

封闭式基金与开放式基金的区别主要有如下五个方面：

(1) 期限不同。封闭式基金通常有固定的封闭期，通常在 5 年以上，一般为 10 年或 15 年，经受益人大会通过并经主管机关同意可以适当延长期限。而开放式基金没有固定期限，投资者可随时向基金管理人赎回基金单位。

(2) 发行规模限制不同，封闭式基金在招募说明书中列明其基金规模，在封闭期限内未经法定程序认可不能再增加发行。开放式基金没有发行规模限制，投资者可随时提出认购或赎回申请，基金规模就随之增加或减少。

(3) 基金单位交易方式不同。封闭式基金的基金单位在封闭期限内不能赎回，持有人只能寻求在证券交易场所出售给第三者。开放式基金的投资者则可以在首次发行结束一段时间（多为 3 个月）后，随时向基金管理人或中介机构提出购买或赎回申请，买卖方式灵活，除极少数开放式基金在交易所作名义上市外，通常不上市交易。

(4) 基金单位的交易价格计算标准不同。封闭式基金与开放式基金的基金单位除了首次发行价都是按面值加一定百分比的购买费计算外，以后的交易计价方式不同。封闭式基金的买卖价格受市场供求关系的影响，常出现溢价或折价现象，并不必然反映基金的净资产值。开放式基金的交易价格则取决于基金每单位净资产值的大小，其申购价一般是基金单位资产值加一定的购买费，赎回价是基金单位净资产值减去一定的赎回费，不直接受市场供求影响。

(5) 投资策略不同。封闭式基金的基金单位数不变，资本不会减少，因此基金可进行长期投资，基金资产的投资组合能有效在预定计划内进行。开放式基金因基金单位可随时赎回，为应付投资者随时赎回兑现，基金资产不能全部用来投资，更不能把全部资本用来进行长线投资，必须保持基金资产的流动性，在投资组合上需保留一部分现金和高流动性的金融商品。

从发达国家金融市场来看，开放式基金已成为世界投资基金的主流。世界基金发展史从某种意义上说就是从封闭式基金走向开放式基金的历史。

截止到2012年年底，我国共有公募基金管理公司60多家，管理着800多只基金，其中开放式基金占据95%以上的市场份额。据银河证券的统计，截至2012年12月31日，公募基金行业资产净值（不含QDII[①]）为28031.35亿元，份额规模30834.44亿元，较2011年的21342.41亿元和25596.69亿份大幅增加，资产净值增加6688.94亿元，份额规模增加5237.75亿元。[②]

在西方国家如美国，与股票相比，基金是更为大众化的投资工具。美国投资公司协会（ICI）的数据显示，2006年约有48%的美国家庭持有共同基金，基金持有人达9600万人，即平均每3个美国人中就有一个是共同基金持有者。在美国家庭的金融资产结构中，共同基金占据的比重高达47%。[③]时至今日，投资基金得到了包括银行信托部、保险公司、养老基金等诸多机构投资者的青睐。美国自1924年推出第一只共同基金至今已有80多年的历史，另据美国投资公司协会统计，截至2010年底，美国有约

---

① QDII（Qualified Domestic Institutional Investors，简称QDII）是“合格境内机构投资者”的英文首个字母缩写。是指在人民币资本项下不可兑换、资本市场未开放条件下，在一国境内设立，经该国有关部门批准，有控制地，允许境内机构投资境外资本市场的股票、债券等有价证券投资业务的一项制度安排。这里的QDII是指QDII基金。

② 佚名：“2012基金规模创5年新高 前十大基金公司排名生变”，《上海商报》，2013年1月5日。

③ 参见郭恩才：《解析现代金融十大迷局》第5章“金融世界新主宰——投资基金”，中国金融出版社2011年版。

600家基金管理公司管理着11.8万亿美元的共同基金。在近百年的历史发展过程中，美国基金业已经成为一个高度竞争并不断创新发展的行业。[①]美国基金业管理着大约20%的美国家庭金融资产，ICI的调查结果显示，平均每个美国家庭拥有7只共同基金，而每家拥有共同基金的中位数为4只。在家庭持有的共同基金产品中，股票型基金最普遍，占比达8成，公募基金投资成为家庭金融资产的重要成分。[②]

作为一种大众投资工具，必须把投资风险防范摆在第一位，因此，公募基金的收益率水平并不高，大体上排在股票、公司债券投资之后、国债投资之前的位置。另外，投资标的不同的基金其收益水平也有差别。我们以收益水平相对较高的股票基金为例，2013年年初，银河证券研究中心发布的《2012年基金管理公司国内股票投资主动管理能力综合评价报告》显示，2012年纳入统计的64家基金管理公司中有52家取得股票投资正收益，平均涨幅达到4.34%，较2011年股票投资26.84%的平均跌幅有明显增长。其中，国联安基金管理公司年度平均股票投资主动管理收益率为16.56%，在纳入排名统计的64家基金公司中位居第一。[③]另据《纽约时报》报道，据波士顿研究机构达尔巴尔公司（Dalbar）的研究成果，截至2012年12月的20年里，美股共同基金全部投资者的年化回报率为4.24%，远低于标普500的8.2%。即如果一个投资者20年前投资1万美元，按照4.2%的年回报率，目前的资产为22989美元。如果投资标普500，按照8.21%年收益率，资产将为48456美元，差异为25467美元。这说明股票基金未能跑赢大市。[④]

在我国，公募基金正式登上资本市场的舞台应该是在1998年，至今只

① 李艳：“从持有人偏好看美国共同基金业竞争”，《上海证券报》，2012年2月6日。

② 袁诚：“金融危机拖累美国共同基金”，《新金融观察报》，2010年11月29日。

③ 钱箐旎：“基金炒股水平提高　中小规模基金最高收益16.56%”，《经济日报》，2013年1月16日。

④ 俊逸：“美国共同基金二十年来回报率远逊标普”，2013年3月11日，新浪财经 http://www.microbell.com/ecodetail_1039594.html。

有 15 年。15 年来，尽管监管层大力推进基金的发展，但发展中暴露出来的问题也广受诟病。2000 年 10 月号《财经》杂志刊登了记者平湖、李箐撰写的“基金黑幕——关于基金行为的研究报告解析”一文，在国内引起强烈反响。该报道通过客观详尽的分析证券投资基金的操作行为，证实证券投资基金存在大量“对倒”、“倒仓”等违规、违法的操作行为，炒作之风盛行。经证监会调查，若干基金管理公司存在异常交易行为。当初设立并大力发展证券投资基金的初衷，是希望为中国的证券市场带来理性的机构投资者，希望基金可以起到稳定市场的作用，但事与愿违，基金并没有起到稳定证券市场的作用，反而成为“机构投机者”，更加剧了证券市场的不稳定。

此外，公募基金在投资理念、内部分配机制、运作绩效方面也饱受抨击。前中邮基金投资经理彭旭就曾经说过：我们发展机构投资者，就是长期投资、长期稳定、寻找成长性的股票。但是现在部分基金管理者变成了一帮大散户，几万亿资金在做交易而不是价值投资，这样的话我觉得对中国的资本市场健康发展很不利。彭旭说，我对业绩的要求就是基金起码要跑赢指数。如果牛熊市我都能跑赢指数，长期来看我就能战胜市场很多了。结果是以王亚伟、彭旭为代表的一干“明星基金经理”都跑去做私募了。

十多年以后，这种状况发生根本性的转变了吗？答案并不令人乐观。2013 年 3 月 14 日，记者李锐在《新闻晨报》发表评论，题目就是《基金投资十大陷阱：明星经理挂帅成噱头》。这 10 大陷阱是：陷阱 1：“明星经理”挂帅成噱头；陷阱 2：历史业绩成“金字招牌”；陷阱 3：“承诺收益”多是忽悠；陷阱 4：短债基金年化收益率超 10%；陷阱 5：货币基金稳赚不赔；陷阱 6：短债基金好于货币基金；陷阱 7：基金分红越多越好；陷阱 8：买净值低的基金划算；陷阱 9：分级基金看上去很美；陷阱 10：QDII 基金都需要配置。读者仔细阅读这“10 大陷阱”，相信会对你降低基金投资风险有帮助。

表 15 - 1 是 2012 年股票型基金净值倒数前 10 排名表（原净值为人民币 1 元），可以供读者赏鉴。

表 15－1　　2012 年股票型基金净值倒数前 10 排名表

（交易日期：2012 年 12 月 31 日）

证券代码	证券简称	单位净值
481001. OF	工银瑞信核心价值	0. 2862
217001. OF	招商安泰股票	0. 3322
510260. OF	南方小康产业 ETF	0. 3433
213002. OF	宝盈泛沿海增长	0. 3961
590002. OF	中邮核心成长	0. 4573
410003. OF	华富成长趋势	0. 4936
530001. OF	建信恒久价值	0. 4958
050009. OF	博时新兴成长	0. 4980
163503. OF	天治核心成长	0. 5030
460001. OF	华泰柏瑞盛世中国	0. 5137

资料来源：Wind 资讯 凤凰网财经 http：//finance. ifeng. com/stock/special/jugd04/

尽管基市有这么多的问题，而且许多问题也不是短时间内所能解决的，但基金仍然是普通老百姓不得不打交道的投资渠道之一。而且我们也欣喜地看到，随着我国资本市场的制度逐步完善，以基金为代表的机构投资者的素质也日渐提高，基金管理逐步走上正轨，基金投资日趋理性，基金投资收益回归本位，基金已经成为我国资本市场机构投资者的主力阵容，在不远的将来，基金将成为我国居民投资资本市场的主渠道。就像空气中充满了 PM2. 5 还得呼吸一样，姑且相信这些不如意是“两岁的孩子尿裤子”吧，仔细掂量掂量如何进行基金投资，才能保障自己的利益最大化。

基金投资的要点之一是，要把各类基金的内涵和特点搞清楚，在此基础上才能选择最适合自己投资的基金。

基金种类很多，应根据自己的偏好和风险承受能力选择。比如闲暇时间很少，平日没时间去打理，最好选择“完全被动管理”基金（如指数基金、FOF 基金等）；如果闲暇时间较多，对交易又很感兴趣，可选择“部分参与被动管理”基金。什么是“部分参与被动管理”基金呢？就是参与度高于“完全被动管理”的基金。比如，投资者对股票基金的参与度就明显高于指数基金，这体现在选择基金公司、基金经理和具体的基金上，而指数基金体现在对指数的选择上。如果追求长期回报，对短期波动不太敏感，可选择成长型基金；如果对当期收入特别敏感，总想着“落袋为安”，就选择收入型基金；如果对受益的感觉居于两者之间，可投资平衡型基金。

下面重点介绍一下适合普通投资者投资的基金品种。

(1) 股票基金

股票基金亦称股票型基金，指的是投资于股票市场的基金。基金资产60%以上投资于股票，其中股票投资比例上限不高于80%者称为普通股票型基金，股票投资比例上限为95%者称为标准股票型基金。股票基金提供了一种中长期的投资增值性，风险较高，但预期收益也较高，是应付通货膨胀比较有效的手段。截至2012年年底，我国各基金管理公司共推出股票基金约400只。

在所有基金品种中，股票基金的预期收益率是比较高的，这缘于股票市场固有的收益和风险特性。按照金融学的原理，收益率高的金融资产的收益率之所以较高，是因为其在一般收益率的基础上还要加上一个“风险溢价”——因为承担风险得到的额外报酬。但预期收益率高，不意味着所有投资者的实际收益率都高，而是平均水平比较高。这就意味着你对基金公司和基金经理的选择至关重要。

与投资者直接投资于股票市场相比，股票基金具有分散风险、费用较低等特点。对一般投资者而言，个人资本毕竟是有限的，难以通过分散投资而降低投资风险。但若投资于股票基金，投资者不仅可以分享各类股票的收益，而且也可以通过投资于股票基金而将风险分散于各类股票上，大大降低了投资风险。此外，投资者投资了股票基金，还可以享受基金大额投资在成本上的相对优势，降低投资成本，提高投资效益，获得规模效益的好处。

股票基金有一个重要的特征——与整个股市的涨跌“同呼吸，共命运”，或者说两者是正相关关系。如果大盘节节高升，绝大多数的股票都在上涨，股票基金也往往表现优异——就像 2006 年的 A 股市场；如果大盘一片惨绿，绝大多数的股票都在跳水，恐怕神仙也救不了你，这时的股票基金一个个灰头土脸，冠军不过是输得少一点而已。如 2011 年标准型股票基金重蹈 2008 年覆辙——全军覆没，银河证券基金研究中心统计数据显示，截至 2011 年 12 月 30 日，标准股票型基金全年平均业绩为 -24.95%。博时主题以 -7.94% 的收益率成为主动投资股票方向基金业绩冠军。①

（2）指数基金

指数基金（Index Fund）是股票基金的一种类型，顾名思义就是以指数成份股为投资对象的基金，即通过购买一部分或全部的某指数所包含的股票，来构建指数基金的投资组合，目的就是使这个投资组合的变动趋势与该指数相一致，以取得与指数大致相同的收益率。按照有效市场理论，既然市场走势是不可预测的，市场是无法战胜的，我们就不去预测市场了，只管跟着大盘走，股指走高是必然的趋势，所以从长期来看，投资指数基金必定赚钱。

指数基金按其选股与指数成份股的吻合度不同，可以分为标准指数股票型基金和增强指数股票型基金两类。前者选股的特点是对参照指数成份股的“复制”，即基金资产按照所跟踪指数成分股权重分配（即流通市值占比）进行相应比例配置。比如有只股票市值占所有入选股的 10%，那么基金的股票资产（非净资产）中有 10% 为这个股票。当然，即使完全复制，当基金管理人预期成份股发生调整和成份股发生配股、增发、分红等行为时，以及因基金的申购和赎回对本基金跟踪标的指数的效果可能带来影响时，基金管理人会对投资组合进行适当调整，以使跟踪误差控制在限定的范围之内。后者的特点是“增强复制”，即基金股票资产中的大部分资产复制标的指数（占股票资产 80% 以上），同时余下的股票资产为基金

① 曹淑彦：“2011 年标准股票型基金平均亏损 24.95%”，《中国证券报》，2012 年 1 月 4 日。

管理人进行主动投资所持有的。根据银河证券基金研究中心的数据显示，截至2012年4月底，境内基金市场上有标准指数基金133只，增强型指数基金24只，可见其发展的速度很快。

指数基金是保证证券投资组合与市场指数业绩类似的基金。在运作上，它与其他基金相同。指数基金与其他基金的区别在于，它跟踪股票业绩，所遵循的策略稳定，它在证券市场上的优势不仅包括有效规避非系统性风险①、交易费用低廉和延迟纳税，而且还具有监控投入少和操作简便的特点，因此，从长期来看，其投资业绩优于其他基金。从理论上来讲，指数基金的运作方法简单，只要根据每一种证券在指数中所占的比例购买相应比例的证券，长期持有就可。

对于一种纯粹的被动管理式指数基金，基金换手率及交易费用都比较低，管理费也趋于最小。这种基金不会对某些特定的证券或行业投入过量资金。它一般会保持全额投资而不进行市场投机。当然，不是所有的指数基金都严格符合这些特点。不同具有指数性质的基金也会采取不同的投资策略。指数基金的收益率取决于大盘的涨跌，有效市场理论的信徒最适合投资指数基金。

在指数基金中，有一个特殊的类型称为ETF（Exchange Traded Fund，简称ETF)，翻译成汉语的意思是“交易型开放式指数基金”。ETF综合了封闭式基金和开放式基金的优点，投资者既可以向基金管理公司申购或赎回基金份额，同时，又可以像封闭式基金一样在证券市场上按市场价格买卖ETF份额，不过，申购赎回必须以一篮子股票换取基金份额或者以基金

---

① 在财务金融领域，人们把风险区分为两种类型：系统性风险（Systematic Risk）和非系统性风险（Nonsystematic Risk）。系统性风险也称市场风险，是指由于公司外部、不为公司所预计和控制的因素造成的风险，或者说是由整体政治、经济、社会等环境因素变化给证券价格波动所造成的影响。系统性风险不能通过分散投资加以消除，因此又被称为不可分散风险。抵御系统性风险的工具是金融衍生产品。非系统性风险是指对某个行业或个别证券产生影响的风险，它通常由某一特殊的因素引起，与整个证券市场的价格不存在系统的全面联系，而只对个别或少数证券的收益产生影响，所以也称为特殊风险。非系统性风险可以通过组合投资来分散，因此也称为可分散风险。

份额换回一篮子股票。由于同时存在证券市场交易和申购赎回机制，投资者可以在 ETF 市场价格与基金单位净值之间存在差价时进行套利交易。套利机制的存在，使得 ETF 避免了封闭式基金普遍存在的折价问题。

像其他指数基金一样，ETF 是以某个市场指数为目标指数，采用完全复制或统计抽样等方法跟踪该目标指数，以期获得与目标指数相近的投资收益率。

在股票基金中，还有一种被称为 LOF（Listed Open - Ended Fund，简称 LOF）的基金，其汉语的意思是“上市型开放式基金”。在 LOF 发行结束后，投资者既可以在指定网点申购与赎回基金份额，也可以在交易所买卖该基金。不过投资者如果是在指定网点申购的基金份额，想要上网抛出，须办理一定的转托管手续；同样，如果是在交易所网上买进的基金份额，想要在指定网点赎回，也要办理一定的转托管手续。

LOF 与 ETF 有两点不同：一是 LOF 的投资对象既可以是股票，也可以是股价指数，而 ETF 投资的对象只是股价指数或者说是“一篮子股票”，并不是具体的股票；二是 LOF 的申购、赎回都是基金份额与现金的交易，可在代销网点进行；而 ETF 的申购、赎回则是基金份额与一篮子股票的交易，只能通过交易所进行。

LOF 采用交易所交易和场外代销机构申购、赎回同时进行的交易机制，这种交易机制为投资者带来了全新的套利模式——跨市场套利：当二级市场价格高于基金净资产的幅度超过手续费率，投资者就可以从基金公司申购 LOF 基金份额，再在二级市场上卖出；如果二级市场价格低于基金净资产，投资者就可以先在二级市场买入基金份额，再到基金公司办理赎回业务完成套利过程。当然，由于套利过程中进行跨系统转登记手续的时间较长，加上手续费的存在，当一、二级市场的价格差异并不明显时，套利行为可能并不能获利。

（3）混合基金

混合基金是指同时投资于股票、债券和货币市场等工具，没有明确的投资方向的基金。其风险低于股票基金，预期收益则高于债券基金。它为投资者提供了一种在不同资产之间进行分散投资的工具，比较适合较为保守的投资者。

混合基金根据资产投资比例及其投资策略再分为偏股型基金（股票配置比例50%～70%，债券比例在20%～40%）、偏债型基金（与偏股型基金正好相反）、平衡型基金（股票、债券比例比较平均，大致在40%～60%左右）和灵活配置型基金（股债比例按市场状况进行调整）等。混合基金的投资对象也不局限于股票和债券，也可以包括主管机关认可的其他投资品种，比如回购协议、商业票据、大额可转让存单（CDs）等货币市场工具。但由于股票的投资风险高于其他投资工具，故股票所占比重越高，基金投资的风险越大。

《证券投资基金运作管理办法》[①] 对基金的产品定位作出了若干规定，要求基金合同和基金招募说明书应当按照下列规定载明基金的类别：①60%以上的基金资产投资于股票的，为股票基金；②80%以上的基金资产投资于债券的，为债券基金；③仅投资于货币市场工具的，为货币市场基金；④投资于股票、债券和货币市场工具，并且股票投资和债券投资的比例不符合第①项、第②项规定的，为混合基金。又规定基金名称显示投资方向的，应当有80%以上的非现金基金资产属于投资方向确定的内容。但由于历史原因，我国目前的混合基金分为老混合和新混合两大类。老混合是指《证券投资基金运作管理办法》颁布之前组建的股票基金，由于其股票投资上限为80%而被划入混合基金之列。新混合主要指灵活配置型基金。这种分类方法使混合基金显得比较混乱。

（4）债券基金

债券基金，又称为债券型基金，是指专门投资于债券的基金，它通过集中众多投资者的资金，对债券进行组合投资，寻求较为稳定的收益。根

---

① 《证券投资基金运作管理办法》：经2004年6月4日中国证券监督管理委员会第93次主席办公会议审议通过。该《办法》分总则、基金的募集、基金份额的申购和赎回、基金的投资和收益分配、基金份额持有人大会、监督管理和法律责任、附则7章54条，自2004年7月1日起施行。

据中国证监会对基金类别的分类标准，基金资产 80% 以上投资于债券的为债券基金。债券基金也可以有一小部分资金投资于股票市场，另外，投资于可转债和打新股也是债券基金获得收益的重要渠道。假如全部投资于债券，可以称其为纯债券基金，假如大部分基金资产投资于债券，少部分可以投资于股票，可以称其为债券型基金，理论上讲，债券型基金比纯债券基金潜在收益和风险要高一点。债券基金是定期存款和国债投资最好的替代品。

债券基金投资的债券是指在银行间市场或交易所市场上市的国债、金融债、企业债（包括可转换债券），债券基金就是在这些债券品种中进行债券组合，以期给投资者带来最大的收益。

债券基金的主要收益来自基金投资的债券的利息收入和买卖债券获得的差价收入。从债券基金的利润来源看，它是一个收益相对稳定的品种。首先利息收入是稳定的，因为债券是一种固定收益类证券，它的利息一般是固定的（当然也有利息可变的浮动利息债），对于企业债而言，不管企业经营的好坏，都是要按规定支付利息的，比起股票红利则要稳定得多。至于买卖债券获得的差价收入虽然存在一定的不确定性，主要是债券价格会随市场利率的变化而变化，短期而言，市场利率变化的幅度一般比较小（或已经被预期了），因此这种不确定性也不会很高。

一般说来，债券基金比其他类型的基金，诸如股票基金、对冲基金等，潜在收益相对比较稳定，潜在风险比较小。债券基金像绝大多数债券一样，属于固定收益类产品，尽管收益水平不高，但颇得稳健投资者青睐。从历史数据来看，债券及债券基金投资收益明显高于银行存款，稳定性好于股票及股票基金投资。我国债券型基金在多年运行之后，在应对资本市场风险上具备良好运筹能力，体现出债券基金收益稳定、波动较小的风险收益特征，是中长期回报稳定的投资品种。

此外，债券基金“保值”的特性十分显著。股市和债市常常呈“跷跷板”状，股市下跌债市利好，此时，人们就会把资金由股市撤出投进债市，以期减少损失。以 2011 年为例，据银河证券基金研究中心的统计，标准股票型基金全年平均业绩为 -24.95%，但债券基金的亏损幅度明显小于股票基金。纳入统计口径的普通债券型基金（一级）平均业绩为 -2.84%，普通债券型基金（二级）平均业绩为 -3.79%，其中，广发增强债券基金以 6.2% 的业绩位居第一。①

(5) 货币市场基金

货币市场基金（Money Market Fund，简称 MMF）是指投资于货币市场上短期（1 年以内，平均期限 120 天）有价证券的一种投资基金。货币市场共同基金是一种特殊类型的共同基金，是美国 20 世纪 70 年代以来出现的一种新型投资理财工具。该基金资产主要投资于短期货币工具如国库券、商业票据、银行定期存单、政府短期债券、企业债券等短期有价证券。

货币市场基金有如下特征：

①货币市场基金的基金单位的资产净值是固定不变的，通常是每个基金单位 1 元。投资该基金后，投资者可利用收益再投资，投资收益就不断累积，增加投资者所拥有的基金份额。比如某投资者以 100 元投资于某货币市场基金，可拥有 100 个基金单位，一年后，若投资报酬是 8%，那么该投资者就多 8 个基金单位，总共 108 个基金单位，价值 108 元。

②衡量货币市场基金表现好坏的标准是收益率，这与其他基金以净资产价值增值获利不同。

③流动性好、资本安全性高。这些特点主要源于货币市场是一个低风险、流动性高的市场。同时，投资者可以不受到期日限制，随时可根据需要转让基金单位。

④风险性低。货币市场工具的到期日通常很短，货币市场基金投资组合的平均期限一般为 4~6 个月，因此风险较低，其价格通常只受市场利率的影响。

⑤投资成本低。货币市场基金通常不收取赎回费用，并且其管理费用

---

① 曹淑彦："2011 年标准股票型基金平均亏损 24.95%"，《中国证券报》，2012 年 1 月 4 日。

也较低，货币市场基金的年管理费用率大约为基金资产净值的 0.25% ~ 1%，比传统的基金年管理费用率 1% ~2.5% 要低很多。

⑥货币市场基金均为开放式基金。货币市场基金投资的范围都是一些高安全系数和稳定收益的品种，通常被视为无风险或低风险投资工具，适合资本短期投资生息以备不时之需，特别是在利率高、通货膨胀率高、证券流动性下降，可信度降低时，可使本金免遭损失，是活期存款的最好替代品。对于很多希望回避证券市场风险的企业和个人来说，货币市场基金是一个天然的避风港，在通常情况下既能获得高于银行存款利息的收益，又保障了本金的安全。它的不足之处是收益率水平较低，大约相当于一年定期存款的税后利率。

在我国，货币市场基金根据投资额度的大小可以区分为 A、B 两类。对于投资者来说两类只是申购起点不同，A 类较低，100 元 ~5000 元的都有，一般为 1000 元，针对的是个人投资者。B 类申购起点为 500 万元 ~ 1000 万元，针对的是机构投资者。两者的区别还在于销售服务费不同，A 类每年为 0.25%，B 类为 0.01%。由于销售服务费的差别，B 类年化收益率比 A 类高 0.24% 左右。2011 年，纳入统计口径的货币市场 A 级基金平均业绩为 3.32%。[①]

在正常的经济运行条件下，上述四类基金的收益率水平由高到低大体顺序是：股票基金、指数基金、债券基金、货币市场基金。但由于影响因素复杂，尤其在系统性风险肆虐的环境下，排名有可能发生变化。表 15 -2是 2012 年各类基金收益率排行榜，由中国银河证券基金研究中心提供，供读者参阅。

---

① 曹淑彦："2011 年标准股票型基金平均亏损 24.95%"，《中国证券报》，2012 年 1 月 4 日。

表 15－2　　　　2012 年各类基金收益率一览

基金类型	分　类	基金只数	2012 年净值平均增长率（%）
股票基金	标准股票型基金	334	5.55
	普通股票型基金	6	8.18
指数基金	标准指数股票型基金	126	6.83
	增强指数股票型基金	26	8.24
混合基金	偏股型基金（股票上限 95%）	43	4.94
	偏股型基金（股票上限 80%）	30	2.90
	灵活配置型基金（股票上限 95%）	13	4.44
	灵活配置型基金（股票上限 80%）	71	3.08
债券基金	长期标准债券型基金（A 类）	34	5.23
	长期标准债券型基金（B/C 类）	26	3.23
	中短期标准债券型基金（A 类）	2	5.50
货币市场基金	货币市场基金（A 类）	62	3.95
	货币市场基金（B 类）	44	4.14
合计	-	816	5.21

资料来源：根据中国银河证券基金研究中心：《2012 年基金收益率一览》整理，原始数据载 2013 年 3 月 17 日《中国证券报》。

从表 15－2 统计结果来看，指数基金的收益水平独占鳌头，这种情况在 2006 年就出现过。2006 是中国基金市场辉煌的一年，行业亮点是出乎市场预料的指数型基金，指数型基金在 2006 年度的平均净值增长率为 125.87%，领先于股票型基金 4 个百分点以上，指数型基金以整体业绩胜出，使以“专家理财”自我标榜的基金行业集体“掉链子”，也给人遐想的空间。

基金投资的要点之二是，避开陷阱，集中精力选好基金。

2013 年 3 月份，笔者查阅了一下银河证券基金研究中心网站，网站列出的基金共有 1510 只，差不多较 2012 年增长了 1 倍。有趣的是，网站还对基金按投资风险高低进行了分类。粗略计算一下，高、中、低风险的基金所占比重分别为 61%、13% 和 25%。每只基金都标明了风险等级，可供投资者投资时参考。截至 2012 年年底，我国 A 股上市公司约有 2400 家左右，基金占 A 股的比例超过六成，所以选基金可能不比选股票轻松多少。有钱、有闲又具备一定投资技能的投资者，不妨直接投资股票，而不必绕道投资基金，效果也许更好。美国著名投资家，共同基金明星经理彼得·林奇曾经说过：在投资这一行积累 20 年的经验使我确信，任何一位头脑正常的投资者，只要稍微动动脑筋，其成就即使不超过华尔街的专家也能够达到和他们一样的水准。如果你稍加留意，就可以在华尔街的专家之前，从自己工作的地方或者邻近的购物中心之类的行业中选出一些前景不错的股票。可见，主动投资也不象人们想象得那么难。

选择基金，主要考虑下述几个问题：

第一，考虑自己的风险承受能力，在不同风险等级的基金中定位。股票基金、指数基金、偏股型混合基金的风险较高，而债券基金、偏债型混合基金、货币市场基金相对风险较低。如果你用于投资的是自己或家庭的“保命钱”，就不要投资于风险较大的金融产品——包括基金。

第二，考虑自身条件，包括投资理念、有没有时间打理，具备不具备相关知识等等。如果你相信市场是可以战胜的，你可以选择“主动管理型”基金，如股票基金、债券基金、混合基金等，如果你相信市场是不可以战胜的，你可以选择“被动管理型”基金，如指数基金；如果你的资金只是短期闲置，你可以投资货币市场基金，相反，你可以选择其他类型基金；如果你有娴熟的投资技巧，不妨玩一玩儿 ETF 和 LOF，否则就离它们远一点；如果你是一个标准的懒人——连选基金都没兴趣，建议你投资 FOF[①]，所有的“包”让基金经理去“抗”。

---

① FOF（Fund of Funds，简称 FOF）是一种专门投资于其他证券投资基金的基金。FOF 并不直接投资股票或债券，其投资范围仅限于其他基金，通过持有其他证券投资基金而间接持有股票、债券等证券资产，它是结合基金产品创新和销售渠道创新的基金新品种。

第三，选基金其实是选基金经理，选对了基金经理，他就是你生命中的哪一个“贵人”。每一种类型的基金几乎都有一大长串儿，到底选哪一只基金？有人说要看基金公司管理规不规范，有人说要看基金公司规模，都对，但关键是看基金经理。其中，基金经理以往的投资业绩不能不看，有人说，不能只看过去，说得好，但将来我们没法看。哪个岗位上都有新人，对于新上岗的投资经理，我们可以看一看他的知识结构和履历，重点是看一下他的投资理念和基金资产构成，看一看他的投资理念有没有道理，基金资产构成是否反映了他的投资理念。记者报料说上海一家基金公司发布公告称，旗下明星基金经理将继续出国学习半年，而其新成立的偏股型基金的基金经理却还挂着他的名字。这就是骗人的把戏，你不得不防。

第四，要考虑投资成本。在金融市场上真正做到了“没有免费的午餐”，任何一种投资都要交纳名目繁多的费用——金融机构指着这些费用活着呢！投资基金主要有以下四种费用：

①销售手续费。投资者在买基金的时候，需要向基金的销售机构付一定的手续费，目前国内基金的销售手续费费率一般在基金金额的1%～1.5%之间。在基金发行期的销售手续费叫认购费用，发行期结束后的日常销售费用叫申购费用。一般来讲，基金公司为了吸引投资者在基金发行时买基金，认购费率比申购费率要便宜一些。为了使投资者长期持有基金，有些基金公司还推出了后端收费模式，即在投资者买基金的时候不收手续费，而将此项费用延迟到投资者赎回的时候再收取。但如果投资者持有基金的时间超过一定期限，赎回的时候便不用付费了。

②赎回费。目前国内基金在赎回的时候还要收取赎回费，主要是支付在赎回时的操作费用。一般的赎回费率在赎回金额的0.5%左右。同样是鼓励投资者长期持有基金，一些基金公司推出了赎回费随持有时间增加而递减的收费方式，即持有基金的时间越长，赎回时付的赎回费越少，持有时间长到一定程度，赎回时就可不收赎回费。根据最新的基金法规，25%的赎回费是要计入基金资产的，以补偿没有赎回的投资者可能受到的

损失。

③基金管理费。基金是委托专家理财，应该付给专家，也就是基金公司一定的管理费。目前国内的年管理费率一般在 0.3% ~1.5% 之间，视投资目标和管理的难易程度不同而有所区别。一般而言，收益和风险较高的品种，管理难度也较大，如股票型基金，管理费较高；而收益和风险较低的品种，如货币市场基金，管理费较低。管理费的支付方式和销售费、赎回费不同。后两种费用是在买卖基金的时候支付或从赎回款中扣除，而管理费则是从基金资产中扣除，在实践中，一般是每天计算，从当日的净值中扣除，投资人不需要额外拿钱出来。

④托管费。基金的管理原则是“投资与托管分离”。托管机构负责基金资产的保管、交割等工作，同时还有监督基金公司的职能，所以需要付给托管机构托管费。一般在国内，年托管费占基金资产净值的 0.25% 左右。

各种费用的收取和计算方法，在基金合同和招募说明书中都会清楚载明，投资者应该仔细阅读以上文件。由于各家基金公司收取费用的标准不同，各类基金收取费用的标准不同，仔细分析比较，投资者还有节省费用的空间。现在网上购买基金日渐成熟，网商相对而言，成本较传统渠道更低，投资者通常可享受更为优惠的认购费率。网商竞争激烈，初期一般会以较低费率吸引投资者，对于普通基民来说，不妨把握这样的促销机会。

第五，开阔视野，重视投资渠道创新。“投资渠道创新”？开什么玩笑，基民如何创新？我所说的创新，是指基金投资者可以“把枪口抬高一寸”——寻找一些非传统的基金投资渠道，说不定会取得意外惊喜。比如，由于我国的资本市场没有开放，过去我国居民缺少对外投资的渠道，眼看着 A 股市场一片惨绿而港股和美股涨势如虹却无计可施，现在你可以通过投资 QDII 基金来分享国外资本市场的红利，这就是笔者所说的“投资渠道创新”的意思。

据 2012 年 11 月 9 日《东方早报》报道，统计数据显示，截至 2012 年 11 月 7 日纳入统计的 51 只 QDII 基金中，其中有超过八成的 QDII 基金取得正收益，整体上看其平均收益率达到7.059%，远好于国内其他公募基金产品。受益于新兴市场的上涨，投资于新兴市场的QDII基金均获得了不错的收益。国投瑞银新兴市场2012年以来取得了约17.407%的收益暂列第1，排名第2位和第3位的则分别为上投摩根新兴市场和嘉实海外中国股票，其2012年以来净值的涨幅分别为16.54%和16.537%。[①]

除少数基金品种（如货币市场基金）外，基金也应该作为一种长期投资工具而持有。在国外，基金回报率达几十倍、上百倍的例子比比皆是，这些回报是通过十年、二十年甚至更长的时间累积起来的。个人认为，基金的持有人，其实是无法选择做波段操作的，因为我们没有办法判断所谓基金的“高位”和“低位”，也就没有办法在“低点”买进和在“高点”卖出。当我们选定了一支好的基金，就应该耐心持有，当真正有消费需求时再赎回。这样我们既节约了投资成本，又避免了下错车的风险。

有关基金投资的方法，不少业内人士很推崇“基金定投”。所谓基金定投，是定期定额投资基金的简称，是指在固定的时间（如每月8日）以固定的金额（如500元）投资到指定的开放式基金中，类似于银行的零存整取方式。“基金定投”的优势是什么？他们解释说：定投在基金价格高时买得少，价格低时买得多，可以获得一个比较低的平均成本。笔者不以为然。我认为，基金定投唯一的好处就是不用操心费力地选基金，是不折不扣的“懒人理财法”。但是投资这件事不能太懒，太懒是拿真金白银开玩笑。基金定投是“随机抽样”，而投资最强调的就是“重点调查”——选择好投资对象，所以基金定投不靠谱。

① 柯智华：“QDII基金今年来平均收益率达7%”，《东方早报》，2012年11月9日。

第16章

理财产品——理还是不理

巴菲特说：诺亚并不是在已经下大雨的时候，才开始建造方舟的。李嘉诚说：理财是马拉松比赛，而不是百米冲刺。某哲人说：其实赚一亿元并不难，难的是让理财方式适合自己。

——作者集萃

理财是一个含义广泛的概念。包括制定家庭或个人理财计划、家庭或个人财富管理、负债、储蓄、投资、应对财务危机，等等，尽管投资是理财的一个重点环节，但不是唯一的环节，理财的概念涵盖投资的概念。

同理，理财产品也是一个含义广泛的概念，它是指金融机构推出的、具有盈利特征的各类服务项目的统称。理财产品按发行人分类，可分为银行理财产品、信托公司理财产品、基金公司理财产品、证券公司理财产品、保险公司理财产品等。信托公司理财产品称为“集合信托计划”或“集合资金信托计划”；基金公司理财产品就是上一章我们讨论的证券投资基金；证券公司理财产品统称“集合资产管理计划”；保险公司理财产品主要包括分红险、万能险、投连险（其实保险本身也是理财的一种方式）等。所有的理财产品本质上都是“信托（Trust）”，信托的本意是“受人之托，代人管理财物”，即委托人基于对受托人的信任，将其财产权委托给受托人，由受托人按照委托人的意愿以自己的名义，为受益人（委托人）的利益或其他特定目的进行管理或处分的行为。信托也是一种特殊的财产管理制度和法律行为，同时又是一种金融制度，信托与银行、保险、证券一起构成了现代金融体系。

在所有金融机构发行的理财产品中，以银行理财产品阵营最为庞大，品种多，销售面宽，影响面广，与老百姓的生活息息相关。加之其他发行主体的理财产品也往往通过银行销售，给人的印象就是“理财产品 = 银行理财产品”，其实这种观念是不对的。但鉴于其他发行主体发行的理财产品与银行理财产品存在显著差别，银行理财产品是理财产品的主打，与普通老百姓的关系又最为密切，所以本章重点讨论银行理财产品。

银监会 2005 年出台的《商业银行个人理财业务管理暂行办法》对于“个人理财业务”的界定是：“商业银行为个人客户提供的财务分析、财务规划、投资顾问、资产管理等专业化服务活动”。商业银行个人理财业务按照管理运作方式的不同，分为理财顾问服务和综合理财服务。我们一般所说的“银行理财产品”，其实是指其中的综合理财服务。

银行理财产品市场起步于 2004 年，当年 12 家商业银行发售了 133 款产品，募集资金规模不足 500 亿元人民币。来自普益财富的最新数据显示，2012 年，我国针对个人发行的银行理财产品数量达 28239 款，较 2011 年上涨 25.84%，而发行规模更是达到 24.71 万亿元人民币，较 2011 年增长 45.44%，银行公私理财产品余额达到 7.10 万亿元，较 2011 年增长 55.36%，发行数量和发行规模已经达到了历史新高。作为国内新兴的财富管理工具，银行理财产品市场募资规模已远远超过国内同业如证券投资基金、券商集合理财产品和信托产品募资规模的总和。[①]

银行理财产品异军突起，其中的原因值得玩味。

其一，是对僵化的利率体制无声的抗争。我国实行官定利率体制，短期存款利率长期低于 CPI，人们在银行存款是亏损的。在这种情况下，银行推出理财产品，其收益率水平明显高于短期银行存款（据估算，2012 年银行业理财产品的年化加权平均收益率约为 4.1%）[②]，于是出现了大面积的存款搬家现象。所以，银行理财产品是以短期银行存款替代物的形式出现的。

其二，银行理财产品的种类非常丰富，从大类的产品来讲，主要有两类：一类就是保本保收益的理财产品，一类就是非保本型的理财产品。这是从获取收益方式不同来分的。实际上银行理财产品还可以从投资方向不同来分，比如投资一些债券、投资于固定回报的、投资于资本市场的、权益类的，包括一些另类投资品等。但银行理财产品的核心还是以固定回报、低风险的产品为主。这是银行理财产品的一个基本特点，也恰恰是普通老百姓最为看重的一个特点。

其三，商业银行的品牌效应帮了大忙。中、农、工、建、交的“国字”背景对其发售产品具有无形的“信用增级”效应，国内金融体系由商

---

① 王增武：“2012 年银行理财产品市场运行报告”，《银行家》，2013 年第 2 期；佚名：“难有高收益表现 银行理财产品蛇年难破记录？”《北京青年报》，2013 年 2 月 12 日；杨琳：“理财产品种类延续井喷”，《时代商报》，2013 年 2 月 28 日。

② 阎庆民：“银行与客户对理财风险特征认识不一致”，2013 年 1 月 29 日，东方财富网 http：//finance. eastmoney. com/news/1355，20130129271015360. html。

业银行主导，商业银行物理网点多的渠道优势彰显，商业银行拥有大量优质的金融资产也给投资者注入了信心。

目前，银行销售的理财产品种类繁多，有银行自行推出的理财产品，也有代售的基金类理财产品，代销的保险公司保险类理财产品，甚至定向投资重大项目的信托类理财产品等。有许多人分辨不清哪些是银行自己的理财产品，哪些是代销的理财产品，只知道这里是理财产品的“百货公司”，无形中使银行理财产品品牌得以广泛传播。

其四，资本市场的长期不景气，绝大多数股民损失惨重，也给银行理财市场的繁荣创造了机遇。目前，银行理财产品市场正处于蓬勃发展时期，据有关机构预测，2013 年全年理财产品发售数量将达 3.8 万款左右，2013 年全年理财产品募集资金规模将达 28 万亿元左右，2013 年银行理财产品收益率将基本围绕 3M – SHIBOR① 上下波动，市场化程度有所增加。当然，这个原因不是最主要的，最主要的原因是原来我国的金融投资市场缺乏大众化、低风险、期限短、简便易操作的市场层次。

应该说，银行理财产品的种类繁多，分类也比较复杂，其风险与收益的匹配关系也并非能轻易地说清楚，要想讨论清楚，恐怕也要一本书的体量。在一章的体量里，只能做一些最基本的介绍。

银行理财产品按标价货币分类，可以分为：人民币理财产品、外币理财产品和双币理财产品。其中，人民币理财产品又大致可分为债券型、信托型、挂钩型及 QDII 型等四种类型。按理财产品收益类型可分为：保本保证收益类类产品、保本浮动收益类产品、非保本浮动收益类产品等三类。这三类产品的风险等级依次提高。

保本保证收益类产品：投资者在到期日可以获得 100% 的本金并且获

---

① 3M – SHIBOR 有时也写成为 SHIBOR – 3M，SHIBOR（Shanghai Interbank Offered Rate，简称 SHIBOR）意思是“上海银行间同业拆放利率”，3M（3 – months）的意思是 3 个月期限。为进一步推进利率市场化改革步伐，加快建立中央银行动用货币政策工具间接调控市场利率机制，2007 年 1 月 4 日，人民银行与上海银行间同业拆借中心推出了 SHIBOR 同业拆放利率，为形成我国的市场基准利率创造了条件。

得的实际收益率与预期收益率一致。这一类产品的预期收益率水平最低，一般仅高于银行同期存款利率。这类产品适合保守型的投资者。

保本浮动收益类产品：投资者在到期日可获得 100% 的本金，但是不保证能获得预期的产品收益。由于投资者所面临的风险高于保本保证收益类产品，所以其收益也相应高于保本保证收益类产品。目前市场上出现了保证最低收益的产品——最差的情况为投资者在到期日获得最低收益率，一般来说最低收益率与活期存款利率相差无几。保本浮动收益类产品适合稳健型的投资者。

非保本浮动收益类产品：银行不保证投资者在到期日获得 100% 的本金，换句话说就是投资者可能损失部分或者全部本金，产品收益也不确定。这类产品是理财产品中预期收益率最高的，同时潜在的风险也最大。鉴于这类产品风险太大，对投资者缺乏吸引力，目前，银行理财产品市场中又出现了部分保本理财产品，如 90% 保本，投资者在到期日最差的情况可以获得 90% 的本金。非保本浮动收益类产品适合有一定风险承受能力的投资者。

笔者在查找相关资料时，发现好买网上有两张表格制作得很精致，其中一张是银行理财产品与其他投资工具比较表（表 16－2），另一张是银行理财产品分类比较表（表 16－3），其比较的项目超丰富，故引用在本书中供读者参考。

※TOT（Trust of Trust），俗称信托宝，是指投资于阳光私募，从而间接投资于证券市场的信托产品，即将母信托资金按一定比例投资于不同的子信托，产生投资收益的一种产品。在母信托层面，由信托公司、券商或商业银行作为投资顾问，控制母信托资金的投资方向及比率；而在子信托层面，则由业绩良好的阳光私募公司担任投资顾问（即投资管理人），简单地说，就是买了一只 TOT 就相当于买了好几只阳光私募。

表 16－1　　人民币理财产品特征表

产品类型	产品介绍	产品特点	适合投资人群
债券类产品	主要投资于国债、央行票据、政策性金融债等非信用类工具，也投资企业债、企业短期融资券、资产支持证券等信用类工具	投资标的风险较低，收益比较固定	一种是投资风格较保守的投资者，可以低风险获得较定期储蓄高的收益，另一种是做了投资组合的投资者，可用此类产品降低组合风险
信托类产品	投资于商业银行或其他信用等级较高的金融机构担保、回购的信托产品或商业银行优良信贷资产收益权信托产品	虽然产品不保本，但产品收益较为稳定，风险相对较小	适合追求高收益，有较强风险承受能力的投资者
结构性产品	以拆解或组合衍生性金融商品如股票、利率、指数等，或搭配零息债券的方式组合而成的各种不同回报形态的金融商品	一般不以理财本金作投资，仅用利息部分，大多为100%保本，产品收益与挂钩标的有某种关系，通过公式等反映在合同上	适合追求高收益，有较强风险承受能力的投资者
新股申购类产品	集合投资者资金，通过机构投资者参与网下申购提高中签率	产品不保本，直接和新股申购获利有关，风险中等	适合想参与股票市场但是又不具备投资资本市场知识或时间或是厌恶炒股风险的投资者
QDII产品	取得代客境外理财业务资格的商业银行接受投资者的委托，将人民币兑成外币，投资于海外资本市场，到期后将本金及收益结汇后返还给投资者	产品一般不保本，多为投资港股、欧美股票、商品基金，资金全额投资该类标的，风险相对较大	对直接参与海外市场有信心，能够承受本金损失风险的投资者

表16-2　　银行理财产品与其他主要理财工具比较表

一级分类	二级分类	门槛（一般水平）	风险性	流动性	适用条件
银行理财产品	—	最低5万元	低，结构型的理财产品基本可以保本，但收益部分需承担市场风险	从几天到1年不等	风险承受能力较低的投资
公募基金	指数型	一般大于等于1000元，定投也有100元起的	受国内外市场条件以及政策调控等因素影响，尤其是QDII基金，受海外因素与港股市场影响最为直接。也受管理人以及管理团队的影响，基金经理的管理水平有着很重要的影响	赎回后5-7天	通常会根据投资者的风险偏好程度按照一定比例进行平衡配置
	股票型				
	混合型				
	QDII			赎回后9-11天	
	封闭式基金	100份额		T+1	
	债券型	一般大于等于1000元，定投也有100元起的	主要受债券市场影响，部分受股票市场影响，总体风险较低	赎回后5-7天	
	货币型		风险低	赎回后3天左右	
阳光私募基金	非结构化产品	100万元	受国内外市场条件以及政策调控等因素影响。也受管理人以及管理团队的影响，基金经理的管理水平有着很重要的影响	封闭期一般6-12个月，封闭期内不能赎回	资产较大，对资金流动性要求不高
	结构化	100万元			
	TOT※	100万元			
	创新类	100万元			
固定收益信托	—	100万或300万元	较低，包括投资风险、信用风险、流动性风险和利率风险等	一般封闭期1-2年	资产较大，对资金流动性要求不高

续表

一级分类	二级分类	门槛（一般水平）	风险性	流动性	适用条件
私募股权基金	PE	根据公司和产品的差异而有所不同。多见500万元的最低门槛。有时同一产品下也会有分为几个投资等级	高	一般7至10年或更长	资产较大，对资金流动性要求不高
	VC		高	一般5至7年或更长	
一级分类	二级分类	门槛（一般水平）	风险性	流动性	适用条件
一对多专户理财	—	100万元	较高	最多一年开放一次申赎	资产较大，对资金流动性要求不高

资料来源：2013年3月26日，好买网 http：//www.howbuy.com/subject/yhlc/。

表16-3　　银行理财产品分类比较表

产品大类	产品名称	风险与收益特征
债券投资类	票据投资理财产品	风险很小；收益率明确，收益率较低
	信贷资产投资类理财产品	由银行承诺回购的，风险极小，收益率明确且较低；银行未承诺回购的，一般是将信贷资产作为另外一个信托，投资的只是优先级债权，风险较小，收益率明确且不高
结构性存款和货币市场基金类	结构性存款和货币投资基金类理财产品	风险极小；收益率不高

续表

产品大类	产品名称	风险与收益特征
证券投资类	股票投资类理财产品	风险很大；收益率难以预测，收益率很高
	打新类理财产品	风险较小；收益率取决于证券市场的情况，牛市时收益率非常高
	法人股或者限售股投资类理财产品	风险很大；收益率难以预测，收益率非常高。收益情况取决于具体投资组合的市场价格表现和证券市场情况
	基金投资类产品	风险和收益情况取决于基金的投资对象，偏股型基金的风险较大，收益率不明确，收益率较高
	公司债券投资理财产品	风险情况取决于公司的基本面及债券的担保物情况，收益率明确，收益率中等
	企业债券投资类理财产品	风险情况取决于发行公司的基本面及债券的担保物情况；收益率明确，收益率中等
	政府债券投资类	风险近乎于零；收益率明确，但不高；一般作为理财资金投资的资产配置之一
	资产支持证券投资类理财产品	风险情况取决于银行信贷资产的质量，优先级的证券风险较低，次级证券风险稍高；收益率明确，收益率中下
PE 类	PE 类股权投资信托产品	风险很大，时间一般较长，收益率不可预测，收益率很高
资产投资类	房地产资产投资理财产品	风险较小，收益率中等，风险和收益与经济形势和房地产形式存在密切关系
	基础设施投资理财产品	风险较小，收益率中等；该类理财产品国外多见
资产支持信托产品投资类	财产权资产支持信托产品投资理财产品	风险和收益情况取决于基础资产的情况及信托产品设计的风险控制措施
	不动产支持信托产品投资理财产品	风险和收益情况取决于基础资产的情况及信托产品设计的风险控制措施

续表

产品大类	产品名称	风险与收益特征
商品投资类	黄金投资理财产品	风险与收益取决于黄金的价格走势情况
	名酒投资理财产品	风险收益取决于投资对象未来的价格走势，一般风险较小，收益率中等
贷款和短期融资类	贷款类理财产品	风险取决于借款人和担保人的基本面以及担保物的情况，其中银行担保的理财产品风险近乎于零；收益率明确，收益率中等
	短期融资类理财产品	风险取决于融资对象和合同义务人、担保人的基本面以及担保物的情况；收益率明确，收益率中等
挂钩类	挂钩类结构型理财产品	本金一般由银行提供担保，本金无风险，但是收益率情况则取决于挂钩对象的表现以及产品的设计等多方面的因素，收益部分风险较大
QDII 类	QDII 理财产品	风险很大，不但面临投资对象的风险，而且面临汇率风险；收益率不确定

资料来源：2013 年 3 月 26 日，好买网 http：//www. howbuy. com/subject/yhlc/。

表 13－3 中适合普通投资者投资的债券投资类、结构性存款和货币市场基金类、证券投资类理财产品都比较简单，本书不展开讨论。PE 类、资产投资类、资产支持信托产品投资类、商品投资类、贷款和短期融资类和挂钩类则比较复杂，有些属于高风险的“另类投资”，留待下章讨论。下面介绍一下颇有发展潜质的 QDII 理财产品。

QDII（Qualified Domestic Institutional Investors，简称 QDII）是一项投资制度，可译成“认可本地机构投资者机制”，意思是允许国内合格投资者在本国资本账项[①]未完全开放的情况下，有限制地投资海外资本市场。

① “资本与金融项目（或账户）”（Capital and Financial Account）是一国国际收支平衡表的主要科目之一，与经常项目（或账户）相对应，是一国为了某种经济目的在国际经济交易中发生的资本跨国界的收支项目，主要记载本国与外国直接投资、证券投资、其他金融往来。

设立该制度的目的是为了进一步开放资本账户，让国内投资者直接参与国外的市场，并获取全球市场收益。QDII 可以为我国有序开放资本市场积累经验，将为培育内地机构投资者起到积极作用。

2006 年 11 月国内首只公募 QDII 基金——华安国际配置基金正式向中国内地投资者公开发行，随后 2007 年 7 月，中国证监会颁布的《合格境内机构投资者境外证券投资管理试行办法》以及《关于实施有关问题的通知》正式实施，至此我国 QDII 基金进入了探索和发展的阶段。

研究者将 2007、2008 两年成立的 9 只产品称为 QDII 基金的第 1 代，2010 年以后成立的称为第 2 代。在第 1 代 QDII 基金中有 2 只是 QDII－FOF 型的，分别是南方全球精选配置和银华全球优选，其余 7 只都是股票型基金。第 2 代 QDII 基金的主要投资区域在美国和香港，但是第 1 代基金多选择香港为其投资区域，并且持有较多的中国概念股，因此，从业绩上来看这一批基金的净值走势非常相似。由于香港市场和国内 A 股的相关性较大，相关系数达到 0.8219，而国内 A 股与美股的相关度较低，因此，相对来说投资美股可以较好地分散国内 A 股的投资风险。[①]

从第 2 代 QDII 基金的情况来看，QDII 基金不再是股票型基金的天下了，越来越多的指数型和 FOF 型基金开始涌现，这种改变主要是为了规避海外投研经验不足。除了改变投资方式以弥补海外投资经验不足外，第 2 代 QDII 基金更是丰富了投资品种，目前 QDII 基金中除了股票、债券、基金外，还包含了农产品、石油、黄金、REITs 等多种投资标的，为投资者进行大类资产配置提供了方便。

从 2008 年到 2011 年，由于缺乏国际金融市场的经验不足，投资策略稚嫩，加之国际经济大环境的影响，QDII 基金乏善可陈，经营业绩“灰头土脸”。2012 年，在经历了国际经济的系统性风险后，凭借在不同国家和地区分散投资的全球化优势和丰富的国际化基金管理经验，海外基金开始

---

① 好买基金研究中心：“第二代 QDII 被忽视的‘宝藏’”，2012 年 9 月 26 日，好买基金网 http：//www. howbuy. com/opinion/2012－09－26/33976_ 3. html。

了复苏之旅，而连接海外市场的QDII基金的优势也正在显现。

普益财富的统计数据显示，截至2012年12月31日，国内共有8家商业银行的196款QDII基金在运行。其中，年度总回报率超过30%的有5只，平均值为35.05%；年度收益率为20%至30%的有37只，平均值为23.99%；年度收益率为10%至20%的有73只，平均值为15.07%；年度收益率为5%至10%的有41只，平均值为7.75%。[①]首次全面跑赢国内非QDII基金。

另据相关数据，截至2012年11月7日，纳入统计的51只QDII基金中，有超过八成的QDII基金取得正收益，整体上看其平均收益率达到7.059%，远好于国内其他公募基金产品。截至11月7日，国内非QDII偏股型基金、债券基金和货币基金2012年年初以来的平均收益率分别为-0.449%、5.019%和3.394%。[②]

与许多投资工具相比，QDII显然是一个“小众”投资工具，因为熟悉它的人不多。尽管如此，QDII其实具有独特的投资优势。首先，QDII最大的优势是全球资产配置优势，由于投资范围大大拓宽，可以分散单一市场风险。简单说来，中国市场经常受政策调整影响，而这些政策对海外市场的影响就会比较小。美国金融危机以来，国内A股市场持续低迷，欧美股市却亮点频现，给海外投资的QDII股票基金以“出彩”的机会。此外，像大家所熟知的微软、苹果、谷歌、亚马逊、雅虎、LV、可口可乐、伯克希尔·哈撒韦等世界级企业都是QDII可以投资的，也是境内基金所望尘莫及的。其次，QDII全球投资有利于分散单个市场的投资风险。再次，QDII可投资产品更广泛，除海外资本市场挂牌交易的股票、债券外，还可投资公募基金、结构性投资产品、金融衍生品、存款凭证、资产抵押债券等等。投资品种的丰富有利于基金经理构建投资组合，在风险一致情况下追求更大收益。最后，基金QDII产品的门槛较低，适合更为广泛的投资者参

① 毛建宇：“数据显示去年逾40只QDII收益超20%”，《中国证券报》，2013年1月31日。

② 柯智华：“QDII基金今年来平均收益率达7%”，《东方早报》，2012年11月9日。

与，基金 QDII 产品起点仅为 1000 元人民币。

现阶段，可供投资者投资的主要有银行系的 QDII 和基金系的 QDII（保险系 QDII 不面向个人投资者），由于政策规定银行系 QDII 和基金系 QDII 的投资范围及品种不同，所以导致银行系 QDII 和基金系 QDII 的风险程度不同。银行系 QDII 的投资标的与基金系 QDII 相比要稳健很多。

表 16－4　　银行系与基金系 QDII 投资范围比较

QDII 类型	银行系 QDII	基金系 QDII
投资范围	股市投资范围是港股，投资比例不超过 50%；可投资香港上市、注册获认可的所有股票、货币和债券基金，投资比例最高可达 100%；投资固定收益产品——多数是挂钩的结构性产品。	投资股票不再局限于港股，90% 的资产可投资已与中国证监会签订合作谅解备忘录的 33 个国家和地区。投资股票的比例上限可以是 100%。

专家普遍认为，目前海外股票的投资机会已经来临，与此同时，市场人士也认为海外股市纷繁复杂，基金业绩必然呈现波动性特征。因此，投资者在选择适合自己的投资产品时需要注意“四看”：

一看目标市场。投资者在购买 QDII 产品时，要看该产品主要投资哪些市场，这些市场的大致走势如何。投资 QDII 的作用是在分散单一市场风险的同时分享世界各地经济成果和股票市场的收益。它们当中要首推以环球市场为投资对象的 QDII，能够更灵活地把握全球复苏过程中的结构性机会。相反，集中投资于单一市场的 QDII 基金（如中国香港股市）的分散系统风险效果较为有限，分散风险的作用相对有限。

二看自己风险承受能力。投资与风险是对应的，第一批 QDII 产品投资偏于保守，大部分产品对美元本金是承诺保本的，但是新版的 QDII 产品绝大部分转战股票市场，在收益提高的同时，风险也相应加大。因此，投资者仔细比较产品设置，鉴别不同产品的不同风险显得尤为重要。此外，目前已有数家基金公司引入海外指数，推出跨境 ETF，这意味着投资者能直接进入看好的市场，而不是被动地接受基金经理配置的市场。

投资者应先了解自己，并根据自身的风险承受能力来筛选产品。每个人的风险偏好和风险承受能力不同，在不同时期、不同资产组合状态下的风险需求也不同，因此，在明确自身有投资海外市场的资产配置需求前提下，投资者要认清不同QDII产品的特性，比如有的有期限限制，有的是开放式的；有的是固定收益的，有的是保本的，有的可能会存在亏损的风险。另外每一个产品投资的海外市场不同，海外不同市场的比例配置不同，这些也会影响产品的特性。只有当这些特性吻合投资者的收益需求和风险偏好时，才是适合自己的QDII产品。

三看投资人管理水平。无论是银行系的QDII产品，还是即将推出的券商系、基金系QDII产品，管理人的境外投资和管理水平都将是决定QDII产品投资收益的关键因素。正如在国内市场买基金要挑基金公司和基金经理一样，买QDII产品，也要仔细挑选境外投资水平较高的管理人。

投资者应对构成QDII产品综合竞争力的各项要素进行全面评估。购买QDII产品，不仅要看国内发行机构的品牌和实力，还要考察基金管理人的投资理念和经验，以及其海外合作方的研究能力和影响力。而且还要看QDII产品是以何种方式投资于海外以及它的投资标的是什么。

四看合同细节。对于不同特性的QDII产品，投资者还会面临流动性风险，比如有的产品有期限限制或者是定期开放申购赎回，如一些银行系QDII产品；有的则是开放式的，比如基金系QDII和个别银行系QDII也是开放式的。注意合同的细节，可以“防患于未然”，避免发生争议时被动。

不论通过银行系QDII还是基金系QDII进行境外投资，除了要面临证券投资的一般风险，还需关注海外投资的特别风险，包括汇率风险、境外市场投资风险、新兴市场投资风险、政府管制风险等，其中最为直接的就是汇率风险和市场风险。

2011年以来，银行理财产品走出了“井喷”行情，其集聚的风险也越来越大。笔者粗略统计一下，媒体上警示银行理财产品风险的文献就有几十篇之多。例如，2012年6月27日《华尔街日报》（中文版）发表署名

Dinny McMahon 的文章“理财产品盛行 渐成中资银行隐患”；2012 年 9 月 15 日出版的《投资与理财》刊登本刊记者吴辉的报道“最高年收益超 19%？星展银行理财产品看上去很美”；2012 年 9 月 26 日中国经济网刊登记者刘丽丽撰写的述评“客户 180 万理财亏成 1 万 网友称平安银行不平安”；2012 年 10 月 8 日《证券时报》记者陈春雨相关报道的题目是“180 万缩成 1 万 黄金理财产品暗藏杀机”；2012 年 10 月 27 日《中国证券报》记者陈莹莹发表的评论题目是“银行理财产品暗藏风险 专家提醒切勿跟风投资”；2012 年 11 月 17 日《华夏时报》记者林晓文章的题目是“中行行长肖钢炮轰银行理财产品：本质上是庞氏骗局”（肖钢为现任证监会主席）；2012 年 11 月 18 日著名财经评论人朱大鸣在凤凰网博客发表的博文题目是“庞氏骗局的理财产品正威胁经济大局”；2012 年 12 月 18 日李玉敏来自《每日经济新闻》的报道称“152 款理财产品未达最高预期 银行经理自曝假挂钩”。

媒体和专家指出，银行理财产品的“井喷”现象并非现实经济生活中正常的现象，而是一些外部因素影响所致，由于根基不牢，极易导致昙花一现，或酿成系统性风险。

专家们分析指出，银行理财产品的风险主要有三个来源：

其一，存贷期限错配可能带来的银行流动性风险。由于我国的存款利率水平偏低，老百姓已经厌倦银行的盘剥，“银行脱媒”或曰存款流失的现象越来越严重。银行是靠贷款赚钱的，但贷款的前提是存款，传统的银行存款方式越来越不受老百姓“待见”，银行就需另谋出路，发行理财产品就是变相吸收存款。中国银行业的监管规则还有一个“存贷比”要求，就是银行吸收的 100 元存款中最多只能放贷 75 元。这就逼迫银行必须多吸收存款才能更多地发放贷款。银监会对银行“存贷比”的考核一般集中在季末和年末，所以我们常常见到银行季末或年末的“吸储大战”打得不亦乐乎，超短期、高息理财产品常常成为银行惯用的伎俩。

从投资期限来看，1 个月至 3 个月期产品仍然是银行理财产品的主流期限品种。而银行为了取得高回报，倾向于用这些短期资金投资股票、债券、集合信托等长期项目，在正常情况下，当理财产品到期时，银行或是说服客户续期，或是利用新产品的销售所得支付客户的到期收益。但如果客户对新的理财产品的需求下降导致银行没有足够的资金向客户支付已到期收益，由于期限错配，要用“发新偿旧”来满足到期兑付。一旦投资者失去信心并退出银行理财产品，这样的“击鼓传花”便会停止。

其二，理财产品管理体系不健全可能带来的操作风险。中资银行将募集的所有资金放到一个资金池中，而不是单独管理每一款理财产品。银行会在它们认为存在合适投资机会时将这些资金进行投资。将所有资金放到一起管理意味着资金池中的现金流不仅来自投资收益，同时来自新产品的销售所得。银行利用新产品的销售所得向那些赎回产品的客户支付收益。这一点非常重要，因为银行必须投资长期资产以获得其承诺客户的投资收益，且银行无法承受每当一只理财产品到期时客户变现导致其投资资金短缺的情况。

其三，由于个别银行员工违规操作可能带来的道德风险。为了推销理财产品，个别员工夸大理财产品的收益水平，故意隐瞒理财产品的风险暴露点，宣扬“稳赚不赔”误导投资者；尽管 2012 年 1 月 1 日生效的规定要求银行更加详细地披露理财产品的风险，但银行披露的信息仍微乎其微。理财产品说明书往往列出了资金可能投资的一系列领域，如债券、货币市场、存款、债务、信托贷款、股票等，但很少标明各个领域各投资多少资金，银行理财产品投向的资产信息、风险系数等完全不透明，这就是最大的风险；个别银行欺骗投资者，一家银行对外宣称其某款理财产品收益挂钩欧元兑美元汇率，其实主要是投资银行间的同业拆借、央票和债券回购，等于挂了一个“假挂钩”。这种情况极容易造成银行与客户纠纷，损害银行形象，对理财产品市场的发展造成负面影响。

有鉴于此，投资者在投资银行理财产品时，应关注以下几点：

第一，不应迷信所谓“稳赚不赔”神话，需警惕这些“类存款”的金融产品所蕴含的风险。

如前所述，理财产品按收益或风险类型可以分为保本保证收益类产品、保本浮动收益类产品、非保本浮动收益类产品等三类，其中只有第一类几乎没有风险，后两类你的收益或本金都面临着风险。部分投资者的确有一些误解，特别是一些老年人到银行购买理财产品，往往会与银行储蓄联系起来，认为银行存款能保证本金并有一定收益，银行销售的理财产品也会只赚不赔，这种观念必须转变。实际上，此前已有许多关于投资银行理财产品亏损的报道。

普益财富统计数据显示，2012 年 2 月到期银行理财产品有三款未达最高预期收益率。中国银行有两款汇率挂钩型结构性产品到期获得最低预期收益率 3.1%；而产品预期收益率为 6.2%，投资期限为 91 天。光大银行的“阳光理财套餐计划 2011 年第十二期产品 2”为挂钩黄金价格的结构性产品，该款产品到期同样仅获得最低预期收益率 3.4%；而产品预期收益率为 6.90%，投资期限为 6 个月。工商银行公布的在 2012 年 1 月 30 日到期的一款高端理财产品，最新净值为 0.8355 元，累计净亏 16.45%。这款成立于 2010 年 2 月 1 日的产品，主要投资于基金、股票、可分离债中含有的权证等，产品预期年化收益率为 6%。根据银率网的统计数据，截至 2012 年 11 月底，2012 年共有 152 款银行理财产品未达预期最高收益率。①

第二，选择与自身风险承受能力相匹配的产品，切不可盲目跟风投资。

“高收益必定伴随着高风险，但高风险未必最终能带来高收益”。不同理财产品的风险种类不同，相同的理财产品购买时机、购买价格等因素不同，所需承受的风险程度也可能不同。就目前的理财产品而言，一般业内普遍认同的规律是：保证收益类产品的约定收益较低，风险也较低；非保证收益类产品的收益潜力较大，但风险也较高。因此，投资者在投资不同的理财产品时，不能只看到产品描述的预期收益，而忽视了相应的风险。而应根据自身对理财产品风险的理解能力和承受能力，选择适合自己的产

① 李玉敏：“152 款理财产品未达最高预期 银行经理自曝假挂钩”，《每日经济新闻》，2012 年 12 月 18 日。

品类型。

第三，仔细阅读理财产品说明书是了解产品最直接、最准确的途径之一。

有许多投资者看不懂或不屑详细阅读理财产品说明书，仅凭产品推销人员口头介绍便匆忙作出购买决定，这是对自己的投资极不负责任的做法。或者是有意或者是无意，推销人员倾向于夸大产品的优势而隐瞒产品的风险，甚至用“风险几乎为零”或“未出现过亏本现象”等话语搪塞、误导投资者，因此，仔细阅读并了解产品说明书是规避投资风险的重要途径之一。

一般来说阅读说明书要特别注意以下几个关键点：关注产品是否具有保本条款；关注产品的投资品类型；关注产品的流动性安排；关注产品的预期收益率；关注产品面临的各种风险；关注产品的投资起点金额。

理财产品说明书上标明的收益率只是“预期收益率”，最终实现的收益率要看整个理财期间投资标的表现而定。由于各银行的理财产品都由其自行定价，因此，哪怕是期限、结构等完全相同的产品，在收益率上也有可能不同。实际收益率和预期收益率不同，实际收益率是投资者投资结束时实际赚取的收益率，在实际投资中，一般很难实现产品说明书中的预期最高收益率。此外，预期收益一般以年化收益率表示，如某款 3 个月产品的年化收益率为 5%，则产品到期的实际收益仅为 1.25%（5% ×3 ÷12）。

投资者特别应该辨别理财计划的期限、投资方向和选择权结构，特别是理财计划的类型，辨别理财计划是否保证最低收益、是否保证本金。同时，投资者应了解理财计划是否给予交易各方以中止权，在什么样的条件下给予交易各方以中止权。最终结合自己的理财目的和风险收益偏好来选择产品。

第四，警惕高收益产品，拒绝“挂钩类”产品，远离不熟悉的产品。

银行理财产品的投资者绝大多数是工薪阶层，收入少、积蓄少、风险承受能力弱，所以不宜投资高风险的理财品种。他们比较适合投资固定收益类的理财产品。如银行的保本固定收益类产品，其资金一般会投向安全级别较高的国库券、货币市场产品等，收益率相对较低，安全有保障。对普通投资者来说，无论结构性产品保本还是不保本，它们目前都是浮动收益型。由于实现高收益的条件苛刻，超高收益只是“看上去很美”，实际上多为银行营销的噱头。

“挂钩类”理财产品又称结构性理财产品，它是运用金融工程技术、将存款、零息债券等固定收益产品与金融衍生品（如远期、期权、掉期等）组合在一起而形成的一种新型金融产品。结构性理财产品的回报率通常取决于挂钩资产（挂钩标的）的表现。根据挂钩资产的属性，结构型理财产品大致可以细分为外汇挂钩类、利率/债券挂钩类、股票挂钩类、商品挂钩类及混合类等。作者之所以不赞成投资者购买此类理财产品，在于此类产品一般都比较复杂，不容易弄懂。既然“挂钩”，产品的收成就取决于其挂钩对象的收成，与银行资产管理部门的理财技巧关系不大。既然这样，还不如直接去投资那些标的产品，为什么还要叫银行“剥一层皮”呢？

下面试举一例，说明“挂钩类”产品的复杂性。

2012 年 9 月，星展银行宣称其一款挂钩紫金矿业公司普通股票的人民币结构性理财产品，年最高预期收益率为 19.99%；另一款挂钩苹果公司普通股票的人民币结构性理财产品，年最高预期收益率 19.49%，引起投资者的广泛兴趣。记者调查后发现，结构性理财产品的回报率取决于其挂钩资产（即挂钩标的）的市场表现，对于收益率大幅超出市场平均收益率的投资产品，投资者要想获得其最高收益，概率一般很小。这类标榜超高收益的产品，多为银行营销的噱头，叫得响亮，但实现“最高预期收益率”的概率不大。记者以星展银行当时正在发售的“股得利”系列 1245 期——12 个月人民币结构性投资产品为例给出了证明。

该产品挂钩标的物是苹果公司普通股票，收益取决于苹果公司股票的未来表现。

其产品收益的可能情况如下：（1）如果发生障碍触发事件，则投资者在产品正常到期后，可获得3.3%的年收益率；（2）如果没有发生障碍触发事件，且最终收市水平高于初始收市水平，则投资者在产品到期后，获得年收益率 = 参与率×（最终收市水平 - 初始收市水平）初始收市水平，若参与率为100%，则最高收益为19.49%；（3）如果没有发生障碍触发事件，但最终收市水平低于初始收市水平，则投资者在产品到期后，只能赎回100%的投资本金。

记者致电该产品理财经理得知，所谓的障碍触发事件，就是获得最高收益设置的条件。例如该产品中，若苹果股票涨幅小于20%，则没有发生障碍触发条件，投资者可获得的最高收益为参与率×20%，若参与率为100%，最高收益则为趋近20%；若苹果股票涨幅超过20%，则发生了障碍触发事件，投资者只能获得3.3%的年收益；若苹果股票跌了，则发生了障碍触发事件，投资者没有收益，只能赎回本金。

业内专家指出，星展银行所开出的预期最高收益率，大都只存在理论上的可能性。由于挂钩标的苹果股价的未来走势有很强的不确定性，以及障碍触发事件（苹果股票在投资期限里达到近20%，又不能超过20%的涨幅）的条件苛刻，要想获得较高收益，只是水中月、镜中花。①

第五，比较投资成本的高低。

基金产品本来就收益率不高，银行还要“剥掉”一层皮——投资者向银行支付各种费用，也就是投资者的投资成本。因为利薄，投资者就更要重视投资成本，货比三家，尽可能选择对自己有利的价格。

有的银行声称购买理财产品不收费，这其实是骗人的把戏，因为他们可能把费用已经从预期收益率中减除了，不收费，他们喝西北风吗？记住“天下没有免费的午餐”就行了。

---

① 吴辉：“最高年收益超19%？星展银行理财产品看上去很美”，《投资与理财》，2012年第9期。

表16－5　部分银行理财产品手续费情况

发行银行	产品名称	期号	期限（天）	预期年收益率（%）	手续费（%）
建设银行	乾元－共享型	12年第150期	34	3.65	托管费0.05
农业银行	安心得利	12年第1848期	62	3.70	托管费0.05 管理费0.25
招商银行	安心回报之岁月流金	12年425号	32	3.60	销售费0.4
中国银行	中银平稳收益理财计划BJ	12年17期	361	4.45	销售费0.5
兴业银行	天天万利宝	12年35期A	35	4－4.1	销售费0.7（30万元以上0.6%）

资料来源：《新快报》，2012年9月14日。

第六，了解所投资产品的期限是否满足自己的需求。

银行理财产品多为短期理财产品，为什么是短期呢？因为这部分钱要满足投资者的“不时之需”——用经济学术语说是“交易型需求”。如果短期内不需要使用，就没必要投资银行理财产品，可以投资其他期限较长的金融产品，因为期限较长的投资对应的是相对较高的收益率。

很多投资者习惯性地选择期限较短的理财产品，这样对于较长周期的理财目标来说，不但影响了长期收益率，还增加了手续费。在利率波动时期，投资者还需关注利率变动的趋势，规避利率变动给自己的投资带来的风险。也就是要在个人需要和理财产品利率结构之间匹配好自己的投资，进而取得最好的投资效益。

第 17 章

另类投资——有缘还是无缘

不管选用何种原则，一旦确定下来，就要坚持不懈，这也是对投资者戒律和心态的考验，如果不能严格遵循自己的交易原则，市场稍有起伏波动，你就坐立不安，很容易陷入紧张情绪中，采取鲁莽的行动。不要因为有侥幸投机的想法而摒弃这些原则。

——美国金融投资家、“金融期货之父”利奥·梅拉梅德另类投资（Alternative Investment），也称替代投资或非主流投资，是指在股票、债券、外汇及期货等公开交易平台之外的投资方式。所谓的“公开交易平台”，是指由政府严格监管的场内交易市场。场内市场交易的品种一般为大众投资品，交易规模巨大，牵涉面宽，具有极强的“外部性特征”，所以政府当局通过制定各种法律法规，对场内市场实施严格的监管，以尽量防止或避免金融市场动荡对大众生活产生不利的影响。

与主流投资渠道相比较，另类投资属于“小众市场”（少数人参与交易的市场），一般在场外市场交易。另类投资的一个突出的特点就是投资风险较大，但由于参与交易者大多是有钱人，“外部性特征”不明显，交易者熟悉所投资的产品和流程，风险承受能力较高，政府对其监管的严格程度较场内市场甚为逊色，甚至放任自流。

从一般意义上而言，与主流投资渠道相连接的场内市场投资风险较小，与另类投资相匹配的场外市场投资风险较大，但也不尽然。比如，期货、期权等金融衍生品一般属于场内交易的品种，但由于杠杆率过高，投资风险并不小。相反，某些场外交易的品种，交易的风险也不像人们想象得那样大。比如，一些风险投资家认为，某些经过严格甄选的风险投资项目几乎没有任何风险。相反，某些场内市场交易品种的交易风险则无法衡量，比如股票投资的风险。因此，从一定程度上说，投资风险的大小因投资者不同而异，与投资前“功课”做得如何密切相关。

那么，另类投资究竟包括那些投资标的呢？我的看法是：另类投资是个筐，什么都可以往里装——凡是主流投资不包括的投资标的物都可以列为另类投资的对象。人们通常提及的另类投资品种包括：房地产、证券化资产、对冲基金、私人股本基金、大宗商品、艺术品等，其中证券化资产就包括了次级房贷为基础的债券以及这些债券的衍生金融产品，如 CDO（债务抵押凭证）、CDS（信用违约掉期）等。

从具体的投资对象来看，另类投资几乎是无法一一例举的。举个例子吧，现在城里的年轻人结婚，绝大多数都要摆上十几桌、几十桌婚宴招待来宾。但在一定的地理范围之内，能承办婚宴的酒店数量有限，适合大排婚宴的“吉日”屈指可数，这就使各城市的婚宴场所成了“稀缺资源”，一般需提前一年左右的时间预定。有人看准了这个机会，提前预订了大牌酒店的“吉日”婚宴场所，再转手倒卖，获利匪浅。近几年，作为我国理财市场三大核心渠道之一的商业银行，开始利用自身独特的平台优势另辟蹊径，推出了多款投资于传统标的之外的理财产品，包括投资于红酒、艺术品和普洱茶的财产受益权的理财产品和投资于“二氧化碳排放权”和“全球水资源指数”等标的的理财产品。

2012 年年终岁尾，一部徐铮执导的小成本（制作成本 3600 万元）国产影片——《泰囧》上线，在短短一个半月的时间里，《泰囧》摧枯拉朽，票房高达 12.66 亿，直逼美国大片《阿凡达》创下的中国影史最高票房纪录——13.9 亿，稳坐国产电影票房第一把交椅。与以往不同，这次的制作投入有“风险资本”进账：作为《泰囧》的联合出品人，一位名叫于宇昂的 25 岁创业青年，也成了这部电影的赢家，300 ~ 400 万元的投资换来约 7000 万元的回报。[①]——另类投资不能不使你刮目相看。

另类投资运作的一个基本理念是：市场未必一定有效率，许多企业、项目的价格没有体现其内在价值，因而离公共交易平台越远，价格与价值之间的偏差可能越高。另类投资的重点便放在没有上市、但具有包装潜力的企业和项目上，通过购买、重组、包装、套现，将收购的企业或项目的价值体现出来。

归纳一下另类投资的特征：

其一，与主流投资相比较，另类投资一个显著的特征就是投资者须具备专业知识与技能。比如，投资影视作品制作，你必须了解影视作品制作、拍摄、营销的全部过程和成本支出细节，同时还须具备作品是否卖座、盈利水平的判断能力。华宝证券在一份研究报告中指出，当前国产电影存在大面积亏本现象。2011 年国产故事片共生产 638 部，仅 227 部正式

---

① 张泉薇：“《泰囧》引爆资本竞逐影市”，《新京报》，2013 年 1 月 22 日。

上映。在 638 部的大基数下，票房过亿元的影片也不过 10 部。[①]如果你懵懵懂懂地闯进陌生的投资领域，盈利的概率几乎为零。

眼下，黄金、古玩儿、名人字画等收藏品的价格一路攀升，吸引了众多的投资者、收藏者甚至是普通大众都相继地涌入到收藏品这个行业当中。但是收藏品行业的门槛很高，不是每一个投资者都可以辨别藏品的真与假，有眼力的藏家不仅可以把玩到其中的乐趣，而且还可以从中获取高额的利润，相反，对于那些上当受骗的藏家来说，损失金钱同时也给自己带来了精神上的打击。因此，在进入收藏品行业时，除了有充裕的资金以外，还应该具备一定的专业知识，学习一些辨别真伪的能力。

其二，另类投资的预期收益率较高。另类投资一般都具有较强的盈利能力，这已经不是秘密。据中国黄金投资网 2010 年 5 月披露，另类投资基金在过去 30 年平均年回报率达到 24%，远高过共同基金的 11% 和对冲基金的 14%（对冲基金数据仅为过去 15 年）的回报水平。高回报和改善中的透明度，吸引了大量退休基金、大学基金和慈善基金的加入，使另类投资在过去 10 年中获得了空前的发展，总规模暴涨 50 倍，达到 8000 亿美元（不包括杠杆借贷部分），而且开始由欧美向亚洲渗透。[②] JP 摩根资产管理公司全球首席运营官克莱夫·布朗（Clive Brown）在 2011 年年底于深圳举办的第十届基金国际论坛上表示，近年海外市场的另类投资方兴未艾，无论是公募基金、私募基金还是养老基金，都在加大对另类资产的投资。布朗披露，JP 摩根调查了英国 125 家和美国 325 家私募基金、公募基金、赠款机构和养老金机构。调查显示，这些机构 20% 的资产是另类资产，有的机构另类资产配置甚至达到 30% 左右。[③]

公所周知，另类投资中的私募股权基金（Private Equity Fund，简称 PE）和风险投资基金（Venture Capital Fund，简称 VC）都具有超强的盈利

---

① 张泉薇：“《泰囧》引爆资本竞逐影市”，《新京报》，2013 年 1 月 22 日。

② 佚名：“什么是另类投资”，2010 年 5 月 20 日，中国黄金投资网 http：//www.cngold.org/baike/money01/24654.html。

③ 杜志鑫：“海外市场另类投资方兴未艾”，《证券时报》，2011 年 12 月 3 日。

能力。2010 年 11 月 16 日，大中华区著名创业投资与私募股权研究机构清科研究中心发布的《2010 年创业板一周年专题研究报告》显示，截至 2010 年 10 月 22 日，共计 130 家企业在创业板上市，有 73 家企业在上市前曾获得创投和私募股权投资，而 97 家 VC/PE 机构从上述创业板企业中获得的平均投资回报为 10.82 倍。①

近几年，信托理财产品风生水起，投资者趋之若鹜。原因在于信托理财产品的年化预期收益率高达 8% ~15%，远远高于银行同期存款利率，笔者在一家网站上看到的、最离谱的一份集合信托投资计划年化预期收益率竟高达 25%。2011 年，上市公司海螺水泥一次性斥资 32.5 亿元购买信托理财产品，一度震惊整个市场。近一年多以来，虽无大单出现，但据同花顺统计，截至 2012 年年末，上市公司委托理财投向信托的资金仍高达数十亿元。②

其三，另类投资采取私募方式募集资金，进入门槛较高。进入另类投资基金，在美国最少需要 100 万美元，部分基金甚至要求 500 万美元。在我国，银行高端理财产品、信托投资计划、风险投资基金、私募股权基金、“阳光私募”（注册的私募证券投资基金）、股指期货合约等另类投资品种都有比较高的进入门槛。一般而言，50 万元是起步价，100 万元是基本价，300 万元 ~500 万元是常见价，在业界享有盛誉的 VC、PE 进入门槛高达 500 万元 ~1000 万元人民币，普通投资者根本无实力问津。在此类高端信托业，通常采取私募方式筹集资金，通常不是投资者去找投资机构，而是投资机构“按图索骥”主动去找潜在的投资者，这些潜在的投资人包括企业主、富有的个人、金融机构、有闲置资金的上市公司、各类基金等，这些都是有钱的主，所以，所谓另类投资就是一个个的“富人俱乐部”。沪深 300 股票价格指数期货是目前我国推出的唯一一款股票衍生产

---

① 高涛：“创业板周年 130 家企业上市 97 家创投获利 10.82 倍”，2010 年 11 月 16 日，中国新闻网 http://www.chinanews.com/stock/2010/11－16/2658715.shtml。

② 王小丹：“上市公司热恋信托 市场盼新家长干预排隐患”，《21 世纪经济报道》，2013 年 3 月 27 日。

品，其最低交易保证金的收取标准为合同金额的 12%，以当前点位（2500 点左右）计算，单手合约保证金需 9 万元左右。根据商品期货市场经验，期货公司将在 12% 的基础上加征 2 到 5 个百分点。以目前沪深 300 指数的点位计算，买卖单个合约至少需要 12 ~ 13 万左右资金。

其四，投资运作不透明。由于是私下募集，仅涉及少数有钱人，政府对另类投资缺乏严格的监管，投资机构也没有定期作公开信息披露的义务，所以，另类投资基本上都采取“黑箱”运作方式。投资者把钱交给机构打理，是基于对投资机构以其创始人的信任，既然信任，你们就等分红就完了，没必要打听得那么详细，——这就是相当一部分受托投资人的态度。

当然，这种惯例也正在逐渐被打破。随着另类投资机构之间的竞争愈演愈烈，投资者选择的余地越来越大，投资人的知情权和话语权也在逐步扩大，但透明度较主流投资渠道还是差很多，这主要基于保守商业秘密的考量。

其五，另类投资的投资风险相对较高。由于不在公共交易平台上运作，另类投资的一个重大特点便是缺少流动性。一个项目从购入到套现通常需要几年的时间，于是另类投资基金一般设有 5 年、10 年的锁定期，中途赎回很困难。正规的 VC、PE 一个完整的运作周期需要 3 ~ 7 年的时间，属于长期投资，因此不适宜追求短期回报的投资者。信托集合投资计划的投资期限稍短，一般也需要 2 ~ 3 年左右的时间。

投资期限较长带来的一个风险，就是项目投资回报的不确定性。经济形势的变化、政策环境的变化，市场环境的变化，都可能打破项目的原有计划，从而使投资项目不能达标或完全失败，从而使投资者拿不回投资机构承诺的预期回报，甚至丧失本金。

高收益与高风险相伴随，这是投资世界的铁律。不敢于冒风险，就不能期望得到高回报。但风险究竟有多大，发生的概率是多少，投资者必须有一个清醒地判断，而不能像掷硬币一样听天由命。冒险必须冒得“专业”，而不能盲目地冒险。

有一种效应在金融投资中表现明显，那就是“马太效应”。所谓马太效应（Matthew Effect），来自于圣经《新约·马太福音》中的一则寓言：“凡有的，还要加给他叫他多余；没有的，连他所有的也要夺过来。”马太效应指强者愈强、弱者愈弱的现象，广泛应用于社会心理学、教育、金融以及科学等众多领域。比如，有钱人可以将大笔的钱投资于另类高收益的投资，高收益使得他们的钱越赚越多；没钱的人只能投资于低收益的金融产品，赚取少量利润，这样他们与有钱人的差距就会越来越大。所以有人主张，钱多的人要敢于投资高收益和高风险相伴的另类品种，钱不多不少的人不要投，而没钱的人则也要敢投。为什么呢？俗话说“光脚的不怕穿鞋的”，既然我穷得一无所有，索性就赌一把，万一赌赢了，我的命运就彻底改变了——穷则思变嘛！这种赌徒心理多数人都不会赞成，但也可能是穷人改变命运的方式之一。

考虑到普通投资者对另类投资需求的强度和本章的篇幅，笔者重点介绍集合资金信托计划、阳光私募、房地产投资信托（REITS）、私募股权基金（VC/PE）、FOF 基金等几种另类投资工具。

1. 集合资金信托计划

金融机构有许多种类型，提供客户理财服务的主要有三大主力阵容，一是银行理财，二是券商（证券公司）理财，三是信托公司理财。从法律上讲，信托是指委托人基于对受托人的信任，将其财产权委托给受托人，由受托人按委托人的意愿以自己的名义，为受益人的利益或者特定目的，进行管理或者处分的行为。其特点是：委托理财，利益共享，风险共担。所以，从广义上讲，无论是银行理财、券商理财还是信托公司理财，都可以称为信托。有读者可能会问，基金公司不是也提供理财服务吗？没错，但其实基金公司不过是信托公司的一种特殊类型——具有专门化的投资对象。我国的公募基金主要由证券公司、信托公司和独立的基金公司发起成立。

按照业务分类，集合资金信托计划是信托公司理财的主要方式。集合资金信托计划类似于私募产品，对投资人数、投资门槛和投资期限具有较高的要求，直接面向高端客户。在投资门槛上，无论是个人投资者，还是机构投资者，投资一个信托计划的最低金额一般在 100 万元以上。期限方面，信托公司设立的集合类信托期限不得少于 1 年，目前市场上的信托产品期限一般为 2～3 年。总体而言，集合资金信托计划主要适合有较强经济基础，期望通过中长期投资获得较高稳定收益，对产品流动性要求不高的高端投资理财客户。

信托公司可以运用债权、股权、物权及其他可行方式运用信托资金，从资金投向领域来看，集合资金信托计划可以分为贷款类、股权投资类、权益投资类、组合投资类以及少数其他类。股权投资信托：以股权方式投资，通过股权受让和向公司增资，持有公司部分或全部股权；权益投资信托：信托公司获得特定权益（一般为股权或债权）及相关从属权力，受托人通过持有该标的权益并按照相关约定获得清偿后，实现信托计划财产的增值；组合投资信托：投资于某单一或多个项目的集合资金信托。投资对象一般为工商企业、房地产项目、基础设施项目等。

集合资金信托计划的文本一般都简明扼要，下面试举 2 例说明：

案例 1 华润信托推出的一款产品——稳益 14 号

产品名称：华润信托 - 稳益 14 号

发行机构：华润信托

募集规模：2 亿（人民币）

产品期限：12 个月

发 售 期：2013 - 03 - 20 至 2013 - 04 - 04

起点金额：100 万元

收益说明：10% ～15% （浮动收益）

投资方向：信托资金主要用于购买银行间和交易所债券市场 AA - 以上级别的债券（票息 7.2% ～7.5% 左右）、固定收益类信托产品（年收益 10% ～10.5% 左右）、银行固定收益理财产品。信托期限 12 个月。中国银行认购 15000 万元，一般客户 5000 万元，中国银行作为优先级受益人年化收益5.3%，一般客户的收益主要是：（1）债券和固定收益产品利息；（2）中国银行5.3%固定收益和（债券、固定收益类信托产品）的利息差，一般级客户预测年化净收益10%～15%。

产品特点：华润信托和中国银行强强联手，地方政府和优质企业发行的债券，新中国成立至今债券从来没有过违约，一直是各大金融机构（银行、证券公司、保险公司）和一般投资者做稳健投资的首选。固定收益类信托产品，融资类信托产品从来没有过违约记录，一直是高净值客户做稳健投资的首选。

资料来源：中金在线 财富中心 http：//wm2. cnfol. com/index. php/product/show id = 538。

案例2 海沧资本推出的一款产品——海沧依林山庄FD项目投资基金

产品名称：海沧依林山庄FD项目投资基金

发行机构：海沧资本

募集规模：1.5亿

产品期限：12月

发 售 期：2013－04－04至2013－04－30

起点金额：50万元

收益说明：50万元≤金额＜200万元，12%/年；200万元≤金额＜300万元，12.5%/年；300万元≤金额＜500万元，13%/年；500万元≤金额＜1000万元，14%/年；1000万元≤金额，14.5%/年。每季度支付预期投资收益，自由存续期内收益率在原有基础上增加1%。

投资方向：资金用于向邢台依林山庄食品公司发放委托贷款，用于投建真空冻干食品。

项目优势：（1）市场罕见高收益：最高年化收益14.5%，周期短，回报高；（2）借款人为中国知名品牌，盈利和营运能力良好，每年产生的现金流量可覆盖基金投资本息；（3）保证人实力雄厚，注册资本金28.1亿，为安全兑付提供良好保障；（4）交易结构简单明确，风险可控，利润可观。

风控措施：(1) 河北融投担保集团为借款人的还本付息义务提供连带担保责任；(2) 依林山庄集团实际控制人提供连带担保责任；(3) 邢台友联光电科技有限公司提供连带责任保证担保；(4) 基金管理人与一般级有限合伙人提供10%的劣后资金[①]；(5) 贷款本金提前2个月归集。

资料来源：中金在线 财富中心 http://wm2.cnfol.com/index.php/product/show?id=511。

2. 阳光私募基金

说到阳光私募，需要先解释一下私募基金的概念。私募基金是指非公开或私低下向特定投资者募集资金的一种集合投资方式。在世界各国都存在着大量的私募基金，根据其投资对象不同，可分为投资于资本市场的私募证券投资基金、投资于各种金融工具的对冲基金、投资于房地产的房地产投资基金、投资于大宗商品的期货投资基金和投资于非上市股权和从事并购的私募股权基金（PE）等。阳光私募基金是一种特殊的私募证券投资基金。

中国资本市场建立以来，各种私募证券投资基金随之出现。2003 年在《证券投资基金法》起草、审议过程中，也一度将法律适用范围确定为所有基金，既包括证券投资基金，也包括股权（产业）投资基金、风险投资基金；将基金按募集方式分为公募基金、私募基金，分别规定。但终因适用范围太大，条文太复杂，牵涉部门利益太多而作罢，最终通过的《证券投资基金法》只调整证券投资基金，并且删除了对私募证券投资基金的具体规定，只在附则中原则规定“基金管理公司或者国务院批准的其他机构，向特定对象募集资金或者接受特定对象财产委托从事证券投资活动的

① 优先、劣后：是指在既吸收社会公众资金也吸收机构或高风险偏好者资金的信托理财项目中，将信托受益权设计成“优先”和“劣后”并分级处理的结构模式，劣后受益人本金将对优先受益人进行支持。即在项目取得盈利时，优先受益人按事先约定比例参与分红；在项目遭受损失时，劣后受益人的财产将用于补偿优先受益人，以保证优先受益人的本金安全。

具体管理办法，由国务院根据本法的原则另行规定。”这个规定为私募证券投资基金留下了一条活路。但在国家相关法律法规没有正式认可之前，这些私募证券投资基金一直处于合法与非法之间，被业内称为“月光基金”。

所谓的“阳光私募”，是资产管理公司（或投资公司）通过信托机构，向特定投资人发行证券投资集合资金信托计划，由信托公司作为受托人，银行作为托管人，资产管理公司作为投资顾问，进行证券投资活动，这里的资产管理公司就称为“阳光私募公司”，其发行的信托产品称为“阳光私募产品”。

与一般意义上的私募基金不同，阳光私募的“阳光”主要体现在其运作的规范化和透明化上，它的设立要经过监管机构备案，资金实现第三方银行托管，有定期业绩报告，因而投资者的资金安全能得到很大的保障。2007 年 3 月 1 日银监会颁布的《信托公司管理办法》以及《信托公司集合资金信托计划管理办法》被视为“阳光私募”出笼的标志。

阳光私募产品运作模式主要有两类：非结构性产品（深圳模式）和结构性产品（上海模式）。非结构性产品实质是资产委托管理，私募机构担当信托产品的投资顾问，收取管理费和业绩报酬，投资者收益是上不封顶、下不保底，盈亏自负。结构性产品是对部分投资者保底资产委托管理，私募机构担当产品中一般受益人，按一定比例投入资金，作为保底资金，若发生亏损，将先亏损这部分资金；如果投资收益超出预期，可获取超预期的绝大部分收益。优先受益人保证收益；一般受益人上不封顶、下不保底。现在市场运行 65% 是非结构性的。

阳光私募的运作类似于公募基金，其特点是进入门槛较高（最低为 100 万元人民币），收益水平较高，投资风险较大。以 2013 年一季度为例，iFinD 数据显示，自年初以来，上证指数的涨幅为 0.01%。在大盘涨幅微乎其微的情况下，阳光私募依旧展现出其较好的挣钱能力。在可统计的 974 只非结构阳光私募产品中，它们的平均收益达到 6.82%，此数据不仅大幅跑赢大盘，同时也远超一季度公募基金股基 3.95% 的平均收益水平。

资料显示，一季度取得正收益的阳光私募达到近 900 只，占比超过 90%，其中收益率在 20% 以上的产品有 43 只，收益率在 10% 以上的产品数量近 300 只。表现最牛的阳光私募为创势翔 1 号，该产品以 41.92% 的收益率有望夺得首季阳光私募业绩冠军。①

阳光私募案例：华润信托·德源安战略成长 1 号证券投资集合资金信托计划

信托期限：5 年，封闭期 1 年，6 个月后可赎回，赎回费 3%，一年后无赎回费。

信托规模：预设 5000 万个信托单位，以信托成立时实际募集金额为准。

发行期：信托计划的推介期为 2009 年 5 月 11 日至 2009 年 5 月 31 日。

最低认购额：首次认购不得低于人民币 100 万元，可按 10 万元整数倍追加。

信托费用：认购费 1%，信托公司托管费 1%，建设银行保管费 0.25%，投资顾问费：固定管理费 1% + 浮动管理费（正收益的 20%）。

收益分配：在信托存续期内，以分红的方式分配给受益人；信托终止或信托单位赎回时，受托人以剩余信托财产为限向受益人支付信托收益。

资金投向：所有投资产品，银行间投资品种等。

开放日：每日 20 日。

受托人：华润深国投信托有限公司。

保管银行：中国建设银行股份有限公司。

投资顾问：北京德源安资产管理有限责任公司。

证券经纪人：中信建投证券有限责任公司。

资料来源：中信建设证券北京安立路营业部低风险产品收益小组：阳光私募简介，http：//wenku. baidu. com/view/29ef87cea1c7aa00b52acb 97. html。

---

① 肖海燕：“阳光私募首季收益率远超公募基金”，《北京商报》，2013 年 4 月 7 日。

有一种被称为 TOT（Trust of Trust）的投资工具，它的含义是“信托的信托”，俗称信托宝，即指阳光私募 TOT。阳光私募 TOT 以其他私募基金或信托产品为投资对象，即将母信托资金按一定比例投资于不同的子信托，产生投资收益的一种产品。在母信托层面，由信托公司、券商或商业银行作为投资顾问，控制母信托资金的投资方向及比率；而在子信托层面，则由业绩良好的阳光私募公司担任投资顾问（即投资管理人），简单地说，就是买了一支 TOT 就相当于买了好几支阳光私募基金或买了多个信托产品。

3. 房地产投资信托（REITS）

所谓 REITS 就是房地产投资信托，是英文“Real Estate Investment Trust”的缩写。从国际范围看，REITs 是一种以发行收益凭证的方式汇集特定多数投资者的资金，由专门投资机构进行房地产投资经营管理，并将投资综合收益按比例分配给投资者的一种信托基金。REITs 是一种在证券交易所上市，由专业管理团队经营管理，主要以能够产生稳定租金收益的不动产为基础资产，以标的不动产租金收入为主要收入来源，并且每年通常至少会将 90% 的净收益分配于投资者的金融工具。

统计数据表明，REITs 过往 30 年平均年收益率可达 10% ~15%。虽然自金融危机发生以来，美国房地产市场陷入低迷，但是 REITs 受到的影响比较有限。2007 年到 2008 年间，美国房地产抵押债在一年半中价格不到原来价格 10%；房地产企业指数跌至原来的 60% 左右；而标准的 REITs 产品在风险最大时仅仅跌了 20% ~22% 左右。这是因为 REITs 有一个源自于租金的稳定的现金流入。①

投资 REITs 产品的优势包括：（1）分散投资风险。虽然 REITs 名义上也是有价证券，但其实质是不动产投资，可以和传统的投资于股票市场、债券市场的基金进行互补，分散单一市场的投资风险；（2）降低投资门

① 华宝证券：“REITS 给国内房地产投资者增添新选择”，2012 年 2 月 20 日，和讯网 和讯理财 http://money.hexun.com/2012-02-20/138441552.html。

槛。不动产投资的进入门槛较高，商业地产的售价往往达到成百上千万甚至更高，而投资 REITs 基金的起始资金只需 1000 元，大大降低了投资门槛；(3) 打通地域壁垒。随着国内地产的十多年牛市和越来越高的降价呼声，国内的不动产投资风险在增大，越来越多的投资者开始着眼海外市场。然而，购买海外不动产受制于地域跨度大，不仅手续繁琐，还要面临管理困难、高额税收等问题。投资 REITs 基金则可避免此类问题；(4) 减小流动风险。REITs 作为成熟的交易品种，其流动性在正常情况下远优于不动产，投资者通过投资该基金可以在一定程度上规避流动性风险。

在我国，房地产信托概念较为宽泛，一般可包括 REITs 模式，但其实两者还是有区别的。房地产信托是指房地产法律上或契约上的拥有者，将该房地产委托给信托公司代为管理或经营（信托公司对信托房地产进行租售或委托专业物业公司进行经营），进而使投资者获取收益和信托公司获取管理费用的交易形式。REITs 是房地产证券化的重要手段，就是把流动性较低的、非证券形态的房地产投资，直接转化为资本市场上的证券资产的金融交易过程。

房地产信托和 REITs 的区别是：第一，REITs 的产品周期一般在 8 ~ 10 年，更注重房地产开发后，已完工的房地产项目的经营；而房地产信托计划产品周期较短，一般为 1 ~ 3 年；第二，REITs 负责提供资金并组建资产管理公司或经营团队进行投资运营；而房地产信托计划的运作方式是：提供资金，监管资金使用安全，或部分或局部参与项目公司运作获取回报；第三，REITs 是标准化可流通的金融产品，一般从上市或非上市公司收购地产资产包，且严格限制资产出售，较大部分收益来源于房地产租金收入、房地产抵押利息或来自出售房地产的收益，能够在证券交易所上市流通；而房地产信托计划是有 200 份合同限制的集合非标准化金融产品，一般不涉及收购房地产资产包的行为，其收益视信托计划的方案设置而定，尚无二级市场，不能在证券交易所上市流通。

总而言之，REITs 就是将投资大众的资金，由专业投资机构投资在商务办公大楼、购物中心、饭店、公共建设等商用建筑物，投资人不是直接拿钱投资不动产，而是取得受益凭证，报酬以配息方式进行，且 REITs 可以挂牌公开交易，因此投资人还可以在公开市场买卖，赚取资本利得。投资者可以将 REITs 看作一种收入型基金进行投资，对于追求长期稳定收入的稳健投资者来说，是一个不错的选择。

4. 私募股权基金（VC/PE）

私募股权基金（Private Equity Funds，简称 PE）是一种在特定范围内募集、以股权为投资对象的集合投资方式。广义上的 PE 包括杠杆收购、风险投资（venture capital，简称 VC）、成长资本、天使投资、夹层资本以及其他。由于 PE 具有一系列令人眼花缭乱的独有特征，所以是“另类投资”的代表性品种。

PE 主要有两种组织形式：一种是公司制，一种是有限合伙制。经过半个多世纪的探索，越来越多的 PE 抛弃了公司制，转而采取有限合伙制的组织形式，因此有限合伙制是目前 PE 组织形式的主流。

有限合伙制是指基金的发起人和/或经理人在基金中扮演一般合伙人（General Partner，简称 GP）的角色，对基金负债负无限连带责任；而基金的投资者为有限合伙人（Limited Partner，简称 LP），LP 不参与基金的运作和管理，以出资为限对基金负债负有限责任。这种制度可以最大限度地避免或减少不称职、责任心不强的人担任 GP，在一定程度上降低 GP 的道德风险，并最大限度地降低 LP 的投资风险。因此，PE 与其他投资形式相比具有明显的组织机制优势。

PE 的关键词之一就是“私募”，即向少数“合格投资者”私下募集。所谓的合格投资者，主要是银行和非银行金融机构、养老金、捐赠基金、大企业和富有的个人。各国政府和各 PE 机构都对 LP 的进入门槛提出最低限额，如我国是 100 万元人民币，美国是 100 万美元，有的海外 PE 设定的最低门槛是 1000 万 ~ 2000 万美元，所以 PEF 是名副其实的“富人俱乐部”，LP 多为崇尚高风险与高收益相匹配的“风险偏好型”投资者。由于 PE 具有较小的“外部性”特征，不具备像银行、保险公司、公募基金等那样的风险扩散效应，所以各国相关监管部门对 PE 的管制都较为宽松，这为 PE 的灵活运作提供了广阔的空间。

产业资本是靠经营产品赚钱的，金融资本是靠经营货币赚钱的，而 PE 是靠经营股权赚钱的。PE 的经营链由融资、投资、管理、退出四个环节所组成，但隐含的一个最重要的环节却是选择投资的目标企业。PE 要在众多的潜在投资对象中，选择那些价值被明显低估的、成长性好有较大升值空间的、整体优异但存在经营、管理、资金或技术瓶颈的优秀企业，经过 3 ~5 年、最长为 7 年的精心培育，使“丑小鸭”变成“金凤凰”，然后通过股权转让或公开上市出让股权，获得所投入资本最大幅度的升值。

由于承担的风险不同，GP 和 LP 之间的盈余分配约定俗成。一般而言，GP 占分配总额的 20%，LP 占分配总额的 80%。在 LP 内部，其分配的比例须与出资的比例相匹配；而 GP 之间的分配还需要考虑 GP 所承担的责任、投资业绩等方面的因素。此外，PE 一个显著的特点就是 GP（基金发起人、管理人）必须以自有资金投入基金管理公司，基金运作的成功与否与他们的自身利益紧密相关。从国际目前通行的做法来看，基金管理者一般要持有基金 3% ~5% 的股份，一旦发生亏损，管理者拥有的股份将首先被用来偿债，因此，PE 的发起人、管理人与投资者是一个唇齿相依、荣辱与共的利益共同体，这也在一定程度上较好地解决了公募基金与生俱来的经理人利益约束弱化、激励机制不够等弊端。

美国《商业周刊》认为，在高级经理人眼中，PE 有三大吸引力：第一，这些公司掌握巨资，能提供的薪酬远远超过大多数上市公司；第二，PE 很少撞上监管部门的“枪口”。例如，令很多美国公司深感头疼的《萨班斯法案》仅针对上市公司，而且 PE 高管也不必按照美国证交会的要求披露收入；第三，PE 可以让高管自由施展才华，鼓励他们从长远利益出发作出决断，而不必出于安抚股东的需要将注意力放在短期收益上。[①]但对于投资者而言，他们看中的是 PE 超高的收益水平，通常其回报率超过 20%，极端的例子是本金的若干倍，几十倍，甚至上百倍。见表 17 –1。

---

① 参见郭恩才：《解密私募股全基金》第 3 章“PE 私密档案”，中国金融出版社 2008 年版。

表 17-1　　单笔 PE/VC 投资回报率前 10 位排行榜

（2007 年）

排名	创投机构	退出企业	行业	IPO 地点	退出回报率（倍）
1	中比基金	金风科技	能源	SZSE	53.00
2	江苏高投	中国高传	制造业	HKMB	51.91
3	软银赛富	完美时空	互联网	NASDAQ	31.15
4	软银集团	阿里巴巴	互联网	HKMB	30.25
5	国泰财富	泛华保险	金融	NASDAQ	29.44
6	联创投资	西部矿业	能源	SSE	25.97
7	软银赛富	中国数字电视	IT	NYSE	18.99
8	鼎晖投资	航美传媒	传媒娱乐	NASDAQ	14.93
9	鼎晖投资	百丽国际	连锁经营	HKMB	14.06
10	崇德资本	易居中国	房地产	NYSE	11.00

资料来源：China Venture 投资数据库 2008.01 WWW. ChinaVenture. com. cn。

5. FOF 基金

如果你对 VC、PE 等另类投资品种垂涎三尺，你还有另外一种投资工具可供选择，那就是 FOF（Fund of Funds），FOF 的意思是“基金的基金”，它以其他基金为投资对象，基金管理人用不着去研究具体的投资项目，只研究少数的基金就可以了。像其他投资者一样，将钱投向自己心仪的基金，然后就钓鱼、上网，坐等收成。

FOF 可以以阳光私募为投资对象，可以以对冲基金为投资对象，也可以以 VC、PE 等股权基金为投资对象，还可以以大宗商品或房地产基金为投资对象，还可以以混合基金为投资对象，门槛比直投基金要低一些，选择余地很大，既能享受高收益，又能规避直接投资基金的风险。FOF 的缺点也与 TOT 类似，所谓“天底下没有免费的午餐”，谁让咱又缺钱又少投资经验呢，让 TOT 或 FOF 的管理人赚点儿也是应该的。

集合资金信托计划、阳光私募、房地产投资信托（REITS）、私募股权基金（PE/VC）抑或是 FOF 基金（还包括私募证券、对冲基金）等等，都是很好的私募品种，“3 高”特征明显——高门槛、高收益、高风险。为了防范这些另类产品给普通投资者带来投资风险，国家有关监管部门不断推进市场基本制度建设。

2013 年 2 月 20 日，中国证监会召开新闻通气会，公布了《私募证券投资基金业务管理暂行办法（征求意见稿）》，并向社会公开征求意见。证监会有关部门负责人表示，新修订的《证券投资基金法》将非公开募集基金（即私募基金）纳入了调整范围，根据法律授权以及当前资产管理行业的格局，证监会起草了《暂行办法》，以规范私募基金业务活动，保护投资者合法权益，促进私募基金行业健康发展。

新修订的《证券投资基金法》已经将非公开募集基金（即私募基金）纳入了调整范围，该法第 10 章对私募基金合格投资者、管理人登记、基金托管、募集方式、基金合同、基金备案、信息提供、私募基金管理人转为公募基金管理人的条件等作了原则规定。此次公布的《暂行办法》按照新基金法的原则，对私募基金基金管理人制定了具体管理办法，细化相关制度安排，落实法律规定。

对于私募基金的投资者，《暂行办法》规定合格投资者应当具备相应风险识别能力和承担所投资私募基金风险能力，自然人需符合个人或者家庭金融资产合计不低于 200 万元人民币、最近三年个人年均收入不低于 20 万元人民币、最近三年家庭年均收入不低于 30 万元人民币三项条件中的任一条件；公司、企业等机构需满足净资产不低于 1000 万元人民币的条件。同时，合格投资者投资于单只私募基金的金额不得低于 100 万元人民币，单只私募基金的基金份额持有人累计不得超过 200 人。①

如果按照这个条件衡量，普通投资者很少能符合“合格投资者”的标准。但在实践建中，金融机构和普通投资者通常会采取“变通”的办法——糊弄条件也要上。办法一：降低投资门槛。由于金融机构间竞争激

① 罗震：“私募纳入监管规范发展 行业步入阳光化新时代”，2013 年 2 月 22 日，新浪财经 http：//finance. sina. com. cn/money/smjj/20130222/162614620318. shtml。

烈，完全符合“合格投资者”标准的投资者是稀缺资源，为了达到募集规模，有的金融机构就主动降低了投资的门槛。比如，个别集合资金信托计划主动把门槛降低到20万元、30万元或50万元（预期回报率有所减少），银行信托类理财产品甚至把门槛降低到5万元或10万元。2012年3月1日《北京商报》刊登记者闫瑾和刘伟采写的一篇报道，报道称，一提到集合信托产品，“高收益”、“高门槛”是投资者对其的最初印象，不过这种情况正在发生着变化。记者发现，一些公司发行的集合信托产品投资门槛悄然降至5万元。记者估计，随着金融机构间的竞争加剧，这种情况会越来越普遍。办法二：代持。所谓代持，是指多人的资金以其中一个人的名字出现，即代替持有投资标的。这种情况在亲属、朋友、同事之间比较流行。100万元的门槛谁也够不着，5个人、每个人出20万，就成了“合格投资者”了。但这种情况最好私下有一个合同，避免事后引起纠纷。办法三：“月光”底下私募，比如办个投资协会或FOF基金，会员集资投另类产品。这种办法有“非法集资”之嫌，但事情都不是绝对的，世界上唯一不变的就是变化，对比一下改革开放之前，现在你做的大部分事儿可能都是“非法”的。退一步讲，有些所谓“规定”合情未必合理。至于收入证明之类，中国人的办法多的是，金融机构睁一只眼闭一只眼，这你知道。

投资另类产品，用得着那句话：“另类”风险大，投资需谨慎。特别是“后果自负”，不管你投什么，只要投资决策是你自己作出的，损失就只能由自己承担。在你“战战兢兢”想玩点儿“另类”的时候，下面的一些建议也许对你有用：

第一，要选择信誉好的金融机构。发行另类产品的金融机构有银行、证券公司、信托公司、保险公司、其他投资机构。这些金融机构的经营管理水平、资本实力、经营业绩、信誉度参差不齐，所以投资者在选择另类产品时，很重要一点就是要翻翻“旧账”，查查“前科”，委托那些资金实力强、诚信度高、资产状况良好、人员素质高、历史业绩好、口碑上乘的金融机构打理你的投资。远离毒品，远离非法地下金融机构，更不要上网络骗子的当，非则你将死无葬身之地。

第二，根据自己的承受能力选择另类理财产品。另类产品最重要的特征是高风险，而不是高收益，不要光想着赚钱了如何如何，首先要想到赔钱了日子该咋过。另类投资忌讳“孤注一掷”，一定首先满足家庭生活需要，一定留有短期投资以备不时之需，其余的积蓄可以适当冒险。有关举债投资也需先衡量自己的偿还能力，如能确保投资收益高于借贷成本，举债就是有益的。

第三，投资者一定要“吃”透产品。另类产品五花八门，盈利的机制不同，风险等级不同，预期收益率不同，盈利能力不同，稳定性也不同，需要投资者仔细研究，反复比较，谨慎决择。举个例子，有口皆碑的企业和产品，公司上市后的股价一般不会偏低，城市基础设施项目投资周期长，短期内收益水平不可能很高。遇到声称超高收益的项目，必须搞清楚高收益的来源，具不具备可行性，项目的收益是否稳定，等等。千万不要脑袋发热，不耐烦，所谓“磨刀不误砍柴工”、“慢功出细活”是也。

投资者在选购另类理财产品时，还特别应注意合同中的一些细节问题。例如，仔细了解自己的权利、义务和责任，并对自己可能要承担的风险有一个全面的把握。比如，信托理财产品绝大多数不可提前赎回，购买后只能持有到期，如果投资者遇到急事需要用钱而急于提前支取，可以协议转让信托受益权，但需要付出一定的手续费，因此应尽量以短期内不会动用的闲散资金投资购买信托理财产品。信托法规对信托公司的义务和责任作出了严格的规定，监管部门也要求信托公司向投资者申明风险并及时披露信托产品的重要信息，不少信托公司已定期向受益人披露信托财产的净值、财务信息等，投资者应充分行使自己的权利并最大限度地保障自己的投资权益。

第四，关注另类产品的抵押、担保状况。抵押和担保是保障投资者权益的措施，万一你所投资的项目出现到期兑付困难，原先预设的担保措施就能够及时有效地补偿你的损失，把你从“水深火热”中捞起，所以，同等条件下尽可能投资有抵押或担保的另类产品。当然，有担保的产品安全系数高一些，收益就会相对低一些——这就是人们常说的“鱼和熊掌不能兼得”吧。

有了这几条——齐了，开始起步吧！

第18章

防“忽悠”的9条妙计

每个笨蛋都会从自己的失败中吸取教训，而聪明人则是从别人的失败中吸取教训。

——德国普鲁士王朝宰相兼外交大臣奥托·冯·俾斯麦[①]

① 奥托·冯·俾斯麦（1815年~1898年），德国普鲁士王朝宰相兼外交大臣，被称为“铁血宰相”。奥托·冯·俾斯麦是德国近代史上一位举足轻重的人物，是普鲁士德国容克资产阶级的最著名的政治家和外交家。1862年上任时提出“铁血政策”，并于1866年击败奥地利统一德国（除奥地利），1870年击败法国使德意志帝国称霸欧洲大陆。

忽悠，百度百科的解释是：巧设陷阱引人上勾；叫人上当，使希望落空。说得直接一点儿就是欺骗。著名笑星赵本山2001年的小品《卖拐》、2002年的小品《卖车》、2005年的小品《功夫》浑然一个“忽悠”系列，愣把东北地方话——“忽悠”普及给了全国老百姓。本山的小品很多，有很多小品堪称经典。但我始终没弄明白：“忽悠”系列情调并不高，所透露出来的价值观至少是负面的，为什么能通过央视严格的“内容审查”呢？想来想去，只能归结为“民族性格”——大家对“忽悠”习以为常、见怪不怪了。

看“忽悠”小品，大家哈哈一乐，也没什么。退一步讲，就是被人忽悠去一辆自行车、一块手表也不值几个钱。但要是被骗10万、20万、100万或者是一生积蓄，当事人可就没这么潇洒了——不是跳楼就是跳楼的心都有了。遗憾的是，这样的悲剧每天都在我们身边上演。

看过电视剧《刘老根2》的人应该对马书记这个角色不陌生，在剧里他是一个绝对正面的人物，你绝对不会把他和罪犯联系起来，而在现实中，他却真的成了千古罪人。

陈相贵是马书记的扮演者，也是内蒙古万里大造林公司的董事长。2003年，标志着林业政策开放的中共中央国务院《关于加快林业发展的决定》（9号文件）出台，鼓励各种社会主体跨所有制、跨行业、跨地区投资发展林业。在当时已是闻名全国的企业家的陈相贵从中发现了商机。他觉得这是一个成名和发财的大好机会，一箭双雕，何乐而不为？

2004年1月，陈相贵开始了他宏伟计划的第一步。他在内蒙古通辽市注册了万里大造林公司，注册资本金1000万元。并伙同小品作者何庆魁和笑星高秀敏夫妇等名人打着“万里大造林，利国又利民”的口号，进行广泛的宣传。万里大造林公司号称“用5年时间投入100亿元，在长江以北14个省份造林1500万亩”。公司在内蒙古以每亩每年2元至30元不等的价格承包（租赁）土地种植幼苗，或直接以较低的价格购买林地，再以每亩林地2660元左右的价格出售给买受人。

话说，一天傍晚，长春的梁先生刚刚吃完晚饭，在自家门口溜达，迎面走来了两个人，西装革履，一看就是公司职员。其中一个人笑眯眯地上前跟梁先生打招呼："先生，你好，我们是万里大造林的业务员，为了响应国家植树造林的号召，我公司现正在进行一个大型的造林项目，现在您只要花2.6万元买下10亩地，我们保证您在8年后除去买林地的费用净赚16万元"。梁先生被hold（忽悠的意思）住了，只知道这是个赚钱的好项目。于是他被两个业务员带到了一个会议室听"项目说明会"。

在会上业务员不停的宣传：客户买下林地后，公司会有专人看管，成活率保证100%，确保8年后林木蓄积量达到12立方米……。在这么大的"金娃娃"面前梁先生终于动摇了，掏出了2.6万买下了10亩林地。就这样无数个梁先生、李先生、王先生被业务员忽悠和洗脑，乖乖地把钱交给陈相贵。司法部门审计结果显示，在三年多时间里，有29987人被骗投资万里大造林公司的林地，万亩大造林公司非法吸纳了社会公众资金13亿元。

陈相贵与属下的营销队伍是一个"金字塔"形的利益共同体。陈相贵坐在塔尖上获大利，往下每个层级都有不同的利益。万里大造林抚顺分公司营销部长李延昭2004年7月的销售业绩提成款是4.9万多元，8月份是4.1万多元，9月份是4.2万多元；营销部长吕光辉2004年7月份的销售业绩提成款是7.2万元，8月份是3.3万多元，9月份是3.7万多元……。一个往沙地里撒钱的企业，巨额提成款从哪里来？掏的就是买林人的兜里的钱！2007年8月22日，公安机关依法对万里大造林公司董事长陈相贵、总经理刘艳英等多名高管采取了强制措施，"万里大造林"的骗局才落下了帷幕。[①]

《京华时报》记者张晗讲了这样一个故事：

经营多年珠宝生意的杨森，一直想用手里的闲钱做些投资。2007年8月上旬，他通过朋友结识了"香港德盈（集团）国际投资顾问有限公司"

① 参见郭恩才：《经典金融故事汇》第二篇"信用故事"，中国金融出版社2012年版。

的曲总。曲总告诉杨森，他们公司跟中央部委有很密切的联系，能够以“公办不公开”的方式协助杨森参加“国际金融高效增值计划”。只要杨森支付1000万元人民币的手续费，公司就能帮杨森在中国某银行总部以个人名义注入20亿美元额度的资金，并开具同样数额的资金证明和存款单。然后，公司再帮他联系国外知名基金会，凭这份资金证明和存款单以及杨森的投资项目证明取得基金会的信任，从而吸引40亿美元的项目投资。

1000万人民币能换回来40亿美金的投资？杨森说当时他并不敢相信。随后，曲总拿出了一份中央某部委关于“国际金融高效增值计划”的文件，并拿出一份盖有“保密”2字的协议要杨森签署。“他说这是国家机密，不管是不是投资都要签保密协议。”杨森说，签署了这份“保密文件”后，他相信了曲总的话。8月17日，他交了50万元保证金，并与该公司签订了合同，曲总立即把资金证明和存款单交给了杨森。

5天后，杨森找到在中国某银行工作的朋友，想具体咨询一下此事的运作。“朋友告诉我，他们银行根本没有这项业务。”杨森说，“当时就傻了眼，没想到这一切都是编造的。”他立即打电话报了警。接案后，丰台公安分局刑侦支队立即展开调查。中国某银行证实，中央某部委并未委托银行开办“国际金融高效增值计划”的业务，该公司提供的20亿美元资金证明及存款单都是伪造的。

警方初步认定，这是金融犯罪团伙。8月24日凌晨，侦查员在六里桥一商务会馆将曲某等7人抓获，根据曲某等人的交代，警方又迅速将另外6名团伙成员抓获。据曲某交代，2006年3月，看到金融投资市场火爆，曲某等人觉得有机可乘，便想“捞一笔”。他们以曲某的名义注册了一家“北京至诚铭家国际投资顾问有限公司”，同时虚构了“香港德盈（集团）国际投资顾问有限公司”，开始以中央某部委的名义实施诈骗。

为了使骗局做得天衣无缝，曲某等人伪造了中央某部委关于“国际金融高效增值计划”的文件和保密规定，凡是想投资的人，签署协议后要先交几十万的保证金，如果反悔，保证金归“国家”所有。曲某说，由于是国际金融交易，他们告诉客户，资金运作的时间需要1~2年。事实上，他们早已将对方的1000万“手续费”瓜分。据调查，该诈骗团伙在1年多的时间里，成功诈骗11人，总案值7850万元。[①]

再讲几个2012年曝光的案件吧。

案件1：百位老人被骗千万养老钱

刘老伯曾是湖南第一师范学院中文系的教授，退休后与老伴住在一起，子女都在长沙成家立业，家境较好。2012年3月份的一天，一个朋友告诉刘老伯，“我侄女在大和嘉盛公司上班，他们是搞铅锌矿开发的，现在需要融资买更多的机器，你可以来投资，2%的月利息（合年息24%）。”为此，刘老伯特地与老伴来到大和嘉盛公司考察。公司位于贺龙体育场附近的劳动西路嘉盛国际广场6楼，看到办公室全新的桌椅、数10台电脑，还有正规的营业执照，刘老伯对这家公司深信不疑，“我还特地查了，这个公司在那里租了4年。”

自从刘老伯与公司接触后，公司员工胡静便每天打电话来嘘寒问暖，甚至超过了子女对老人的关怀。随后，大和嘉盛公司开始组织免费的活动，喝早茶、岳麓山游玩、农家乐等。“参加活动的老人至少坐了2大车子。”刘老伯告诉记者，路上工作人员开始介绍公司业务——在四川搞铅锌矿开发。我们看到公司的宣传片上有著名电视台的台标，还有省级重要领导人接见公司员工，我们都觉得这个公司很有实力。

受高额利息及公司“实力”的吸引，刘老伯第一次投入了5万元，后来听说投资超过8万元，每月利息可以达到2.5%，他马上又投了3万元。其间，刘老伯也曾想过取回所有本金，但得知不满1年退本金需要交30%的违约金时，就打消了念头。

8月11日，该公司突然人去楼空，众人才知道被骗。据了解，同样受骗并有签字备案的还有94位老人，被骗金额最少的2万元，多的达到40

---

① 张晗：“骗子花重金打造皮包公司 扯着中央部委旗号圈钱”，《京华时报》，2007年9月27日 。

万元，共有上千万元的养老金被骗子骗走了。[①]

案例 2：男子谎称高干子弟能办矿权诈骗 980 万

2009 至 2010 年间，证人刘某的战友张万进伙同陈鸿鸣自称有能力办理探矿证及采矿证，先后骗取两家公司代办费 980 万元。2012 年 10 月 29 日上午，北京市一中院开庭审理了这起合同诈骗案。

在青海方基矿业有限公司法定代表人高某的心目中，陈鸿鸣是个了不起的人。2010 年 5 月，高某经刘某介绍，找到了自称给国土资源部老部长当秘书的张万进，张声称其能办探矿权和采矿权。随后张万进又为高某引荐了陈鸿鸣，“当时他跟我说陈鸿鸣是高干子弟，还给好几个公司办过矿权。”

高某先是委托陈、张 2 人帮忙办理一处煤矿的开采权，并签订了合同，还先行支付了 100 万元。然而，约定的期限已过，约定的煤矿开采权却没有消息。高某随即提出退钱，2 人则又提出说能帮高某申办另一处金属矿，“我提出让他帮我办海西州那个矿。”陈鸿鸣和张万进 2 人又是满嘴答应“没问题”，并提出高某需支付代办费 1 亿元。高某于是又先行支付了 500 万元。半年的时间过去了，高某被陈鸿鸣和张万进骗走了 600 万元，但采矿证却迟迟没有结果，于是高某将 2 人告上了法庭。[②]

案例 3：团伙假装在工地挖出金龟骗走老汉 17 万元

2012 年 9 月 9 日上午 9 点多钟，76 岁的周老伯陪老伴买完菜后准备回家。当他走到爹山街星光村附近时，一辆小轿车内下来一名中年男子问路。谈话间，该男子自称姓罗，是某大型建筑项目的经理，并称想请周老伯到工地守门，月薪 2100 元，双休值班还可另加 100 元。周老伯有点儿动心。罗某见状，主动提出带周老伯和老伴到工地看看，满意后再做决定。

于是，老两口便坐上了罗某的轿车，来到爹山街双丰村附近的山脚

---

① 曾韧：“高利息投资忽悠众人：百位老人被骗千万养老钱”，《长沙晚报》，2012 年 9 月 3 日。

② 何欣：“男子谎称高干子弟能办矿权诈骗 980 万受审”，《北京晨报》，2012 年 10 月 30 日。

下。罗某与另外一名中年男子朱某拿出皮尺，煞有介事地请周老伯帮忙拉尺定位，并吹嘘将投资1800万元在此处修建宝塔。

随后，罗某拿出一件类似探测仪的东西，邀请周老伯和他一起进行地质探测。只听“兹兹”的声响，探测仪仿佛在地面下发现了什么……。罗某当即打电话向“上级”请示，并把电话交给周老伯，让他在电话里向“局长”证实，泥土下面确实有东西。在得到允许后，几个人动手挖掘，很快挖出一个被泥土包裹的东西。罗某剥开一看，竟然是一个金灿灿的乌龟，旁边还有一份繁体字藏书。周老伯见藏书上写道：“吾家世代为官，留下大清金龟。战乱时吾师奉令赴台，将金龟藏土中……”

朱某说，他曾经在广东某工地看见有人挖出类似金龟，转手就卖了288万元。罗某也在旁边帮腔，鼓动周老伯“见者有份”。但为了应付上级，朱某提出要找家金店做个假金龟交差。但做假龟需要20万元，但两人手上只有3万元，就让周老伯想办法筹钱。当得知周老伯有17万元积蓄时，罗某当即把金龟交给周老伯老伴，亲自陪周老伯去取钱。拿到现金后，罗某、朱某谎称要赶飞机，开车先走了。

当晚，周老伯和老伴捧着金龟回家，他越想越觉不对劲，拿石头在金龟上用力一划，竟然出现一道黑色痕迹。原来这个“金龟”是假的，老两口顿时泪如泉涌。接报警后，当地警方立即成立专班，并通过视频监控锁定了嫌疑车辆，进而发现嫌疑人是湖南新化人。专班民警立刻驱车赶到湖南，在当地警方的协助下，成功追回全部17万元赃款。①

案例4：女白领被忽悠投资白银3个月亏186万

2012年3月份，左小姐接到自称是天津国腾贵金属经营有限公司理财顾问魏磊兵的电话，在其游说下，左小姐开户开始进行白银现货延期交易。魏磊兵承诺，投资500万元1天就可以获得几万元收益。

2012年5月22日左右，左小姐将交易账户与密码提供给对方。第1

---

① 饶超：“团伙假装在工地挖出金龟骗走老汉17万元”，《楚天金报》，2012年9月19日。

天赚了 1 万~2 万元。随后，魏磊兵以分析师要进行交易，左小姐登录账号会掉线为由，让其 1 个月内不要登录账号。8 月底，左小姐登录账号发现亏损额达 186 万元，意识到自己可能上当，来到深圳报警。龙华民治派出所随后对天津国腾贵金属经营有限公司深圳龙华分公司的法人与总监采取了刑事强制措施。

经办此案的民治派出所民警李锦坤介绍，目前该案以涉嫌非法经营立案，作案手法与涉及的法律问题比较复杂。在该案中，犯罪嫌疑人的作案手段就是多次变相交易来增加手续费。其中，天津国腾贵金属经营有限公司是母公司，该公司与天津贵金属交易所有业务关联。每一笔白银现货延期交易中，天交所要提取 1.6‰的手续费。其中，1‰的手续费返还给天津国腾贵金属经营有限公司。而天津国腾贵金属经营有限公司将获得手续费的 60% ~70% 返还给龙华分公司，龙华分公司再给业务员分成。

李锦坤介绍，从 2012 年 5 月左小姐开户委托魏磊兵等人进行交易后，在天交所产生的手续费就高达 35 万多元。其中，天津国腾公司获得 21 万左右的手续费，其龙华分公司获得 13 万元左右，业务员魏磊兵获得 5 万元左右。截至记者发稿时，魏磊兵已向警方自首。①

案例 5：美网站设投资骗局圈钱 24 亿 20 多万中国人受骗

2012 年 4 月 7 日，新沂市公安局网络警察大队发现，当地有上百人注册“红通 660”网站会员，该网站宣扬红通致富之道及相关操作流程，极力推荐投资该网站名为“古泉”的电子股。研判发现，红通网站并无实质经营活动，只以注册会员方式发展下线，会员通过推荐下线购买电子股进行“纯资本”运作，以从事网络传销活动。

4 月 9 日，新沂市公安局成立专案组，对红通网站立案侦查。同时，组织技术人员打入红通网站内部，详细获取经营模式及相关操作流程。为了避免打草惊蛇，专案组先期秘密侦查。4 月下旬，红通网站在新沂境内

---

①　刘春林：“女白领被忽悠投资白银三月亏 186 万”，《南方都市报》，2012 年 10 月 19 日。

的主要犯罪嫌疑人史某进入警方视线。侦查人员查获史某在当地某汽车销售公司上班，将他抓获。经审查，史某系“新沂红通第一人”，在红通网站注册短短半年，发展下线数百人，通过发展会员、出卖虚拟产品等，非法获利100多万元。

“低门槛、高收入、小投资、大回报”，“一次投资、终身受益”，“扶助弱势群体、共建和谐家园、汇聚天下商机、铸就财富神话”，打开红通网站，就可看到类似宣传。然而，这一切不过是施骗者借以吸金的“花衣”。专案组侦查发现，红通网站由云某（现居美国）于2011年上半年创立于美国，另有2至3名网络工程师，境内一人叫谢某。创建伊始，云某先后推出红通A计划、B计划，即以购买该网站广告位为幌子，通过介绍他人注册会员缴纳注册费，推荐人可从中获得提成。但两个计划都鲜有人问津。

2012年1月，不甘寂寞的云某再推红通“C计划”（加入资格从660元至12540元不等），由庞某负责解释，境外工程师负责具体编程，境内工程师谢某负责完成程序对接。“C计划”打出时下流行的“云广告”、“高科技”幌子，并以投资该网站“只涨不跌”的“古泉”电子股获取高额收益为诱饵，用会员注册费和购买“古泉”的资金，来支付上线奖金和“古泉”提成等，从而给人造成快速赚大钱的假象。“C计划”推出短短3个多月，全国累计注册会员暴增至20余万人，涉案资金24亿元。“红通网络传销，就是‘庞氏骗局’翻新版。”新沂市公安局网警大队大队长王文彤告诉记者，就是利用新投资人的钱，来向老投资者支付利息和短期回报，以制造特别赚钱的假象进而骗取更多投资。

5月3日，专案组多路出击，同时行动，对该案主要犯罪嫌疑人实施抓捕。当日，国内红通网站创立人之一庞某在河南濮阳落网，郜某夫妻和金某亦相继归案。为防止网站关闭，专案组争分夺秒搜集固定电子证据。以注册会员中发展下线较多的为目标，侦查员在5万多人数据中锁定200多人。同一时间，警方对掌握的其他犯罪嫌疑人进行抓捕。5月10日，红通网站境内工程师谢某在深圳归案。7月，公安部将该案挂牌督办，发起集群战役，在全国各地对该团伙的其余150名骨干分子收网，拔除了红通网站在国内的根基。[①]

案例6：“中国普洱茶航母”诈骗千名老年人上亿元

1961年出生的李兴华，曾高调宣称“鸿如茶业”将努力打造普洱茶的航空母舰。他着手打造的品牌“老同子”普洱茶，曾为2010年博鳌国际旅游论坛提供指定用茶、上海世博会接待用茶。作为云南鸿如董事长的李兴华，也由此先后获得2010年度中国扶贫杰出人物奖、中国十大公益成就奖。

据《今日早报》报道，2007年6月至2011年5月，李兴华伙同董忠义等13人，分工合作、互相配合，在杭州先后以云南鸿如、杭州鸿如的名义，散发赠券和召开品牌推介会等方式进行公开宣传，借用普洱茶收藏升值概念并许以年收益不低于16%的承诺，并宣称通过香港鸿如进行海外上市配发原始股，通过签订所谓的普洱茶销售合同和委托销售合同，大肆进行非法吸收公众存款的活动，这期间共计非法吸收资金高达1.27亿元，被害人高达1000多人。

杭州媒体透露，在杭州非法集资期间，受骗的中老年投资人员被集中至宾馆、农庄等地举行免费喝茶、足浴、聚会、会餐等各种形式的推介宣传活动，由分公司总经理、副总经理或专职的宣讲人员夸大宣讲普洱茶的功效，虚构云南鸿如的实力，推介中、老年投资者以支付货款购买普洱茶，三年期限内收藏代售并保证年收益率不低于16%（三年总收益率不低于48%）等方式投资。据了解，上当受骗的群众，年龄最小的50多岁，最大的超过90岁，其中大部分是70~80岁的老年人；被骗数额最小的1万元，最多的达300万元。

2011年6月16日，云南鸿如被杭州警方查处。6月17日，杭州市检察院发布消息称，李兴华等14人借炒作普洱茶收藏升值之名非法吸收公众

---

① 于英杰：“美网站设投资骗局圈钱24亿20多万中国人受骗”，《扬子晚报》，2012年10月26日。

存款1.27亿元，已于6月15日被该院批捕。①

古往今来，人们被“忽悠”、上当受骗的故事可以写成10本《一千零一夜》——罄竹难书。为什么这些人会轻易上当受骗呢？这得从人类的弱点说起——爱占便宜、贪得无厌、有“天上掉馅饼”情结、往往暴利面前失去理智。大大小小的骗子们，正是利用了人类的这一特点，制造了无数的人间悲剧。

如果要给骗子颁发最高“成就奖”的话，有一个人当仁不让，他就是“骨灰级”的骗术集大成者、“庞氏骗局”的创始人意大利籍美国人查尔斯·庞兹（Charles Ponzi）。

1882年，庞兹出生于意大利一个没落的贵族家庭，从小受母亲的影响很深。庞兹的母亲一直梦想着有朝一日，自己的儿子能飞黄腾达，重振家族那已遥不可追的荣光。庞兹带着母亲的期盼与所谓的贵族精神，进入了古老的罗马大学。与真正的贵族纨绔子弟相比，庞兹在金钱上缺乏底气。但他却同样大手大脚地挥霍，过着极其奢华的大学生活。这使他迅速沦为了一个穷困潦倒的花花公子，并且彻底断送了自己的学业。为了洗刷在罗马的耻辱，庞兹急切地想要追逐财富。他怀揣叔叔给的200美金，只身横渡大西洋，寻求他的美国梦。可是，最初的经历几乎都是挫折、厄运和失败。与数百万新移民一样，庞兹在生活的底层苦苦挣扎。从杂货店伙计、路边推销员到洗盘子的小工，庞兹都做过。最糟糕的时候，他甚至还因付不起房租而睡在路边的公园里。

庞兹的发迹，始于他偶然发现的国际邮政代金券之间的利率差价。

由于第一次世界大战的爆发，各国利率波动很大。然而，国际邮政货币体系依据的是罗马条约，邮价与各缔约国货币之间的利率是固定的。例如，一张回邮代金券价值30分西班牙比塞塔，而1美元可兑换6.66元西班牙比塞塔，于是1美元在西班牙可购买22张代金券；运回美国，这样的

① 夏体雷：“‘中国普洱茶航母’诈骗老年人上亿19高管被公诉”，2012年3月16日，星岛环球网 http://society.stnn.cc/anjian/201203/t20120316_1716614_2.html。

一张代金券就相当于 6 美分，扣除手续费，1 美元换到的 22 张代金券再回到美国就变成价值 1 美元 10 美分。这意味着在西班牙购买代金券在波士顿兑换，将有 10% 的利润。随着一些国家货币的大幅贬值，使得货币的价值由于使用地点不同而大相径庭，这的确在理论上为回邮代金券的投机提供了可能。当然，这在实际的操作中几乎是不可能的，因为回邮代金券无法变现；同时，各邮政缔约国总共发行的代金券数量有限，并不具备大规模投资的可能。

利用汇率差价与中间的过桥货币获利，现在是外汇市场通行的做法，但是在庞兹的年代，这一理念还是非常先进的。庞兹计划的唯一问题是，如何用代金券在美国换成邮票，再把邮票换成等值的现金。虽然到最后他也没解决这个关键的问题，甚至也没有购买多少回邮代金券，但他的生意就此展开了。因为他要销售的并不是回邮代金券这种商品，而是他的创意。

1920 年 7 月 24 日，《波士顿邮报》登出了一则不寻常的报道，内容是：“3 个月内让你的金钱翻一倍，庞兹在 45 天内付给投资者 50% 的利息——吸引了数千名投资者，国际代金券的交易利用低汇率获得利润。”这条消息一出，波士顿的人们都为之疯狂。

在如此优厚的利润面前，尽管有人心存疑虑，但毕竟人们大都难以抵御金钱的诱惑，投资者蜂拥而至。当庞兹利用第 2 批投资者的钱支付了第 1 批投资者的利息之后，“第 1 批投资者获利丰厚”的消息便迅速传播开来。于是，几乎整个波士顿的人们都争着将自己的钱交给庞兹。随着大量资本的涌入，庞兹的个人财富也很快达到了千万美金的级别。一个令人炫目的金融传奇诞生了。当一年后东窗事发时，庞兹一共吸收了约 800 万美元，800 万美元在现在看来并不算什么，但当时足可以导致一家银行崩溃。而他的手上其实只有价值 61 美元的邮政代金券。

在 20 世纪初期的美国，类似销售“让你的钱翻倍”的机器，“能治病的香烟”这样的故事并不鲜见。那是一个敢想就有钱赚的时代。但庞兹不同于一般骗子的高明之处在于：他从一开始就进入了资本运作的阶段，将他的财富创意当作一种融资的工具，他销售的不是具体的产品，而是金融产品。随着整个波士顿都卷入了他的投资计划，庞兹发现国际代金券的数量很少，根本不可能支持大量的资金套利，他的投资计划面临着无法收场的尴尬。他不得不横下心，走上诈骗的道路，企图吸引更多的资金加入。庞兹一方面偿还以前的债务，另一方面幻想能够发现新的投资机会。就像所有的金字塔式集资计划一样，庞兹的资金王国以轰然倒塌告终。

波士顿警方逮捕了庞兹。在法庭为他定罪后，庞兹将一张字条递给了旁边的记者，上面用意大利文写道："世间的一切荣誉就此成为过眼烟云。"他被判处了九年徒刑，刑满后被驱逐出美国。1949 年，庞兹穷困潦倒，病死在巴西里约热内卢的医院里。[①]

在英语中，"庞氏骗局（Ponzi Scheme）"已经成为了一个固定词条。《大英百科全书》把庞兹的名字作为欺诈行为的同义词；《剑桥英语大词典》对"庞氏骗局"的定义是："一种形式的诈骗行为，人们相信一个并不存在的企业获得了商业成功，但实际上是在短时间内，用其他投资人的钱给第一批投资人回报。"

"庞氏骗局"有四步曲：第一步：以高利息引诱投资者（此时人们将信将疑，进入骗局的人并不多）；第二步：兑现高利承诺引起轰动效应（为使更多的人深信不疑，骗子有时是有限次兑付，此时人们便蜂拥进入骗局）；第三步：敛财达到天量，骗子突然从人间蒸发——逃之夭夭；第四部：法网恢恢，疏而不漏——骗子被绳之以法（也有众多骗子逃脱了法律的制裁）。如果你耐心研究一下庞兹死后 60 多年来的重大诈骗案件，基本上都是"庞兹骗局"的套路。回顾一下章首的"万亩大造林"诈骗案，难道不是"庞氏骗局"的经典案例吗？

美国真是一个"人才辈出"的国度，不仅诺贝尔奖获得者人数众多，就连骗子都"出类拔萃"。2008 年美国金融危机期间，庞兹的"传

---

① 参见［美］米切尔·朱科夫（Mitchell Zuckoff）著（张志莉译）：《庞兹的骗局——一个金融奇才的真实故事》，上海人民出版社 2007 年版。

人”——麦道夫浮出水面，又一次让人们领略了“高智商”骗术的精彩。

与“草根”庞兹有天壤之别，伯纳德·麦道夫（Bernard L. Madoff）位高权重、声名显赫，是全球最大资本市场——美国纳斯达克前主席，在华尔街是光芒四射的明星级投资人。

没有谁生下来就是罪人，麦道夫也曾有过辉煌的岁月。

1960 年，从纽约赫福斯特拉私立大学法学院毕业后的麦道夫，向妻子露丝的父亲借了个办公室，靠暑假打工赚来的 5000 美元，创立了伯纳德·麦道夫证券投资公司，从事证券经纪业务。经过多年的摸爬滚打，麦道夫凭借其聪明才智渐渐成为华尔街经纪业务的明星。20 世纪 80 年代初，麦道夫在华尔街积极推动场外电子交易，将股票交易从电话转移到电脑上进行。当时，麦道夫公司已成为美国最大的可独立从事证券交易的交易商。1983 年，麦道夫公司在伦敦开设了办事处，并成为第一批在伦敦证券交易所进行交易的美国公司。1991 年，麦道夫成为纳斯达克董事会主席。在其带领下，纳斯达克成为足以和纽交所分庭抗礼的证券交易所，为苹果、思科、Google 等公司日后到纳斯达克上市作出了巨大贡献。到 2000 年，麦道夫公司已拥有约 3 亿美元资产。麦道夫设立的家族基金会主要捐助犹太慈善组织，帮助建设剧院、大学以及艺术事业。

2000 年功成名就后，麦道夫的人生轨迹发生了巨大转变。他精心设计了一个巨大的“庞氏骗局”，以稳固的高投资回报率使自己再次成为华尔街的传奇人物，直到 2008 年 12 月初露馅。麦道夫的种种特殊身份使得众多投资者对他充满信任。直到 2008 年 1 月份为止，麦道夫的基金一共管理着 171 亿美元的资金。虽然 2008 年形势不断恶化，麦道夫却在投资报告中说，他的基金依然在稳健的增长当中，这一增长数字直到 2008 年 11 月依然高达每月 5.6%，跟标准 - 普尔指数平均下降 37.7% 相比，令人匪夷所思。从 1992 年到 2009 年 6 月 29 日，麦道夫通过高收益吸引投资者投资，并通过拆东墙补西墙的方法骗取投资者信任，持续数十年，涉及全球数国的金融欺诈活动终于大白于天下，麦道夫对自己的欺诈行为供认不讳，最终被纽约南区联邦法院判处 150 年监禁。

痛定思痛，全球震惊。麦道夫诈骗案涉及金额超过600亿美金，为全世界金融史上最大的“庞氏骗局”。截止2008年11月30日，麦道夫的公司账户内共有4800个投资者账户，这些受骗的投资者包括国际投行、商业银行、对冲基金、养老基金、犹太人慈善组织以及世界各地的上流人士。可见，麦道夫的“骗功”了得！

如果你把麦道夫与庞兹相比较的话，会发现麦道夫在“庞氏骗局”的基础上注入了一些新的元素，可以看作是“庞氏骗局”的升级版。

其一，版本较低的“庞氏骗局”往往许诺给投资者超高的收益率，但如果收益率太高，就会引起稍有头脑的投资者的警觉。投资者会琢磨：除了贩卖军火、制售毒品、开妓院、抢银行外，那会有这么高的利润！琢磨的结果是不趟浑水。麦道夫深谙这些“聪明人”的心理，他并不向投资者许诺高回报，投资回报保持在中等偏上水平，且有高有低，在1~2个百分点之间波动，偶尔年回报超过20%，但并不离谱，恰到好处地给人以能持续跑赢股市大盘的感觉。

其二，麦道夫有一套独创的“投资理论”。版本较低的“庞氏骗局”往往不能对利润来源作出有说服力的证明，稍一深究，骗子就会露出马脚。麦道夫有一个亮到刺眼的投资人身份，而且成立了一个基金会，并像模像样地进行一些投资，如购买大盘增长基金和定额认股权等，还有一套独创的“投资理论”——所谓的“分裂转移”投资策略。以高深莫测的所谓投资理论作诱饵，麦道夫才会引得不少专业投资机构纷纷上当，创造了一张全世界最豪华的受害者名单。

其三，任何“庞氏骗局”要维持下去的关键是吸纳更多的新投资者加入。麦道夫基金在吸纳新投资者时并不强调“广种薄收”，而是通过设立较高门槛来增强进入者的“身份认同”和对麦道夫的“极端信赖”。麦道夫可以说是一个心理学家，在这里他又玩了一个“欲擒故纵”的把戏，他把人性看透了：越是不容易得到的东西，你越想得到，于是大鱼就上钩了。

显然，麦道夫骗局在性质上属于“庞氏骗局”，但在手法上又“高明”

于普通的“庞氏骗局”。而这，正是其能成为华尔街历史上持续时间最长、受骗人数和金额最大的骗案的基本原因。

在中国底层民众的社会经济生活中，有一个屡割而不除的“毒瘤”——传销，曾经使多少个幸福的家庭妻离子散、家破人亡，但还有很多人前仆后继，沉迷其中，令人扼腕叹息。其实，传销不过就是“庞氏骗局”的变种。2012年5月28日《经济参考报》曾刊登过记者采访的一篇报道，让我们看到了传销头目的内心独白。

报道称，目前，大部分传销组织已不再宣称自己是“传销”，而是以更加隐蔽和更具人性化的面目来掩饰违法犯罪实质。如由原先的实物传销转为虚拟传销，打上“连锁销售”、“资本运作”等旗号，或披上人性化、正规化的“外衣”，对受骗群众不再人身控制、集中授课，而是以“热情”、“亲情”、“人性”、“自由”的谈话给受骗者“洗脑”。更有甚者，编造虚假文件、理论，伪造中央领导讲话，以直销、商务公司等“华丽外衣”诱骗群众。如在宁夏、广西部分地区，记者均遇到传销分子以“西部大开发”、“北部湾经济区开放开发”等政策为名骗人“入行”。

记者调研了解到，近年来网络传销因为“安全性更高、隐蔽性更强”而备受传销组织青睐，已成为传销活动的主要形式。犯罪分子以“电子商务”、“网络销售”、“网络加盟”、“网购平台”等名义，借互联网销售产品提成计酬、发展会员抽取佣金。据江西九江市工商局局长孔祥华介绍，在2011年“香港安格医药集团网络传销案”中，传销人员等以电子商务网站为依托骗人入伙，收取480元到4800元不等的会员费，短短8个月在九江就发展500多名会员，涉案金额达200多万元。

一些专家学者分析认为，传销分子之所以像割韭菜一样“一茬接着一茬长”，是因为社会上一些人急功近利暴富心态在起作用。而传销组织者正是利用了人们的这种心态。

传销真的能让普通老百姓“一夜致富”吗？答案显然是否定的。业内“资深人士”告诉你：传销就是组织者赤裸裸的分赃游戏。

36岁的浙江丽水人阿君2010年被骗到广西参与传销，先后投入30多万元从事“连锁销售”，半年内晋升到A级“老总”。已经脱离传销的他，向《经济参考报》记者讲述了传销组织骗人“洗脑”、变相运作、分配钱财等内幕。

到广西之前，阿君在云南昆明开了三家超市，收入稳定、生活富足。2010年4月，老乡阿勇以“合伙开超市”为名约阿君到广西沿海某市考察生意。阿勇很热情，第1天、第2天带阿君四处游玩，丝毫不提开超市的事情。从第三天开始，他带阿君去见老乡。这些人自称是老家的“人大代表”、“司法局副局长”、“交警队副队长”、“拆迁办主任”等，和阿君交谈都离不开“国家秘密支持”的“连锁销售”项目——一套3800元的西装或化妆品。

为让阿君进一步相信，他带阿君参观当地一些广场、政府大楼和花园，用一些雕塑、建筑的表象，甚至台阶、楼层等解读“国家暗地支持”的寓意。他们还以当年安徽凤阳小岗村的联产承包为例，说传销必将被政府认可。看到那么多比自己高端的丽水人都在搞，又想到“这是国家暗中支持的”，特别是投入6.98万元3年就能赚回1040万元，阿君不禁怦然心动。于是，阿君卖掉超市，来到广西这座城市买了一套商品房，专门开始做传销。

阿君所在的这个体系以浙江丽水市人为主，大约有100多人，按照“5级3晋制”运作：参与的人员分为5个级别：业务员、业务组长、业务主任、经理和高级经理。投资方式有三种：1份3800元、11份3.68万元、21份6.98万元。通过拉人头，如果你的“伞下”（即下线）达到10~21份晋升主任平台，65~599份上经理平台，达到600份上高级经理，俗称老总，也叫“上A”。按规矩，每个体系只有4个老总，每上一个新老总，最早的老总就会拿够1040万元自动退出。

被发展的人交钱加入叫做申购，申购时不会有任何的收条或凭据。按照利益分成规定，一笔申购款中业务员的提成为15%，业务组长为5%，业务主任为10%，业务经理12%，高级经理10%。其余的45%名义上说上缴国家税收，但实际是几个老总私分，剩下的3%为组织运营费。说穿了，这就是一场赤裸裸的分赃游戏，就是骗人钱财的犯罪行为：新人一旦投钱进来，钱很快就会被瓜分完毕。只要不断有人进入，游戏就能一直继续。为了让后面不断有人拿钱进入，大家都拼命拉熟人。

阿君告诉记者，在他2011年初晋升老总的大会上，体系里其他老总告诉他：其实这就是传销。大家都是这么过来的，只要体系不出问题，就没人会管，但千万不要把实情告诉下面，否则体系就会崩溃。①

写到这儿，我突然想起捷克著名作家、文艺评论家尤利乌斯·伏契克（Julius Fucik）所写的不朽著作《绞刑架下的报告》的最后一句话：善良的人们，我爱你们，可是你们要警惕啊！

其实，防“忽悠”、远离骗局也并不需要专门设立“防忽悠热线”，只要遵循下列的九条原则，笔者可以保证你“百毒不侵”，炼成“金刚不坏”之身。

原则1：不相信天上会掉馅饼——因为天上不会掉馅饼。

原则2：警惕过高的回报率——必须弄明白高回报的原因。必要时和家人、自己最信任的朋友、同事交流、沟通一番。

原则3：不贪不义之财——君子爱财，取之有道。

原则4：订立交易合同——亲朋好友之间也不例外。

原则5：不冒无法承受的风险——不要做你能赢得起但输不起的交易。

原则6：道听途说的事儿不能当真——不管对方的地位有多高、名气有多大。

原则7：警惕所谓“专家”——包括在金融机构供职的人。

原则8：不向对方透露任何个人信息，绝对不向陌生人的账户汇款、转账。

原则9：一旦发现上了坏人的当，第一时间打110报警。

我们单位的小冯刚结婚不久，接到一条手机短信：“爸爸妈妈，我是

① 刘旸辉等：“传销头目自曝运作内幕：就是赤裸裸的分赃游戏”，《经济参考报》，2012年5月28日。

您儿子小强，我被绑架了，你们立即往下面账户打入10万元钱（具体银行账号），他们答应立马放我。急！急！急!”小冯即刻回复了一条短信：“我亲爱的孩子，1周前我做梦说你被绑架了，我和你爸爸就给你的账户汇了10万元，查收。”

过了1周，“小强”回复了一条短信：“你害得我白跑了10趟银行——你个大骗子!”

——如果你有闲情雅致，跟骗子开开玩笑，也蛮有趣儿的。